中国青少年网络素养绿皮书（2022）

方增泉　祁雪晶　著

人民日报出版社
北京

图书在版编目（CIP）数据

中国青少年网络素养绿皮书．2022／方增泉，祁雪晶著．—北京：人民日报出版社，2022.7
ISBN 978-7-5115-7387-2

Ⅰ.①中… Ⅱ.①方… ②祁… Ⅲ.①青少年—计算机网络—素质教育—研究报告—中国—2022 Ⅳ.①TP393

中国版本图书馆CIP数据核字（2022）第099000号

书　　名：中国青少年网络素养绿皮书（2022）
ZHONGGUO QINGSHAONIAN WANGLUO SUYANG LÜPISHU（2022）
著　　者：方增泉　祁雪晶

出 版 人：刘华新
责任编辑：梁雪云
封面设计：中联华文

出版发行：人民日报出版社
社　　址：北京金台西路2号
邮政编码：100733
发行热线：（010）65369509　65369512　65363531　65363528
邮购热线：（010）65369530　65363527
编辑热线：（010）65369526
网　　址：www.peopledailypress.com
经　　销：新华书店
印　　刷：三河市华东印刷有限公司
法律顾问：北京科宇律师事务所　010-83622312

开　　本：710mm×1000mm　1/16
字　　数：341千字
印　　张：19
版次印次：2022年8月第1版　2022年8月第1次印刷

书　　号：ISBN 978-7-5115-7387-2
定　　价：75.00元

目　录

CONTENTS

导　言

中国互联网络信息中心（CNNIC）发布的第49次《中国互联网络发展状况统计报告》显示，截至2021年12月，我国网民规模达10.32亿，互联网普及率达73.0%。其中我国网民以10—59岁群体为主。10—19岁群体占比为13.3%，在整个网民年龄阶段占比中为第五位（见图1）。

国务院新闻办公室发布《新时代的中国青年》白皮书指出，截至2020年底，中国6岁至18岁未成年人网民达1.8亿，未成年人互联网普及率达94.9%，互联网已经成为当代青少年不可或缺的生活方式、成长空间、“第六感官”。

随着互联网的快速普及，越来越多的青少年便捷地获取信息、交流思想、交友互动、购物消费，青少年的学习、生活和工作方式发生深刻改变。中国青少年已经成为我国网民的重要组成部分，是网络生态的重要主体，是网络空间主要的信息生产者、服务消费者、技术推动者，深刻影响了互联网发展潮流。

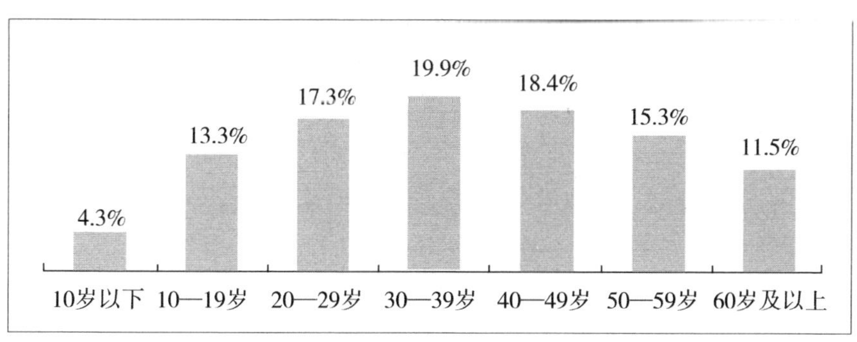

图1　网民年龄结构

来源：CNNIC中国互联网络发展状况统计报告，2021. 12.

青少年是地地道道的“数字原住民”，一出生，他们就“浸泡”在信息海洋中，面对着无所不在的网络世界。互联网如空气般渗透进青少年生活的方方面面，他们对于各种技术应用早已习以为常，认知模式和学习行为等也都带有明显的网络化特性。

互联网是一把“双刃剑”。互联网作为当代青少年重要的学习、社交、娱乐工具，在其成长过程中发挥的积极作用日益凸显，尤其受新冠肺炎疫情影响，广大中小学生对互联网的接触和使用更加密集，互联网成为获取疫情动态、接受各类在线教学、与朋友保持沟通的重要渠道和平台，成为青少年生活中不可分割的一部分。然而，由于青少年的认知和行为正处于发展、成熟阶段，伴随着心智尚未成熟、社会经验不足、是非判断能力较弱、对各种外界诱惑的抵御力不强等特点，青少年对于各种复杂的互联网信息的辨别能力存在不足，在接触、使用媒介，享受数字生活带来快乐和便利的同时也面临注意力缺失、信息焦虑、数字压力、网络成瘾、隐私和信息安全等诸多潜在风险。科学评价青少年的网络素养水平、加强青少年的网络素养培育是助力青少年健康成长，打造绿色互联网生态的重大举措和创新探索。

青少年是祖国的未来、民族的希望。党的十八大以来，以习近平同志为核心的党中央高度重视青少年成长，就加强未成年人网络保护和网络素养提升作出了一系列重大决策部署。2016 年 4 月 19 日，习近平总书记在网络安全和信息化工作座谈会上强调要“培育积极健康、向上向善的网络文化，用社会主义核心价值观和人类优秀文明成果滋养人心、滋养社会，做到正能量充沛、主旋律高昂，为广大网民特别是青少年营造一个风清气正的网络空间”。在中国共产党第十九次全国代表大会报告中，习近平总书记提出要加强互联网建设，建设“网络强国”，并强调“要加强互联网内容建设，建立网络综合治理体系，营造清朗的网络空间”；“推动城乡义务教育一体化发展，高度重视农村义务教育，办好学前教育、特殊教育和网络教育”。2021 年 9 月，中共中央国务院印发了《关于加强网络文明建设的意见》，明确将“文明素养得到新提高，青少年网民网络素养不断提升”列为加强网络文明建设的工作目标。2021 年 9 月，国务院出台了《中国儿童发展纲要通知（2021—2030 年）》，其中“儿童与安全”章节将预防和干预儿童沉迷网络，有效治理不良信息、泄露隐私等问题作为主要目标之一，并明确提出策略措施，要求“加强未成年人网络保护。落实政府、企业、学校、家庭、社会保护责任，为儿童提供安全、健康的网络环境，保障儿童在网络空间中的合法权益”。2021 年 11 月，中央网络安全和信息化委员会印发《提升全民数字素养与技能行动纲要》对提升全民数字素养与技能作出安排部署，要求“进一步完善政府、学校、家庭、社会相结合的网络文明素养教育机制，不断提升青少年网络素养”。2022 年 5 月 10 日在庆祝中国共青团成立 100 周年大会上，习近平总书记指出，各级党委（党组）要倾注极大热忱研究青年成长规律和时代特点，拿出极大精力抓青年工作，做青年朋友的知心人、青年工作的热心人、青年群众的引路人。

我国相关法律法规也对青少年网络使用和网络素养的高度重视。新修订的《中华人民共和国未成年人保护法》2021 年 6 月 1 日实施，其中增设了“网络保护”的章节，提出“国家、社会、学校和家庭应当加强未成年人网络素养宣传教育，培养和提高未成年人的网络素养，增强未成年人科学、文明、安全、合理使用网络的意识和能力，保障未成年人在网络空间的合法权益”。2022 年 3 月，国家互联网信息办公室修改完善了《未成年人网络保护条例（征求意见稿）》并公开征求意见，《条例》设有“网络素养培育”章节，明确教育行政部门、政府、学校、监护人、企业、社区等多类主体在未成年人网络素养培育中的重要责任。

这是一个互联网高速发展的时代，广大青少年面对来自四面八方、泥沙俱下的各类资讯，必须增强包括上网注意力管理、网络搜索与利用、网络信息分析与评价、网络印象管理、网络安全、网络道德在内的网络素养和网络使用能力。目前就我国而言，正在逐步形成青少年个人、家庭、学校、社区、社会相协调的网络素养教育生态系统。青少年网络成瘾、网络诈骗受害、网络暴力、网络犯罪、网络失范等问题也已成为政府、社会、学校和每个家庭关注的社会问题。提高青少年网络素养对于青少年的成长和发展，构建未来健康、文明的网络生态十分重要，这也是一项崇高的公益事业，需要持之以恒，久久为功，集结社会各方面力量共同奋斗。

文献综述

一、媒介素养

“媒介素养”一词源于20世纪30年代，英国学者列维斯和汤普生在《文化与环境：批判意识的培养》一书中首次提出将媒介素养教育引入学校课堂的建议，被认为是英国乃至世界关于媒介素养研究的开始。自此，“媒介素养”这一概念登上学术舞台，逐渐受到学界的重视。

目前，虽然媒介素养研究有了长足发展，但尚未形成统一的概念。1992年，美国媒介素养研究中心对此的定义是“人们面对各种媒介信息时的选择能力、理解能力、质疑能力、评估能力、创造和生产能力以及思辨的反应能力”。2005年，英国通信管理局（OFCOM）对媒介素养的定义是“在复杂社会情景下人们接触媒介、理解媒介和积极使用媒介进行创造性交流的能力”。加拿大安大略教育部定义媒介素养“是学生理解和运用大众媒介方法，对大众媒介本质、媒介常用的技巧和手段以及这些技巧和手段所产生的效应的认知力和判断力”。

伴随着媒介技术的突破和人们认识的拓展，媒介素养的名称也不断变化。比如屏幕教育、图像素养、电视素养、视觉传播、媒介批评等。进入信息时代以后随着计算机及其信息高速公路的建立，计算机素养、信息素养和网络素养等相继提出。进入21世纪，随着新媒介技术的发展，传统的“媒介素养”内涵已经不能适应新的社会变化，“新媒介素养”概念应运而生。美国新媒介联合会在2005年发布的《全球性趋势：21世纪素养峰会报告》中将新媒介素养定义为：“由听觉、视觉以及数字素养相互重叠、共同构成的一整套能力与技巧，包括对视觉、听觉力量的理解能力，对这种力量的识别与使用能力，对数字媒介的控制与转换能力，对数字内容的普遍性传播能力，以及对数字内容进行再加工的能力。”①

---

① New Media Consortium (2005), A Global Imperative : The Report of the 21st Century Literacy Summit [DB/ OL].

在媒介素养向新媒介素养转变的同时，西方媒介素养研究也经历了从保护主义、培养辨别力、批判性解读到参与式文化的四种范式变迁，每一次范式的转换都与西方社会的变化、媒介技术的进步、文化研究和受众研究的转向密切相关。

有些学者还从媒介素养的定义出发，对媒介素养的内涵进行了进一步的探究。如林爱兵对传媒素养的内涵进行了细分，区分了传者素养、受者素养、媒介素养和媒体素养等概念；谢金文则把媒介素养分为认识大众传媒和参与大众传媒两部分；张冠文和于健则认为媒介素养还包括"有效地创造和传播信息的素养"。栾轶玫认为媒介素养包含两方面主要内容："什么是信息"和"什么是媒介"，前者关系到如何找寻信息、判断信息、解读信息、运用信息，能够辨别信息的真伪和信息的优先级，能区分有效信息和干扰信息，能知晓自己和他人在信息中所处的位置，以此预判信息可能导致的行为。后者则包含已有的媒介类型以及随着新技术发展而新增的媒介类型、媒介运营、媒体融合、媒介与商业、媒介与政治、媒介与文化等多个方面，从而实现控制媒介对自己的消极影响并能将"媒介为我所用"，拓展自己的信息边界及行动能力。李月莲提出，在大众传媒及 Web1.0 时代、Web2.0 时代、Web3.0 时代，媒介素养教育的内涵应该有所发展，在 Web1.0 时代，媒介素养的教育目的是培养具备批判力的传媒消费者；在 Web2.0 时代，媒介素养的教育目的是培养精明的传媒消费者及负责任的传媒制作人；在 Web3.0 时代，媒介素养的教育目的是培养具备寻索、解读、使用及创造信息能力的知识工作者，具有高阶思维能力及道德内涵。①

在媒介素养研究过程中，出现了"数字素养""信息素养"等一系列关系紧密的词语。

二、数字素养

在信息素养研究中，学者 Lee 和 AYL 以 Web of Science 数据库中 1956 年到 2012 年的相关文献为数据来源，实证探究了媒介素养和信息素养之间的区别和联系：两者分别来自图书馆管理学和媒介研究等不同领域，信息素养更多地涉及信息的存储、处理和使用，媒介素养更关注媒介内容、媒体产业和社会效应等②。我国学者韩永青持同样观点，认为两者首先在历史起源和学科背景方面

① 李月莲. 媒介素养向前看：与"信息素养"和"信息及传播科技"整合［C］. 第三届媒介素养教育国际学术研讨会 . 85.

② SO C，LEE A. Media literacy and information literacy：similarities and differences［J］. Comunicar，2014，21（42）：137-146.

存在差异，其次两者在概念、内涵、研究范围方面又存在着相似性。媒介素养与信息素养均强调对信息的获取、评估、判断和使用等能力，这使得二者具有某种天然的一致性，随着网络媒介与数字技术发展并广泛渗透人类社会生活，信息传输的速度与比率呈指数级增长，媒介素养和信息素养出现了不断融合的趋势①。

随着数字技术发展，互联网中的个人素养在当今时代有新的发展，产生数字素养。在此多种素养交叉与融合的背景中，数字素养是媒介素养、信息素养等相关素养概念在数字时代的升华与拓展。

为促进公民数字素养发展，欧盟于 2011 年实施“数字素养项目”，这一项目建立了数字素养框架，框架包括信息域、交流域、内容创建域、安全意识域和问题解决域五个“素养领域”，呈现一种多维立体结构，具有多元适用性。欧盟数字素养框架研究基于证据的教育政策研制与科学决策方法论，高质量完成这一系统工程；欧盟数字素养框架在内容上体现了将素养理解为知识、技能和态度的跨学科领域复合体素养观；欧盟坚持数字素养的理论研究与实证研究并进，既保持持续跟踪研究的连贯性，又体现研究的宏观系统性。

在数字素养研究领域，最具有权威地位的是以色列学者 Yoram Eshet Alkalai 提出的“数字素养概念框架”。该框架的前四类素养，即“图片-图像素养”（photo-visual literacy）、“再生产素养”（re-production literacy）、“分支素养”（branching literacy）、“信息素养”（information literacy），都涉及个体对数字多媒体信息的认知、理解和再生产方面的能力，而第五类“社会-情感素养”（social-emotional literacy）指在数字媒介构成的虚拟环境下人与人之间的情感交流能力。他认为：“‘社会-情感素养’是所有技能中最高级、最复杂的素养。‘社会-情感素养’的培养要求个体有高度的批判性能力和分析能力、成熟的心理素质以及良好的信息、分支和视觉技能。”在数字素养教育层面，闫广芬和刘丽芬基于欧盟数字素养框架的比较分析，指出数字素养框架的核心构成要素为：数字化教学、数字化内容创造、数字化交流协作、数字化安全、数字化评估。在特定群体的数字素养研究层面，苏岚岚和彭艳玲探索性构建包括数字化通用素养、数字化社交素养、数字化创意素养和数字化安全素养四个方面的农民数字素养评估指标体系，并提出全方位提升农民数字素养水平、完善多元主体协同共治的策略体系、优化乡村数字治理的配套支撑机制等政策建议。

2021 年 11 月，中央网络安全和信息化委员会发布《提升全民数字素养与技

① 韩永青. 试论媒介素养与信息素养的融合［J］. 新闻爱好者，2016（2）：60-63.

能行动纲要》，明确提出到2025年“全民数字化适应力、胜任力、创造力显著提升，全民数字素养与技能达到发达国家水平”，2035年“基本建成数字人才强国，全民数字素养与技能等能力达到更高水平，高端数字人才引领作用凸显，数字创新创业繁荣活跃，为建成网络强国、数字中国、智慧社会提供有力支撑”的目标。可见，数字素养已成为当代个体在数字化时代生存的重要能力，而青少年作为参与数字实践活动的重要群体，提升其数字素养是现实的迫切呼唤。

三、信息素养

1974年，美国信息产业协会主席 Paul Zurkowski 最早提出信息素养的概念，他指出信息素养是利用大量的信息工具及主要信息资源使问题得到解答的技术和技能。在这一阶段，信息素养研究还止步于研究对信息的搜集检索和利用能力。

随着互联网的发展，信息成为重要的社会资源，从信息延伸的个人素养——信息素养也逐渐被重视，不同学者、机构等对信息素养的认知展开进一步界定。1994年，澳大利亚格里菲斯大学的布鲁斯总结了信息素养人的七个关键特征：（1）具有独立学习能力；（2）具有完成信息过程的能力；（3）能利用不同信息技术和系统；（4）有促进信息利用的内在化价值；（5）拥有关于信息世界的充分知识；（6）能批判性地处理信息；（7）具有个人信息风格。1998年，美国图书馆学会发表《信息素养教育进展报告》，提出被普遍认同的信息素养定义：“作为具有信息素养能力的人，必须能够充分地认识到何时需要信息，并有能力去有效地发现、检索、评价和利用所需要的信息”①，这一概念包含信息意识和信息能力两个维度。同年，全美美国学校图书协会（AASL）和美国教育传播与技术协会（AECT）出版“K-12学生信息素养标准”，制定针对中学生的九大信息素养标准：能有效地和高效地获取信息；能熟练地、批判性地评价信息；能精确地、创造性地使用信息；能探求与个人兴趣有关的信息；能欣赏作品和其他对信息进行创造性表达的内容；能在信息查询和知识创新中做得最好；能认识信息对民主化社会的重要性；能履行与信息和信息技术相关的符合伦理道德的行为规范；能积极参与活动来探求和创建信息。这些标准主要涉及获取和利用信息的能力和信息行为规范两个方面。从这个阶段开始，信息素

① American Library Association. A Progress Report on Information Literacy: An Update on the American Library Association Presidential Committee on Information Literacy Final Report [R]. Association of College and Research Libraries, 1998.

养的界定逐渐形成明确的标准。

2001 年，美国教育技术 CEO 论坛提出信息素养涉及信息的意识、信息的能力和信息的应用，认为信息素养是一种综合能力。信息素养涉及各方面的知识，是一种特殊的、涵盖面很宽的能力，它包含人文的、技术的、经济的、法律的诸多因素，和许多学科有着紧密的联系。信息素养的重点是内容、传播、分析，包括信息检索以及评价，涉及更宽的方面。它是一种了解、搜集、评估和利用信息的知识结构，既需要通过熟练的信息技术，也需要通过完善的调查方法、通过鉴别和推理来完成。2011 年，英国国立大学图书馆协会提出“信息素养七要素”，即识别、审视、规划、搜集、评估、管理、发布，每个指标都由应知和应会两个部分组成，这些指标被广泛借鉴，成为判断网络信息利用能力的标准。随着文化涵变、技术流变等社会的发展，信息素养的概念不断被补充和扩展，以适应时代的意涵。

从上述关于信息素养的概念界定，以及信息素养人的特征和标准，可以发现信息素养是具有广泛含义的综合性概念，不仅包括利用信息工具和信息资源的能力，还涉及获取信息、认知信息、处理信息、管理信息、传播信息、创造信息等方面的能力。此外，还涉及个人运用独立自主学习的态度、批判精神以及强烈的社会责任感和参与意识，在提出创新性方法和解决实际问题方面有综合的信息素养相关能力。

如今，5G、物联网、大数据、人工智能等多元技术的发展产生海量的信息数据，催生了数据化社会。在这样复杂且流动的信息社会中，对广大青少年来说，信息素养不再仅指单纯的信息技术使用技能，还包含信息搜索、信息筛选、信息处理、信息运用、信息传播、信息创造等多个部分。

四、网络素养

随着网络技术的飞速发展，人们使用各种网络媒介的频率日益增加，网络媒介对人们的影响日益加深，与此同时，学界对于媒介素养、信息素养的研究方向和结果也呈现出新的变化，对网络素养的研究由此开始。

1994 年，美国学者 Mc Clure 首先用“网络素养”（network literacy）的概念来描述个人“识别、访问并使用网络中的电子信息的能力”，并以图 2 所示的关系框架来定义网络素养。他认为信息素养是网络素养、媒介素养、计算机素养以及传统素养的结合。知识与技能是大众网络素养最重要的两个方面，也就是说，网络素养自诞生起就和信息素养关系紧密。学者 SelfeC. 将网络素养的概念进一步精细化，区分“计算机素养”（computer literacy）和“技术素养”（technological literacy）：计算机素养是人们使用计算机、软件或网络的机械技能；而技术素养是电子环境背景下的一系列包含社会和文化因素的价值观、实践和技巧的复杂的操作语言。学者 Savolainen 则从社会认知理论出发，对网络素养进行了系统梳理，提出了“网络能力”（network competence）的概念，认为网络能力包含互联网信息资源中的知识、使用工具获取信息的能力、判断信息的相关性的能力、沟通能力四个方面。

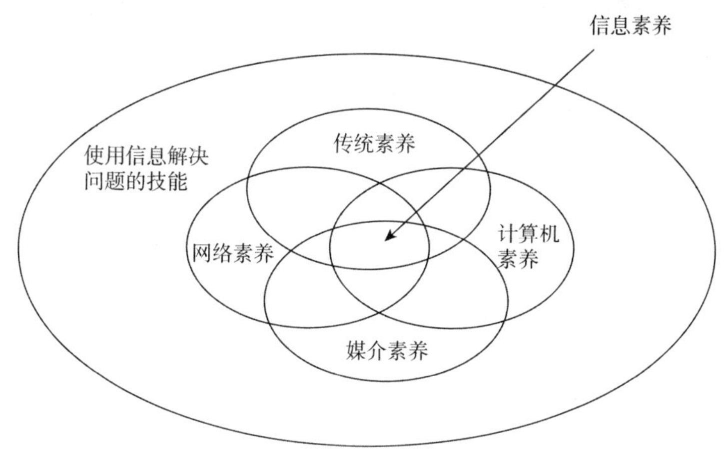

图 2　Mc Clure 所提出的关于“网络素养”的图式

如今，网络技术的快速发展，建构了具有复杂性、多元性、易变性的网络传播环境，重构了社会信息传播系统。在网络持续迭代变化的背景中，个人如何在网络世界中认知网络、使用网络、管理网络等成为网络时代的新课题，基于网络环境的网络素养逐渐受到重视。

陈华明等从网络使用的技能层面定义网络素养，并指出其重要性，“网络素养是网络用户正确使用和有效利用网络的一种能力，是在与网络的接触与交往中所习得的技巧或能力，是现代人信息化生存的必备能力”①。贝静红在网络使用基础上从个人对网络的认知、批判、管理等综合层面延伸了网络素养概念，认为网络素养是网络用户在了解网络知识的基础上，正确使用和有效利用网络，理性地使用网络信息为个人发展服务的一种综合能力。它包括对网络媒介的认知、对网络信息的批判反应、对网络接触行为的自我管理、利用网络发展自我的意识，以及网络安全意识和网络道德素养等各个方面。② 喻国明继续深度扩

① 陈华明，杨旭明. 信息时代青少年的网络素养教育［J］. 新闻界，2004（4）：32.
② 贝静红. 大学生网络素养实证研究［J］. 中国青年研究，2006（2）：17.

展网络素养的概念，提出网络素养应是一种基于媒介素养、数字素养、信息素养，再叠加社会性、交互性、开放性等网络特质，最终构成的一个相对独立的概念范畴①。而田丽从认知、观念和行为三个层次出发，将网络素养分为信息素养、媒介素养、交往素养、数字素养、公民素养和空间素养六个方面，认为网络素养包括网络作为信息工具、媒介、新的生产生活空间所体现的网络知识、态度与行为的反映，同时涵盖网络利用与风险防范两大方面。②

此外，随着网络媒介迅速发展，众多研究者开始网络素养的实践研究，比如越来越多的教育工作者认识到网络在青少年生活、学习中的重要作用，开始积极尝试将网络与教学结合起来，同时也在探讨网络素养与青少年的关系。张洁指出新媒体对青少年生活方式的重塑会引发各式各样的健康问题、心理及社交层面的问题、互联网貌似无所不包的信息海洋却更容易使青少年陷入“信息茧房”、青少年面临被智能算法操控，而且可能遭受人身或财产风险③，因此培育青少年的网络素养具有重要意义。作为在全国率先专项推进中小学、幼儿园网络安全和网络素养的教育活动，广东省的教育实践重视顶层设计，强化体制机制保障；以培训和示范为抓手推进校园网安教育；以课程建设为核心，培养“中国小网民”，取得良好的研究成果，也积累丰富的实践经验④。网络素养的实践研究对城乡发展中存在的留守儿童、人口流动等问题尤其关注，郑素侠以劳务输出大省——河南省的原阳县留守流动儿童学校作为研究案例，将参与式传播的工作方法应用于农村留守儿童的媒介素养教育中，考察参与式传播在帮助留守儿童重获自尊与自信、增强自身行动能力方面的赋权意义，并对赋权面临的现实困境进行探讨。⑤

在政府行动层面，2021 年 4 月 21 日，国务院未成年人保护工作领导小组成立，对未成年人在网络场域的保护采取多项措施；6 月 1 日起，《中华人民共和国未成年人保护法》新增“网络保护”专章，首次明确规定“国家、社会、学校和家庭应当加强未成年人网络素养宣传教育，培养和提高未成年人的网络素

① 喻国明，赵睿．网络素养：概念演进、基本内涵及养成的操作性逻辑［J］．新闻战线，2017（2）：43-46.

② 田丽，张华麟，李哲哲．学校因素对未成年人网络素养的影响研究［J］．信息资源管理学报，2021，11（4）：122.

③ 张洁．新媒体环境下青少年媒介素养提升刍议［J］．青年记者，2019（25）：22-23.

④ 张海波．多措并举重素养 培养“中国小网民”——广东省校园网络安全教育实践分享［J］．中国信息安全，2020（9）：53-54.

⑤ 郑素侠．参与式传播在农村留守儿童媒介素养教育中的应用——基于河南省原阳县留守流动儿童学校的案例研究［J］．新闻与传播研究，2014，21（4）：79-88+127.

养，增强未成年人科学、文明、安全、合理使用网络的意识和能力”；9月8日，国务院印发《中国儿童发展纲要（2021—2030年）》，在安全领域方面提及“要加强未成年人网络保护，预防和干预儿童沉迷网络”。此外，最高人民检察院开展的清朗行动、护苗行动，进一步说明网络素养在青少年发展过程中的重要性。

青少年出生和成长在网络时代，具有“数字原住民”的身份表征，网络技术及其延伸的网络环境已经深层嵌入至青少年的社会生活系统。传播技术的快速发展、传播信息的多元海量和传播环境的复杂多变，给青少年的网络素养带来挑战，但青少年仍处于塑造认知、建构价值观的发展阶段，对多元、海量且复杂网络信息的价值认知存在一定程度的偏差，可能导致青少年在网络环境产生安全风险。此外，青少年能够更合适地使用网络媒介，也能让他们更好地参与社会活动。正是青少年群体的重要性和特殊性，促使课题组将研究的重点投射于青少年群体。

结合相关研究与青少年网络使用现状，课题组认为网络素养是人们对网络世界的信息、事件和情境的认知和行为能力，具体包括注意力管理能力、信息搜索与利用能力、信息分析评价能力、印象管理能力、网络安全保护能力、价值认知和行动能力、情感体验和审美能力等。随着网络技术的快速发展，网络素养从互联网信息资源中的知识、使用工具获取信息的能力、判断信息的相关性的能力、沟通能力这几方面的计算机能力素养，发展到在了解网络知识的基础上，正确使用和有效利用网络，理性地使用多媒体网络信息为个人发展服务的一种综合能力；在媒介融合、算法主导的新媒体时代，乃至未来可能出现的元宇宙时代中，网络素养将更加突出社会性、开放性等新媒介环境特质，发展成为一种基于媒介素养、数字素养、信息素养，再叠加社会性、交互性、开放性等网络特质。由此，构建并完善青少年网络素养教育体系，需要从个人、家庭、学校和社会等方面努力，共同形成育人合力。

五、青少年网络素养的几个测量维度

2008年，周葆华和陆晔在《从媒介使用到媒介参与：中国公众媒介素养的基本现状》一文中，澄清了关于媒介素养的操作化定义。他们认为，媒介素养由媒介信息处理和媒介参与意向两个维度组成，其中媒介信息处理包含思考、质疑、拒绝和核实四个维度。2013年，彭兰也指出，对于公众来说，社会化媒体时代的媒介素养应该包括媒介使用素养、信息生产素养、信息消费素养、社会交往素养、社会协作素养、社会参与素养等。芮必峰也在新技术“呼喊”新媒介素养中提出，新媒介素养涉及使用者的媒介认知、使用和交往理性三个方面。

随着互联网的进一步发展，网络素养作为重要议题成为被学界探讨的新的媒介素养。关于网络素养的操作化定义，也有很多学者提出了不同的看法。网络素养主要是指人们接近、分析、评价和生产网络媒介内容四个方面的能力（Livingstone，2008）。其中，“接近”是指人们通过何种途径以及如何使用网络媒介的能力，包括使用网络媒介的场所、渠道以及使用经验（时间和频次）（Hobbs R.，1998）。“分析”是指人们收集、处理和理解网络媒介信息的能力（Tibor Koltay，2011）。“评价”是指人们根据已有知识背景，鉴别网络媒介信息真实性的能力，在某种程度上，这一能力是对网络使用者的“赋权”（empowerment），使他们可以能动地处理媒介信息（Livingstone，2008）。“生产网络媒介内容”是指人们分享、制造、传播网络媒介信息的能力（Livingstone & Helsper，2007；van Dijk，2006）。网络素养的四个方面的能力不是此消彼长的，而是相辅相成的（Potter，2010）。

2010 年，学者 Roman Brandtweiner、Elisabeth Donat、Jonann Kerschbaum 把网络素养划分为两个层面、四个方面的能力，分别是网络技能层面（接近网络和分析自我网络技能的能力）和网络媒介知识层面（评估和生产网络媒介内容的能力）。网络技能作为接触和使用网络的基本能力，影响着人们能否平等地参与网络信息交往；网络媒介知识是人们认知和判断网络环境的能力，作为更高层次的能力，深刻地影响着人们的网络社会行为（Hargittai，2002）。

近年来，伴随在线交往的深入，人们对隐私性和亲密性的标准进行了重新调整，对网络素养和自身风险的管理提出了新的要求（Sonia LivingStone，2008）。网络隐私作为人们保护和控制自我网络信息的权利，是一种信息自决权；其内涵从消极的“私生活不受干扰”发展为能动的“自我信息控制”（刘德良，2007）。网络素养被认为具有支持、鼓励和赋权人们控制和管理个人信息的能力，这种能力的差异直接影响人们认知网络风险环境的方式以及他们的隐私信息控制行为（Ball & Webster，2003；Yong Jin Park，2013）。所以，网络信息素养和信息安全是网络素养的天然性组成部分。伴随着互联网的持续发展和我国对于互联网环境治理的探索，信息安全（隐私）仅仅是网络中存在的诸多问题之一，网络暴力、群体极化、网络谣言危害程度持续增加等网生问题，使得青少年在网络上面对的风险不止信息安全这一个方面。“如何看待网络规范”“是否了解我国关于互联网的法律”等一系列关乎网络伦理道德和法律的知识也应该和信息安全一样被看作网络素养的一个维度。

尚靖君和杨兆山在2012年的研究中提出了对网络媒介素养概念的界定，他们认为，网络媒介素养是面对网络时应具备的基本素养，包括四个方面，分别是网络媒介意识、网络媒介知识、网络媒介能力和网络媒介道德。

我们的调查同样把网络媒介知识、网络能力、非意识因素作为青少年网络素养的重要组成部分，非意识因素包含意识和道德两个方面。对于网络媒介知识的考察，我们借由媒介素养的操作化定义到网络素养定义的发展，一方面把对网络内容的效果评价作为衡量维度之一；另一方面，网络媒介知识作为认知和判断网络环境的能力，是人们对上网环境和自身上网行为的认知基础。所以，我们在调查中引入媒介效果评估这一维度，以测量青少年网络媒介知识。在网络技能方面，我们侧重于对网络信息能力的测量。网络信息安全、网络道德作为两个维度，既对青少年认知网络环境、相关认知水平、伦理道德进行考察，又对他们的网络行为进行研究，例如网络隐私和信息保护行为等。

另外，荣珊珊于2007年的《安徽高校学生网络素养现状及其教育实践探究》中指出，对上网行为的自我管理能力，即对自身上网行为的自律，包括上网时间的自我管理、信息选择的自我管理、网络表现的自我管理，将有助于约束上网行为、减少行为偏差、培养正确的网络使用习惯。肖立新、陈新亮、张晓星在针对大学生网络素养的研究中也认为，网络自我管理能力是网络素养的组成部分。结合我们这次调查的对象及多个实证研究来看，在使用网络的过程中，部分学生缺乏网络自我管理能力，很多人没意识到网络自控力的重要性，网络行为自我管理能力普遍较差。据此我们引入网上自我管理能力作为青少年网络素养的组成部分之一，主要测量被试者的网上认知、情感和行为的自我管理和控制能力，这部分也是我们量表的第一部分。

随着社交网络的兴起，网上交友和在网上开展社交活动逐步成为青少年主要的上网目的。根据共青团中央维护青少年权益部、中国互联网络信息中心（CNNIC）联合发布的《2019年全国未成年人互联网使用情况研究报告》显示，利用即时通信工具在网上聊天是未成年网民主要的网上社交活动，各学历段对比发现，未成年人的网上社交活动主要形成于初中阶段。结合有关学者的研究结果——印象管理是辨别青少年网络社交沉迷的重要变量，我们可以在广义上把印象管理能力纳入网络素养的范畴。因此，我们可以假设，适度的网络印象管理能力是高水平的网络素养的体现，印象管理与自我控制、信息素养及价值认知等共同作用于青少年的网络素养水平。

综上所述，基于认知行为理论和调查研究，课题组首创了青少年Sea-ism网络素养框架，将青少年网络素养分为六大模块进行调研：上网注意力管理能力与目标定位（Online attention management）、网络信息搜索与利用能力（Ability to search and utilize network information）、网络信息分析与评价能力（Ability to evaluate network information）、网络印象管理能力（Ability of network impression management）、网络安全与隐私保护能力（Ability of network security and privacy protection）、网络价值认知和行为能力（Ability of Internet morality）。该模型共 15 个指标，通过 79 个题项进行测量。

（一）上网注意力管理

1. 注意力

神经认知学家 Jean-Philippe Lachaux 在《注意力：专注的科学与训练》一书中指出，“注意，首先是一种心理现象”①。心理学家詹姆斯认为“注意”是“意识以清晰而迅速的形式，在多种可能性中选取一个物体或一系列想法的过程”②。在《注意力管理》一书中，韦伯斯特把注意力简单定义为：“对某条特定信息的精神集中，当各种信息进入我们的意识范围，我们关注其中特定的一条，然后决定是否采取行动。”③ 注意力的概念超越了控制、内容、媒介、受众和效果，而把目标直指传播效果。与此类似，詹姆斯认为定焦、集中和意识是注意的关键因素。这种“集中”出现在人们潜意识中的搜索和决策阶段之间。在搜索阶段，我们会对从周围环境中摄入的大量知觉进行筛选。在决策阶段，我们决定是否对吸引我们注意力的信息采取行动。但与“知觉”不同的是，注意力是有目标的、具体的。

在注意力的分类上，韦伯斯特将注意力分为六种类型，两两一组互为对应（有意的/无意的；厌恶引起的/喜爱引起的；被动的/主动的）。但对个体来说，代表注意力的不同类型互不排斥。Jean-Philippe Lachaux 则将注意分为选择性注意、执行性注意和持续性注意。这种分类凸显了注意的先后有别，因此，扬·劳威因斯认为“注意”是一种有偏差的现象。④ 爱德华·哈洛韦尔将数据过载、忙不过来的状态，以及多任务处理和持续被打扰的症状，称为“注意缺陷特质”，与传统的、与生俱来的、需要药物治疗的注意缺陷障碍是两种完全不同的

---

① Jean-Philippe Lachaux，刘彦. 注意力：专注的科学与训练［M］. 北京：人民邮电出版社，2016.

② James W.，The Principle of Psychology，NewYork，Holt，1980.

③ 韦伯斯特，郭石磊. 注意力市场 如何吸引数字时代的受众 How Audiences Take Shape in a Digital Age［M］. 北京：中国人民大学出版社，2017.

④ Lauwereyns Jan. The Anatomy of Bias：How Neural Circuits Weigh the Options［M］. The MIT Press：2018-08-31.

东西。并提出生理觉醒、激发心智、人际联结、驾驭情绪、构建结构等训练专注力的方法。与注意力密切相关的还有“正念”这一概念，乔·卡巴金创造了这一概念用以指代对注意和觉察能力的培养。有关“正念”的研究显示，对成年人来说，正念训练显示出对与执行功能相关的大脑重要区域产生积极影响，包括冲动控制和决策、理解他人、学习和记忆、情绪调节以及与自己身体的连接感。而对儿童来说，正念的效果更为明显。因此，教育领域研究工作者们正在将正念技能的培养引入国内外的 K-12 教育体系之中。①

2. 注意力管理

在数字时代，人们无时无刻不浸润在信息海洋之中。媒介信息卷帙浩繁，切割、侵占了人们的注意力。正如尤查·本科勒所言：“网络环境中仅存的首要稀缺资源是用户的时间和注意力”②。因此，注意力管理显得尤为重要。早在 20 世纪 70 年代，诺贝尔奖得主赫伯特·西蒙就指出：“信息的富裕造成注意力的匮乏，因此我们需要在丰富的信息源中有效配置注意力。”③ 韦伯斯特在《注意力管理》一书中也提到：“注意是一种稀少而珍贵的资源，不可能在同一时刻面面俱到，我们必须学会合理地分配注意，成为注意的主人。”注意力管理在心理学、认知神经科学、商业管理、市场营销领域成为热门的议题。来自不同领域的学者探索了注意力形成的内在生理机制，注意力管理的科学方法与训练手段，为注意力研究和注意力管理提供了理论支撑与方法论。达文波特的注意力经济学认为，可以利用“注意力选择器”对目标对象进行测量，通过对数据的统计与分析，得出数量更多、更有效地获得注意力的方法，在科学测量的基础上，可以开展针对注意力的管理。

目前，注意力研究总体上分为两类，一些研究者们在微观层面上，透过个体媒体用户的视角观察世界，关注个体如何应对信息轰炸，另一些研究者则将注意力视为宏观现象，研究因媒体而聚集或分化的群体，关注公众注意力本身产生的经济或社会意义。除此之外，注意力的建构也基于不同层次。韦伯斯特在《注意力市场：如何吸引数字时代受众》一书中指出，注意力构建的一个普遍模式是“效果层级”。从认知层次（意识或习惯），到情感层次（喜欢或者需

---

① 正念养育——提升孩子专注力和情绪控制力的训练法［M］. 北京：化学工业出版社，2017.

② Turow Joseph. The Daily You：How the New Advertising Industry Is Defining Your Identity and Your Worth. 2012.

③ Mel Elteren. Digital Disconnect：How Capitalism is Turning the Internet Against Democracy Robert W. McChesney . New York ：The New Press ，2013 .. 2014，37（2）：221-223.

求），再到行为层次。本课题所研究的“上网注意力”是微观层面上的注意力，指个体在网络使用过程中的注意力分配与管理，并从认知、情感、行为三个层次设置了相关测量题项。

3. 注意力网络

Posner（1990）从解剖学和功能方面定义了注意网络模型，根据这个模型，人类的注意力的组成部分涉及包括警觉注意力、执行注意力以及定向注意力三个不同的维度。警觉注意力表明机体处在一种随时都在进行自我防护和自我检视的状态，这样的预警机制可以随时对于上层生物结构所发出的刺激信号做出有效的应对；执行注意力的定义为化解不同的认知反应之间的冲突；定向注意力通过空间提示线索让注意力集中，被试可以在转动或不转动眼球的情况下将注意进行集中。

4. 网络使用与自我管理

美国马茨（Marts）学院的爱德华·吉·奥基夫（Edward. J. Ockofe）教授在其《自我管理与方法》一书中认为：“自我管理不是我们创造出的使我们自己适合进入一个模子。它是我们创造出来的一个选择，是我们创造出来的关于我们将如何管理我们的动机、我们的时间、我们的学习习惯、我们的人际关系以及我们生活的其他方面的一种选择。”也是“关于我们将如何引导我们的情绪、行为和认识处在我们所希望状态的一种决策”。我国学者方卫渤和肖培在其《管理自己》一书中认为：“自我管理是指处在一定社会关系中的人，为实现个人目标，有效地调动自身能动性，规划和控制自己的行动，训练和发展自己的思维，完善和调节自己的心理活动的自我认识、自我评价、自我开发、自我教育和自我控制的完整活动的过程。”

对上网行为的自我管理能力，即对自身上网行为的自律，包括上网时间的自我管理、信息选择的自我管理、网络表现的自我管理。它将有助于约束上网行为，减少行为偏差，培养正确的网络使用习惯。① 学者们普遍认为，网络自我管理能力是网络素养的重要组成部分。荣珊珊认为，坚持客观上规范、约束上网行为，用“自我管理”的方法来增加行为自律能力，是培养良好上网习惯、减少网络沉迷的一条有效途径，也是必须具备的网络素养。②

国内学者从学校、家庭、社会三个方面对青少年的网络使用及自我管理进行了研究。在网络使用与自我管理研究中，国内学者唐静在《移动社交网络与

① 荣珊珊. 安徽高校学生网络素养现状及其教育实践探究［D］. 安徽师范大学，2007.

② 荣珊珊. 安徽高校学生网络素养现状及其教育实践探究［D］. 安徽师范大学，2007.

青少年自我控制的关系研究》中论述了网络对自觉性、坚持性、计划性、冲动抑制和自我延迟满足这五个维度对青少年产生的积极和消极影响。① 王传芬在《学生网络使用行为及对策分析》中通过问卷调查法分析了学生的网络行为现状，总结出了青少年在网络使用过程中存在的一系列问题，如目的不明确、依赖严重，缺乏网络诚信等。② 在家庭方面，蒋敏慧等通过问卷调查，论述了家庭教育方式与青少年网络行为的关系。③ 关于学生社会网络生活管理研究，主要是立法方面（比如网络游戏、网络欺凌和网络犯罪）以及青少年网络素养培养的研究。

多个实证研究表明，青少年在使用网络的过程中，部分学生缺乏网络自我管理能力。一项针对大学生的网络素养现状调查指出，大学生处于离开父母监管而尚待找到有效自我管理方法的过渡期，很多人甚至还没意识到网络自控力的重要性，网络行为自我管理能力普遍较差。④ 在具体的操作过程中，《大学生网络素养现状及其培育途径探讨》通过测量"上网时间"来考量大学生对网络接触行为的自我管理⑤。《新疆少数民族大学生网络素养调查分析》通过调查学生"玩电脑游戏的频率"、"时长"、"目的"以及"对'反沉迷网络'控制系统的评价"，来测量学生的网络自我管理能力。⑥

2014 年，胡敏霞提出"网络的快速发展使得各种舆论出现在公众的视野里，对人们的注意力已经产生了重要影响"，后来，她又在对注意力四大机制的工作原理进行了解释，认为应该从集中、持久、转换和共享这四个维度对注意力进行管理⑦。姜英杰、王玉、严燕选择"元认知理论"作为量表维度建构的理论基础，将网络行为自我调控首先分为网络行为元认知知识、元认知体验和元认知调控三个维度。元认知知识分为个人变量（对自己作为网络使用者的优缺点

---

① 唐静. 移动社交网络与青少年自我控制的关系研究［J］. 华中师范大学研究生学报，2017，24（1）：125-129.

② 王传芬. 学生网络使用行为及对策分析——以德州市为例［J］. 教学与管理，2013（24）：56-58.

③ 蒋敏慧，万燕，程灶火. 家庭教养方式对网络成瘾的影响及人格的中介效应［J］. 中国临床心理学杂志，2017，25（5）：907-910.

④ 焦晓云. 移动互联网时代提升大学生网络素养的对策［J］. 学校党建与思想教育，2015（15）：83-85.

⑤ 刘树琪. 大学生网络素养现状分析及培育途径探讨［J］. 学校党建与思想教育，2016（1）：57-58+72.

⑥ 李彦，宋爱芬. 新疆少数民族大学生网络素养调查分析［J］. 中国出版，2013（14）：10-15.

⑦ 胡敏霞. 加强网络时代的公众注意力管理［N］. 人民日报，2014-06-05（007）.

的了解）、任务变量（正常和不良网络行为的标准）和策略变量；网络行为元认知体验分为上网前、中、后的情绪体验和感受；网络行为元认知调控主要分为计划（上网时间、活动等方面的计划）、监督（对上网时间、内容等的监督）、控制、调节和评估（对上网行为的效果等方面的评估）等维度①。以此为基础，姜英杰等人编制了《网络行为自我调控量表》，量表分为六个维度：网瘾认知、卷入性情绪控制、网络认知、下网自省、上网自控和网络依恋自控。该量表具备良好的信度和结构效度。

欧阳益、张大均、吴明霞参考王红姣的情绪、思维、行为自控的三维结构，同时加入内隐效应的研究，在三个维度下分别从意识、无意识和心理过程进一步细化网络使用自我控制量表的结构，最终建立起《大学生网络使用自我控制量表》。该量表由网络使用认知控制（计划性、觉察性、理性倾向）、网络使用情感控制（情绪激发、情绪调节、情绪控制习惯）和网络使用行为控制（控制执行、结果影响、冲动习惯）三个分量表构成，各分量表均有三个因素。该量表具有较好的信效度，能够用于大学生网络使用自我控制力测量。②

本次调查中，本课题小组借鉴欧阳益等设立的《大学生网络使用自我控制量表》，构建起本课题测量“上网注意力管理能力”的题目。

- 上网前，我知道自己上网要做什么（网络使用认知）
- 我感到我的日常生活非常有意义（网络使用认知）
- 我认为，我能充分利用自己的时间（网络使用认知）
- 我知道在网上什么该做，什么不该做（网络使用认知）
- 我知道如何不让网络信息干扰我的生活（网络使用认知）
- 我能分清网络世界和现实世界（网络使用认知）
- 上网时，我会沉浸在网络中，忘记周围的环境（网络情感控制）
- 我在网上情绪变幻无常（网络情感控制）
- 上网时，要是有他人打扰我会很生气（网络情感控制）
- 我喜欢浏览网上新奇刺激的内容（网络情感控制）
- 我上网时间长了，再做其他事情总有些不适应（网络情感控制）
- 网上的我小心谨慎（网络行为控制）

① 姜英杰，王玉，严燕．青少年网络行为自我调控量表的编制及效度验证［J］．心理与行为研究，2014（3）：345-350.

② 欧阳益，张大均，吴明霞．大学生网络使用自我控制量表的编制［J］．中国心理卫生杂志，2013（1）：54-58.

· 我会主动控制自己的上网时间（网络行为控制）

· 一旦要学习或工作，我就会停止上网（网络行为控制）

（二）网络信息搜索与利用

中国互联网络信息中心（CNNIC）发布的第49次《中国互联网络发展状况统计报告》显示："截至2021年12月，我国搜索引擎用户规模达8.29亿，较2020年12月增长5908万，占网民整体的80.3%。"网络信息搜索与利用已经成为人们日常工作生活中不可或缺的行为。网络信息搜索是为信息利用服务的，中外研究者们对其进行了大量研究，尽管侧重点不同，但都认为，网络信息搜索是用户利用网络进行的信息搜索行为，它是受需求驱动的，包括浏览信息、筛选信息、利用信息等环节。

1. 信息的搜索与利用

英国情报学家Wilson将信息行为相关概念总结为基于一个联系在一起的嵌套模型（如图3所示），他认为："信息搜索是介于信息行为和信息检索两个概念之间的有意识进行的一种没有特定检索策略的信息活动。"① 也就是说，信息搜索是受某种需求驱使的，其目的在于利用信息、解决问题。对此，Dervin也认为信息搜索活动是一连串互动的、解决问题的行为过程。② 人们通过信息搜索进行主观知识的构建，通过一系列的沟通实践找到自己所需要的信息并加以利用。

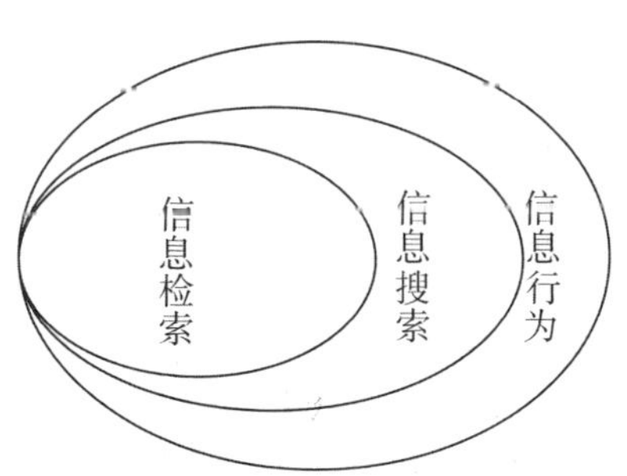

图3 信息行为模型

既然信息搜索是一种有目的的活动，人们在进行信息搜索时自然也是带着

① Wilson T. D. Human Information Behavior [J]. Information Science, 2000, 3 (2): 49-56.

② Dervin B. An Overview of Sense-making Research: Concepts, Methods and Results [C]. Annual Meeting of the International Communication Association, TX, Dallas, 1983.

任务的。Li 等认为“任务是用户通过与信息系统进行有效交互来完成的”①，任务是影响信息搜索行为的主要因素，将对用户选择、发现和评估信息资源等行为产生影响。② Kim 从智力类型角度将任务分为事实型、解释型和探索型。事实型任务重在对客观存在的事实信息的搜索，任务结果是客观的，呈封闭性；解释型任务重在对信息的理解和归纳，其搜索结果具有一定的开放性；探索型任务重在通过搜索来做出高智能决策，其搜索结果完全开放。执行三种搜索任务对智力要求依次升高。③ Bystrom 也对信息搜索与利用的任务进行了划分，分别是低难度、高难度与中等难度。其划分依据则是用户完成搜索任务的主观感受。④ 任务的难易程度是影响信息搜索与利用成功与否的关键性因素。Ingrid 等认为搜索任务的智力类型对搜索结果和检索词输入次数产生影响。⑤ Ghosh 等则基于修订后的 Bloom 认知分类法，设计了 4 种不同认知程度的搜索任务，探讨了不同任务类型下的用户搜索行为差异和学习效果差异。⑥ 此外，行为主体的相关因素也对信息搜索与利用产生着影响。Kuhlthau 等认为用户的认知、情感等是网络信息搜索行为的核心因素，信息搜索的每个阶段都与用户的认知和情感密切相关。⑦

国内学者在继承和发展国外关于信息搜索与利用的相关概念的基础上，对如何更好地进行信息搜索与利用进行了探讨。孙晓宁等从搜索用户和搜索系统两方面提出了建议，他们认为：“对于搜索用户，应强调对学习目标内容的辨识和思考，明确检索主题，提升信息筛选与甄别能力；对于搜索系统，宜考虑便

---

① Li Y，Belkin Nj. A faceted approach to conceptualizing tasks in information seeking [J]. Information Processing & Management, 2008, 44 (6): 1822-1837.

② Splomon P. Discovering information in Context [J]. Annual review of Information Science and Technology, 2005, 36 (1) : 229-264.

③ Kim J. Describing and Predicting Information-seeking Behavior on the Web [J]. Journal of the American Society for Information Science and Technology, 2009, 60 (4): 679-693.

④ Bystrom K. Information and Information Sources in Tasks of Varying Complexity [J]. Journal of American Society for Information Science and Technology, 2002, 53 (7): 581-591.

⑤ Ingrid Hsieh Yee. Search Tactics of Web Users in Searching for Texts, Graphics, Known Items and Subjects [J]. Library Quarterly, 1996, 66 (2): 161-193.

⑥ Ghosh S，Rath M，SHAH C. Searching as learning: exploring search behavior and learning outcomes in learning-related tasks [C] //Proceedings of the 2018 Conference on Human Information Interaction and Retrieval. New York: ACM Press, 2018: 22-31.

⑦ Kuhlthau C. C. Inside the Search Process: Information Seeking from the User' s perspective [J]. Journal of the American Society for Information Science and Technology, 1991, 42 (5): 361-371.

于用户在浏览页面过程中对搜索内容进行标记的相关功能设计。"① 陆溯则对大学生信息搜索行为进行了实证研究，认为大学生在对信息进行搜索和利用时存在不主动选择搜索引擎、对结果的来源和可靠性不加分辨、不重视信息线索等方面的问题，并提出了改进措施，"高校信息素质教育需要结合大学生的信息行为，调整信息素质教育的培训内容，达到最佳的教学效果"②。成全等发现当用户收到多平台信息刺激时，注意力控制水平将影响其信息搜索行为，并为优化跨平台学术信息搜索行为提出建议："加强用户注意力控制水平锻炼，培养良好的注意转移能力。鼓励用户培养定期进行跨平台学术信息搜索的习惯，提高其对信息的自我效能及有用性感知。"③ 此外，还有不少学者对图书馆的信息搜索进行了研究。为提高学术用户信息服务的效果与满意度，杨倩提出："将 4 种服务类型（基础型服务、辅导型服务、辅助型服务、专业型服务）与 4 个阶段（目标领域未定、目标领域已定搜索策略未定、搜索策略已定搜索目标未定、搜索目标已定）相结合，形成 16 种个性化信息服务方案。"④

2. 网络时代信息的搜索与利用

随着网络时代的到来，互联网以其强大的资源整合能力，为用户的信息搜集与利用带来了极大的便利，也成为信息搜集的主要平台。Choo 将认知、情感、情境以及环境作为影响网络信息搜索的四个因素，并从信息需求、信息搜索和信息利用三个阶段对这些影响因素进行考量，指出："信息需求阶段会受到压力、认知等情感因素的影响，而信息源的质量、用户动机和信息源的可访问性则会影响到信息搜索阶段的行为。"⑤作为一种目的驱动的行为活动，网络信息搜索行为适合用以解决信息问题为目的的模型来解释。Brand Gruwel 认为任务定义、信息查询策略、定位和获取、信息使用、信息整合以及评估成功地描述了信息搜索过程，具有广泛的应用性。他还引入了思维控制的概念，指出"思维控制参与整个信息搜索过程，对具体行为有不同作用，且有四种不同功能：定

---

① 孙晓宁，姚青. 信息搜索用户学习行为投入影响研究：基于认知风格与自我效能［J］. 情报理论与实践，2020，43（10）：99-107.

② 陆溯. 大学生网络信息搜索行为实证研究——基于搜索引擎的利用［J］. 图书馆理论与实践，2018（1）：79-82.

③ 成全，刘彬彬. 用户跨平台学术信息搜索行为影响因素研究：注意力控制与自我效能的调节作用［J］. 情报科学，2022，40（2）：82-90.

④ 杨倩. 探索式搜索行为的先验知识分析与信息服务策略研究［J］. 图书情报知识，2021（2）：144-153.

⑤ Choo C. W. Closing and Cognitive Gaps：How People Process Information［M］. London：Financial Times of London，1993：3，22.

位、检测和转向、评估。"① Pardi 等则研究了不同信息资源环境下，用户在信息搜索过程中知识结构的变化程度，发现记忆力和阅读理解能力对变化程度有正向影响。② 可见，国外学者对网络信息搜索与利用的影响因素进行了深入研究，有助于在互联网时代更好地进行信息的搜索与利用。

国内学者一方面对网络信息搜索与利用的风险进行了研究。李袆惟等采用结构方程模型的分析方法，从社会认知理论出发考察社交媒体环境中信息的质量对受众反应的作用过程，认为"信息质量可以通过影响用户的风险认知、风险知识水平和自我效能三个变量影响其风险信息搜索行为。"③ 从而证明了网络所构建的信息环境会显著作用于人们对于风险的认知和行为反应，因此要做好风险传播中的有效公众沟通以及线上风险信息管理。彭小青等指出网络疑难症是一种伴随着信息时代的"新型风险"，"与健康焦虑、在线健康信息搜索密切相关，以反复过度在线搜索而引起健康焦虑升级为特征"④，并探讨了其测量工具与研究现状，以期进一步探明网络疑难症的发生发展机制。王茜等则对搜索算法进行评估，发现："由于人们容易被各种博眼球的错误信息所吸引并点击，网站会根据搜寻结果提供类似的信息资料，当人们搜索信息时就已经进行了信息过滤，助长了错误信息在网络中的传播。"⑤ 另一方面，国内学者也对如何更好地进行网络信息的搜索和利用进行了深入研究。李强等分析了网络空间物联网信息搜索相关研究工作，也提出了加强和改善网络空间信息搜索与利用的策略，"通过布置探测器，采取主动或被动的探测技术，结合探测策略，收集网络空间中的相关数据，基于物联网信息的指纹技术，识别网络空间中的物联网信息"⑥。赵一鸣等采用实验研究法，提取了用户移动端网络搜索系统使用及切换的完整路径，并在此基础上提出"移动端搜索系统（App）可以尝试为用户提供多样化的搜索功能和体验，以减少用户的搜索系统切换；设计、开发面向任

---

① Brand Gruwel S, Wopereis I, Vermetten Y. Information Problem Solving by Experts and Novices: Analysis of A Complex Cognitive Skill [J]. Computers in Human Behavior, 2005, 21 (3): 487-508.

② Pardi G, Hoyer J V, Holtz P, et al. The role of cognitive abilities and time spent on texts and videos in a multimodal searching as learning task [C] //Proceedings of the 2020 Conference on Human Information Interaction and Retrieval. New York: ACM Press, 2020: 378-382.

③ 李袆惟，郭羽. 网络传播与认知风险：社交媒体环境下的风险信息搜索行为研究 [J]. 国际新闻界，2020，(04)：156-175.

④ 彭小青，陈阳，欧阳威，辛梓睿，王辅之，罗爱静. 网络疑病症：信息时代下的"新兴风险" [J]. 中国临床心理学杂志，2020，28 (2)：400-403.

⑤ 王茜，希拉格·沙. 搜索引擎如何传播错误信息 [J]. 青年记者，2021 (7)：101-102.

⑥ 李强，李红等. 网络空间物联网信息搜索 [J]. 信息安全学报，2018，3 (5)：38-53.

务的搜索界面或入口，尝试集成多种不同类型的移动搜索系统或 App，为基于任务的搜索活动提供集成的搜索环境"①。

能够有效地利用互联网完成信息检索、使用，并使其成为自己的学习工具是我们认为的信息搜索和整合能力的理想水平。以下是本课题组关于这部分的调查题目：

- 上网搜索信息时，我知道哪些信息是我需要的（信息搜索与分辨）
- 我能区分原创信息和转载信息（信息搜索与分辨）
- 我能区分真实信息和虚假信息（信息搜索与分辨）
- 上网搜索信息时，我能确定需要搜索信息的关键词是什么（信息搜索与分辨）
- 我能选择合适的信息检索方法或途径来查找所需要的信息（信息搜索与分辨）
- 上网搜索信息时，我掌握扩大搜索范围的方法或途径（信息搜索与分辨）
- 为熟悉某个话题，我会上网浏览大量信息（信息保存与利用）
- 我能把新信息整合到已有的知识结构中（信息保存与利用）
- 我能够将搜索到的信息分门别类地进行保存（信息保存与利用）
- 我能通过网络搜索，解决现实中的某个问题或困难（信息保存与利用）
- 我能利用网络制作、加工或发布作品，如视频、图片、文章等（信息保存与利用）

（三）网络信息的分析与评价

网络信息的分析与评价是网络素养的重要组成部分，是网民面对纷繁复杂的信息海洋，获取符合自己需求的信息的必备能力。网络素养的概念最初由 Charles R. McClure 在 1994 年提出，并概括出知识和技能两个层面的内容，而网

① 赵一鸣，李倩. 用户移动搜索系统使用路径的提取与评价研究［J］. 图书情报工作，2021，65（11）：89-100.

络信息的分析与评价正是技能的范畴。① 2002 年卜卫在《媒介教育与网络素养教育》中将网络素养的内涵更加清晰化了，提出网络素养的成分包括能够从信息网络中识别、获取和有效使用电子信息的能力；还包括信息判断能力，即对信息质量进行评估，过滤不相关的信息，对信息有辨别、批判和免疫的能力。②从此，对网络信息的分析和评价成为网络素养研究的重要课题。2012 年 Lee Sook-Jung 和 Chae Young-Gil 在一项针对儿童的网络素养调查中认为网络素养是访问、分析、评估并创建在线内容的能力，使得加强未成年人的网络素养问题受到学界重视，并成为网络素养教育的重要组成部分。③ 同年，李宝敏将儿童网络素养研究放在儿童与网络世界互动过程中的多个维度下进行观照，将其分为“知、能、意、行”四个维度并进行了测量。④

如何进行网络信息的分析与评价，国内外学者均在进行不懈的努力。2013 年 11 月，联合国教科文组织发布了“全球媒体和信息素养评估框架”。该框架从国家、社会、个人层面上测量媒介素养水平。个人层面的测量分为媒介接触、媒介评价和参与创造三个维度，并从能力的角度对每个维度进行进一步的细分。媒介评价维度包含四种能力：对信息和媒体的理解、评估、评价和组织。⑤ 2018 年，联合国教科文组织发布了“全球数字素养技能参考框架 4. 4. 2”，在此框架中，数字素养包含了信息素养、媒介素养等其他素养，指安全、恰当地定义、获取、管理、整合、传播、评估和创建信息的能力。⑥ 而国内网络素养教育相对比较滞后，政府引导有待加强。2013 年，教育部发布《关于在教育系统深入学习贯彻全国宣传思想工作会议精神的通知》，才首次在中央政府文件中提及网

---

① McClure C. R. . Network Literacy：A Role For Libraries? ［J］. Information Technology and Libraries，1994，13（2）：115-125.

② 卜卫. 媒介教育与网络素养教育［J］. 家庭教育，2002（4）：16-17.

③ Lee S，Chae Y. Balancing Participation and Risks in Children's Internet Use：The Role of Internet Literacy and Parental Mediation［J］. Cyberpsychology，Behavior and Social Networking，2012，15（5）：257-262.

④ 李宝敏. 儿童网络素养研究［D］. 华东师范大学，2012.

⑤ UNESCO. Global Media and Information Literacy Assessment Framework：Country Readiness and Competencies［EB/OL］.（2013-12-11）［2016-09-07］. http：//www. unesco. org/new/en/communication - and - information/resources/publications - and - communication - materials/publications/full-list/global - media - and - information - literacy - assessment - framework/.

⑥ Nancy Law，David Woo，Jimmy de la Torre，et al. A global framework of reference on digital literacy skills for indicator 4. 4. 2［R］. UNESCO Institute for Statistics，2018.

络素养，强调“广泛开展师生网络素养教育，将文明用网作为师德建设重要内容”。① 自2016年开始，陆续出台系列指导意见、发展规划与实施纲要为地方政府与教育部门开展“网络素养”相关教育与活动提供依据。2021年11月，中央网络安全和信息化委员会印发《提升全民数字素养与技能行动纲要》，提出要构建终身数字学习体系②。陈志娟指出“中小学校的数字素养教育与网络新媒体的发展实践普遍存在脱节、滞后情况”③，网络素养的教育体系和内容资源建设还处于分散且零碎的状态。

如何提高人们网络信息分析与评价能力，促进网络素养的提升，已成为国内外学者研究的重要课题。日本学者YES等在2018年所做的研究采用了包含操作能力、社交技能和批判思维三维度的网络素养评价框架，建立了网络使用、网络素养和社交技能的闭环模型，得出网络的使用能够加强网络信息的评价能力，促进网络素养的提高④。同年，Gul等针对家庭环境对青少年网络素养的影响做了研究，认为父母的网络使用特性与习惯和父母对青少年网络使用的态度等来自家庭环境的因素都会直接影响青少年的网络素养，影响青少年对网络信息的分析和评价能力，因此要给青少年营造良好的家庭环境，特别是家庭信息环境。⑤

2018年10月，华中师范大学和腾讯公司联合成立了“网络素养与行为研究中心”，探索了新时代中国青少年网络素养的内涵及评价标准，提出了网络素养评价指标体系与测评工具，指出要从个人、学校、家庭、社会等方面提升青少年网络素养。⑥ 2021年，田丽等采用问卷调查法研究了学校因素对未成年人网络素养的影响，发现“推行网络教育课程是提升未成年人网络素养的最好方式；教师是影响未成年人网络素养关键的因素；群体对未成年人网络素养的培育起

---

① 中共教育部党组. 关于在教育系统深入学习贯彻全国宣传思想工作会议精神的通知［EB /OL］.［2021-1- 22］. http：/ /www. moe. gov. cn /srcsite /A12/s7060 /201309 / t20130904_ 157390. html.

② 孙亚慧. 上好“网络素养”这堂课［N］. 人民日报海外版，2021-12-08（008）.

③ 陈志娟. 提升未成年人数字素养［N］. 中国社会科学报，2022-01-06（003）.

④ YES. Causal Relationships between Media/ Social Media Use and Internet Literacy among College Students：Ad- dressing the Effects of Social Skills and Gender Differences［J］. Educational technology research，2018，40（1）：61-70.

⑤ Gul H，Yurumez Solmaz E，Gul A，et al. Facebook Overuse and Addiction among Turkish Adolescents：Are ADHD and AD-HD-Related Problems Risk Factors?［J］. Psychiatry and Clinical Psychopharmacology，2018，28（1）：80-90.

⑥ 王伟军，王玮等. 网络时代的核心素养：从信息素养到网络素养［J］. 图书与情报，2020（4）：045-055.

着潜移默化、不可忽视的作用”①。目前国内学者的相关研究主要集中在以下四个方面——“确立‘赋权’‘赋能’‘赋义’是未成年人网络素养教育的核心理念”“家长需要承担起网络素养教育的第一责任”“学校要发挥网络素养教育的主阵地作用”“要创建有利于未成年人网络素养培养的社会环境”②。此外，李宝敏等指出，网络素养教育应当超越“保护主义”、超越“灌输”、走出技术化倾向，要让中小学生“理性地认识网络世界、认识自我，进而改善并发展网络认知与网络行为”③，唤起人们的主体精神是提升网络信息分析与评价能力的核心。

本课题确定考量“网络信息分析与评价”的问题量表如下：

- 我喜欢在看新闻时，了解新闻发生的背景（对信息的辨析和批判）
- 当怀疑网上信息是否真实时，我经常搜集信息以证明真伪（对信息的辨析和批判）
- 我会针对同一主题的信息，搜索不同媒体的报道（对信息的辨析和批判）
- 我反感网上的虚假新闻和不实消息（对信息的辨析和批判）
- 我会怀疑网络广告的真实性（对信息的辨析和批判）
- 我认为一篇新闻或文章只是信息的一部分（对信息的辨析和批判）
- 网上媒体的负面信息，让我觉得整个世界很不安全（对网络的主动认知和行动）
- 我认为网上的大部分报道是可信的（对网络的主动认知和行动）
- 我认为名人在网上和现实中的言行一致（对网络的主动认知和行动）
- 我会对影视剧或短视频里的某个角色恨之入骨，甚至忘了是由演员扮演的（对网络的主动认知和行动）

---

① 田丽，张华麟，李哲哲．学校因素对未成年人网络素养的影响研究［J］．信息资源管理学报，2021，11（4）：121-132.

② 方增泉．加强网络素养教育 织密网络保护安全网——《2020年全国未成年人互联网使用情况研究报告》专家解读之四［N］．中国青年报，2021-08-17（2）.

③ 李宝敏，余青．杜威的技术探究理论对中小学生网络素养教育的启示［J］．上海教育科研，2021（10）：60-66.

（四）网络印象管理

印象管理的理论基础最早可以追溯到源于美国实用主义的符号互动理论。符号互动理论认为人们在社会交往中的"角色扮演"是根据他人（社会）的期待来限定的，需要通过推断他人对各种行为的反应来选择自己的行动，最终目的在于形成或改变他人对自己的看法。一般来说，学界公认的印象管理相关研究缘起于美国社会学家戈夫曼（1989），他在《日常生活中的自我表现》一书中提出每个人都或有意或无意地使用某些技巧来控制自己给他人的印象，希望在有其他人存在的舞台上展现自己最为光彩优秀的一面，同时也指出自我呈现对于确定个人在社会秩序中的位置、确定互动的基调和方向以及促进角色控制行为表现的重要性，这一理论被称为"拟剧论"或"印象管理"。①

国外对印象管理理论的初期研究主要集中在印象管理的定义概念上，学者根据自己的研究，提出个人对印象管理的理解，印象管理指采取策略、行动来塑造维系个人理想形象，尽量不展示个人形象中的不足方面。Baumeister（1982）认为印象管理是指个体通过具体的行为向外界传达个人信息，印象管理动机主要包括两个，一个是取悦大众或目标观众，另一个是建立、维持或完善个体在他人心目中的理想形象。② Yao, M. Z., & Flanagin, A. J.（2006）自我意识理论认为，在一定时刻，个人的注意力要么向外指向外部的环境如任务、他人、社会情境；要么向内指向自我的不同方面。当个人将自己视为社会客体时，公共的自我意识会产生，公共自我意识高的人倾向于关心他们的公众形象和印象管理。③

国内对于印象管理概念的研究更多从过程和目的出发，不同的学者根据个人研究，提出了自己对印象管理的认知，对印象管理给出了更为细致明确的界定。有学者认为印象管理主要是指个体通过一定的方式和策略，比如有意识地选择言辞、表情、动作等，来影响他人对自己印象的形成，目的在于美化自己，

---

① 欧文·戈夫曼. 日常生活中的自我呈现［M］. 黄爱华，冯钢，译. 杭州：浙江人民出版社，1989.

② Baumeister, Roy F. A self-presentational view of social phenomena［J］. Psychological Bulletin, 1982, 91（1）：3-26.

③ Yao, M. Z., & Flanagin, A. J. A self-awareness approach to computer-mediated communication［J］. Computers in Human Behavior, 2006, 22（3）, 518-525.

不给他人留下不好的印象。①② 同时强调印象管理中的社会互动及人际交往，个体并不是被动地对外界环境作出反应，而是根据交往对象的特质和不同，有意识地选择个体呈现方式，使得个人的呈现方式能与他人保持一致，借此尽量给他人留下良好印象③。印象管理较为公认的定义可总结为个体为给他人留下良好印象，有意识有选择地采取主动行为，来塑造、维持、完善个体在他人心目中的理想形象。也有学者认为印象管理研究不仅是一个理论，更是一个元理论框架，在这个框架内，人们可以对人类社会行为的原因和后果的问题进行阐述并且寻求答案（Tetlock 等，1985）。④

印象管理理论的研究在探讨定义概念外，学者也开始关注、研究印象管理的策略和动机，采取观察、问卷等不同方式进行测量。在网络普及前，这一领域的研究集中于现实生活中的印象管理。在印象管理策略研究中，Tetlock 等（1985）提出了防御性（defensive）印象管理和肯定性（assertive）印象管理两种方式，防御性印象管理是为了保护个人既定的社会形象，肯定性印象管理是为了改善个人的社会形象。⑤ 在印象管理的施行动机上，Leary 和 Kowalski（1990）在他们的研究中描述了 Rosenberg 在 1979 年提出的三种印象管理动机：（1）在社会交往中获取回报，包括社会关系维系和物质回报等；（2）增强个人自尊，主要通过展示自我形象获取称赞和肯定等方式来提升；（3）塑造个人理想身份。⑥ Leary 和 Kowalski 还在研究中提出印象管理的双成分模型，两位学者在研究中将印象管理概念化为两个独立的过程：第一个过程涉及印象动机，第二个过程主要指印象建构，即如何“改变自己的行为以影响他人对自己的印象”⑦。这也成为目前国内外学者研究、进行印象管理测量的基础。在印象管理测量的相关方面，M. Snyder 提出自我监控量表（Self-Monitoring Scale），考察

---

① 房玲. 印象管理综述［J］. 社会心理科学，2005（3）：114-117.

② 刘娟娟. 印象管理及其相关研究述评［J］. 心理科学进展，2006（2）：309-314.

③ 陈思清.《高中生自我呈现量表》的编制及其与自我分化、社会支持之间的关系［D］. 河北师范大学，2018.

④ Tetlock P E , Manstead A S . Impression management versus intrapsychic explanations in social psychology：A useful dichotomy?［J］. Psychological Review，1985，92（1）：59-77.

⑤ Tetlock P E , Manstead A S . Impression management versus intrapsychic explanations in social psychology：A useful dichotomy?［J］. Psychological Review，1985，92（1）：59-77.

⑥ Leary，M. R. ，Kowalski，R. M. Impression management：A literature review and two-component model［J］. Psychological Bulletin，1990，107：34-47.

⑦ Leary，M. R. ，Kowalski，R. M. Impression management：A literature review and two-component model［J］. Psychological Bulletin，1990，107：34-47.

个体对于社会线索的留意和回应程度;① Paulhus 运用社会称许行为均衡量表（BIDR）测量印象管理中的印象管理与自我欺骗增强，即个体对自身和他人的欺骗。

国内目前对印象管理的研究主要集中在对某些群体的使用策略、动机、相关测量量表的编制，以及个体印象管理与其幸福感、自尊、自我监控之间的关系等方面。肖崇好（2011）结合自我监控相关研究理论，将印象管理过程划分为五部分：印象管理动机、印象构建、自我呈现行为、印象评估及反馈调节和印象监控。② 朱蓉（2010）研究总结大学生日常常用的印象管理策略，包括自我抬高、讨好、威慑、恳求、合理化理由、自我设障、道歉、事先申明以及非言语型印象管理九个方面，并编制测量问卷，将理论模型归纳为迎奉讨好、非言语行为、自我展现、示弱恳求、解释道歉、合理化理由六个维度。③

1. 网络印象管理

社交网络的兴盛使得人们的印象管理行为由“线下”转为“线上”。良好的印象管理能够强化管理者在别人心中的印象，以达到建立关系的需求。随着网络普及，关注现实生活的印象管理研究也开始着眼于虚拟网络空间中的个人印象管理，并开始对网络空间中的印象管理策略进行研究。在线下面对面的交流中，面部表情、手势等身体语言，言谈举止、外界环境等都会限制个体的印象管理。而移动互联网的出现则为个体社交提供舞台，网络社交，即 CMC（computer mediated communication）与面对面的交流在形式和功能上有很大的不同。Walther（2007）指出，身体特征比如一个人的外貌和声音，提供了人们第一印象所依据的大部分信息，而这些特征在 CMC 中通常是不存在的，但 CMC 用户可以有选择地呈现自我，由于网络的异步性，用户在发布个人内容时，可以进行编辑、更改，以及删除已发布的内容，在网络空间个体以一种受控制的和社会期待的方式展现自我的态度和个人相关信息，从而管理个人的网络形象。④ 当人们在网上创造和扮演自己所选择的角色时，这个面具就成为人们人

---

① Snyder M . Self-Monitoring of Expressive Behavior [J]. Journal of Personality and Social Psychology, 1974, 30 (4): 526-537.

② 肖崇好，张义泉，舒晓丽. 印象管理模型的建构 [J]. 惠州学院学报，2011，31（2）：31-34.

③ 朱蓉. 大学生印象管理策略量表的编制及应用研究 [D]. 电子科技大学，2010.

④ Walther J B . Selective self-presentation in computer-mediated communication: Hyperpersonal dimensions of technology, language, and cognition [J]. Computers in Human Behavior, 2007, 23 (5): 2538-2557.

格的一部分，在开放而动态的场景下人能大胆表现自我，实现人的行为与“自我认同”的统一与协调。①

面对线上线下不同的交流环境，学者也对个体在现实生活和网络空间中的印象管理策略进行对比，然而，尽管互联网常常被视为一个个人再创造的空间，摆脱了线下互动和身份规范的约束，但研究发现，这些规范延续到线上环境中，并塑造了自我呈现（Kapidzic&Herring，2011）。② 当下的社交网络多基于线下真实的人际关系而发展，线上线下的人际关系联系密切，江爱栋（2013）认为目前的网络平台多为“通过熟人认识熟人”，个体在网络空间的自我呈现也更为真实，所采取的印象管理策略也与现实交往中的印象管理策略越来越接近。③ 线上的印象管理策略也多由线下策略发展而来，不过在策略使用偏好上有所差异。Pittman（1982）研究总结了人们在现实生活中印象管理的五种策略，分别是迎合讨好、威逼强迫、自我宣传、榜样示范和示弱求助④，基于此，Dominick（1999）对线上个人主页进行研究时发现，讨好逢迎、示弱求助和自我能力提升三种策略在线上的印象管理策略中比较常用⑤。董洪杰（2012）发现即时通信用户的印象管理主要是受个人内变量尤其是自我概念的影响。⑥ 邬心云（2013）指出在网络互动过程中，每个人都会用各种方式有意无意地表演，从而维持、加强或改变他人对自己的印象。⑦

社交媒体平台作为用户在网络空间展示自我、进行个人印象管理的重要场域，研究者也常以网络社交媒体平台用户的印象管理为研究对象，集中于对用户自我呈现的方式、特点及印象管理策略的研究。在网络社交媒体平台中，用户可以发布文本、图片、音乐、分享链接等，并在这个过程中努力以自己感觉

---

① 黄厚铭. 面具与人格认同［J］. 中国科技纵横，2002（12）：178-179.

② Kapidzic S，Herring S C. Gender，Communication，and Self-Presentation in Teen Chatrooms Revisited：Have Patterns Changed？［J］. Journal of Computer Mediated Communication，2011，17（1）：39-59.

③ 江爱栋. 社交网络中的自我呈现及其策略的影响因素［D］. 南京大学，2013.

④ Jones，E. E.，Pittman，T. S. and Jones，E. E. Toward a General Theory of Strategic Self-Presentation［J］. Suls，J.，Ed.，Psychological Perspectives on the Self，1982，1（1）：231-262.

⑤ Dominick，J. R. Who Do You Think You Are？Personal Home Pages and Self-Presentation on the World Wide Web［J］. Journalism & Mass Communication Quarterly，1999，76（4）：646-658.

⑥ 董洪杰. 网络即时通讯中的印象管理和印象形成——基于腾讯 QQ 用户的研究［D］. 曲阜：曲阜师范大学，2012.

⑦ 邬心云. 博客传播中的自我呈现［J］. 传媒观察，2013，6：008.

良好的方式展示自己和维持社会关系，对被别人看到和评判的可能性做出反应（Marwick，2012）①。Kim & Lee（2011）在研究 Facebook 平台上自我呈现的策略与主观幸福感之间的关系时，将用户在 Facebook 平台上自我呈现的策略分为两种，一种是积极的自我呈现，另一种是真实的自我呈现，积极的自我呈现是指个体将自己好的一面呈现在社交平台上，在他人面前塑造良好形象；真实的自我呈现是指个体并非有选择性地只展现好的方面，而是坦诚地进行自我表露②。

随着网络的普及应用，网络平台所特有的异步性及缺少面对面交流的身体线索，也为用户的网络印象塑造和维系提供了新的舞台。用户在网络平台的印象管理特点、形式和策略也成为学者研究的重要方向。鉴于目前网络生活与现实生活的交叠程度不断加深，在网络空间呈现真实自我、塑造符合真实世界中社会角色的要求和规范的形象成为常态，而在印象管理策略的使用上，个体更偏好主动积极的管理策略。许佳欣（2018）在研究中发现个体在网络环境下的行为会受到线下，如个人性格和社会准则的影响，社交媒体上的活动也会受到很多的隐性限制，原本基于某些特定情境的线上印象管理也会因场景消解和观众的多元化受到影响。③ 辛文娟等（2016）研究大学生在使用微信朋友圈进行印象管理时，发现多数被访者更倾向于在微信朋友圈中发布比较积极、健康、向上的内容，从而进行自我形象管理，大学生们使用防御性印象管理策略来尽可能地弱化自身的不足，以避免给他人留下消极的印象。④ 叶卉（2018）发现印象管理成为 90 后大学生在社交网络平台上的重要目标之一，他们渴望塑造出特定的形象，以符合周围人对他的某种期待，即使这种塑造出来的形象与本人并不完全相符，大学生也会刻意“装扮”。⑤

---

① Marwick A . The Public Domain：Surveillance in Everyday Life［J］. Surveillance & Society，2012，9（4）：378-393.

② Kim J , Lee J E R . The Facebook Paths to Happiness：Effects of the Number of Facebook Friends and Self-Presentation on Subjective Well-Being［J］. Cyberpsychology，Behavior，and Social Networking，2011，14（6）：359-364.

③ 许佳欣. 新媒体语境下人们的线上印象管理［J］. 新闻研究导刊，2018，9（10）：71+73.

④ 辛文娟，赖涵，陈晓丽. 大学生社交网络中印象管理的动机和策略——以微信朋友圈为例［J］. 情报杂志，2016，35（3）：190-194.

⑤ 叶卉. 控与被控——90 后大学生在社交网络上的自我呈现对高校思想政治教育的启示［J］. 社会科学论坛，2018（5）：231 - 239. DOI：10. 14185/j. cnki. issn1008 - 2026. 2018. 05. 026.

2. 青少年群体的网络印象管理及影响因素

网络媒介对青少年的心理发展和自我认同起到了重要的作用，由于社交媒体的普及应用，网络印象管理行为越来越低龄化。在个人网络形象的塑造维系过程中，不同群体间也有独特特点。Papacharissi（2012）总结指出那些与性别、种族和阶级有关的社会角色，以及涉及职业、家庭和社交圈的社会角色，都是通过重复的行为表现出来的。① 部分学者将目光对准青少年群体的网络印象管理研究。青春期是青少年身份认同形成和确认的关键时期（Steinberg，2014）②，在这一生理心理发育阶段，青少年开始更关注到自己的心理层面，并更加关注自身积极和消极的性格特征，因此，他们的自我形象变得越来越不同，越来越复杂（Steinberg & Morris，2001）。③ 当网络上的他人，也就是"观众"处于匿名、虚体化的状态下时，对于那些自我认知尚不成熟的青少年来说，他人或"观众"成为构建自我的一面独特的镜子，青少年在网络上的自我呈现是构建自我过程中不可或缺的一部分，因此，网络世界中的"亲密陌生人"和"匿名朋友"在青少年自我构建中承担着重要角色（Zhao，2005）④。青少年了解到其他人对自我有不同的印象，并且可以通过自我表现的方式影响别人对他们的看法，当青少年关心他们给同龄人留下的印象以及他们感觉被同龄人接受的程度时，他们会仔细考虑在社会交往中所要做或不做的事情。基于此，青少年会更自觉地进行印象管理（Gaëlle，Ouvrein & Karen，2019）⑤。有学者对青少年在网络平台发布的内容进行分析，Elizabeth Mazur 与 Lauri Kozarian（2010）认为博客为用户提供了一个通过写作和管理个人信息来控制自己公众形象的绝佳机会，并对15—19岁青少年的博客内容进行分析，发现其发布的内容大多为自己的日常生活、朋友和恋爱关系，常常发布自己的照片等，好友数量很多但大多数内容下面并没有评论或评论很少，并提出青少年发布博客并不是为与他人直接互动，

① Papacharissi Z . Without you, I'm nothing: performances of the self on Twitter [J]. International Journal of Communication, 2012, 6 (1).

② Steinberg, L. Adolescence: Puberty, cognitive transition, emotional transition, social transition [EB/OL]. (2014) [2020-02-10]. https://psychology. jrank. org/pages/14/Adolescence.html.

③ Steinberg L , Morris A S . Adolescent Development [J]. Journal of Cognitive Education and Psychology, 2001, 2 (1): 55-87.

④ Zhao S . The Digital Self: Through the Looking Glass of Telecopresent Others [J]. Symbolic Interaction, 2005, 28 (3): 387-405.

⑤ Gaëlle, Ouvrein, Karen V . Sharenting: Parental adoration or public humiliation? A focus group study on adolescents' experiences with sharenting against the background of their own impression management [J]. Children and Youth Services Review, 2019, 99 (2).

而是谨慎地呈现自我，大多数采取迎合的策略和乐观的方式向他人展示自己。①

国内面向青少年群体的网络印象管理的研究相对较少，主要针对青少年群体具体的印象管理策略及其与幸福感、羞怯等的关系。晏碧华（2008）依据印象管理的二维模型来测量青少年印象管理倾向，认为青少年的印象管理存在人际倾向和自我倾向两个方面，自我倾向即主动呈现自我特点，相信自己是能动的，人际倾向则表现为社会适应和环境顺应，行为表现对人际关系互动有利，研究结果发现青少年印象管理中自我倾向和人际倾向两个维度呈现分离态势。②鲍娜（2016）考察了社交网站中的自我呈现与自尊的关系。马瑶（2018）则对中学生网络平台自我呈现方式对其主观幸福感的影响进行研究，结果表明中学生积极的社交网络自我呈现方式与主观幸福感呈显著负相关，而真实的社交网络自我呈现方式则与其主观幸福感呈现显著正相关。③ 刘寅伯（2012）则对初中生的羞怯与印象管理的关系进行研究，发现初中生羞怯水平越高，印象管理水平越低；反之，羞怯水平越低，印象管理水平越高。④

黄含韵（2015）在探究我国青少年的社交媒体沉迷及网络印象管理情况时给出了具体的分类，将青少年常用的网络印象管理策略分为四类，分别是迎合、伤害控制、操控和自我宣传⑤，并得出社交媒体沉迷者擅长利用社交媒体操控其自我形象的结论。蒋俊男（2014）用马斯洛的需求层次理论来研究青少年在社交网络中印象管理的动机，发现处于社会化关键期的青少年，所面临的是获得自我实现、自我认同与社会归属感。⑥ 本课题组把青少年的网络印象管理作为媒介素养测量的一个重要维度。由于印象管理的本质就在于社会交往和互动，而社交也是青少年上网行为的一个主要方面，所以在对青少年印象管理的测量中主要采用黄含韵所使用的量表。其量表是修改后的自我呈现策略量表，适用于测量中国青少年在社交媒体上的印象管理策略和能力，并且具有一定的科学性和实践基础。以下是本课题组关于这部分的调查题目：

· 当我被责怪做错事时，我会在网络上为自己辩解（迎合他人）

① Elizabeth, M, Lauri, K. Self-presentation and interaction in blogs of adolescents and young emerging adults [J]. Journal of Adolescent Research, 2010, 25 (1): 124-144.

② 晏碧华. 青少年印象管理的外显与内隐加工模式研究［D］. 陕西师范大学，2008.

③ 马瑶. 中学生社交网络自我呈现与主观幸福感的关系研究［D］. 重庆师范大学，2018.

④ 刘寅伯. 初中生羞怯与印象管理、同伴关系的关系研究［D］. 山东师范大学，2012.

⑤ 黄含韵. 中国青少年社交媒体使用与沉迷现状：亲和动机、印象管理与社会资本［J］. 新闻与传播研究，2015，22（10）：28-49+126-127.

⑥ 蒋俊男. 社交网络中青少年的印象管理行为［J］. 青年记者，2014（18）：73-74.

- 我在网络上夸赞朋友们的言论或经历，让他们觉得我很友好（迎合他人）
- 我在网络上关注朋友们，让他们觉得我关心他们（迎合他人）
- 我在网络上给朋友点赞，让他们愿意和我分享（社交互动）
- 我会在网上澄清负面事件，以免给朋友留下不好印象（社交互动）
- 如果我伤害了朋友，我会在网上跟他道歉（社交互动）
- 我在网上与朋友分享我所获得的好成绩或奖励（社交互动）
- 我在网络上和朋友分享自己的生活（旅行、美食等）经历（自我宣传）
- 我发朋友圈/QQ 空间时会分组（自我宣传）
- 我在社交媒体上发布消息时会提前美化图片（自我宣传）

（五）网络安全与隐私保护

网络安全，通常指计算机通信网络安全，或网络信息安全。网络安全是一个相对宽泛的概念，在宏观、中观与微观层面各有其指涉，包含网络信息安全、网络系统安全、网络文化安全、网络环境安全与网络使用安全等多个维度，具备保密性、完整性、可用性、可控性和不可抵赖性等安全的一般特点。

在国家层面，2014 年两会期间，网络安全被正式列入政府工作报告，维护网络安全是关乎国家安全和发展的重大战略问题。2020 年 10 月，党的十九届五中全会通过了《中共中央关于制定国民经济和社会发展第十四个五年规划和二〇三五年远景目标的建议》中提出要“全面加强网络安全保障体系和能力建设”。2020 年 11 月，习近平主席向世界互联网大会·互联网发展论坛致贺信指出“打造网络安全新格局，构建网络命运共同体，携手创造人类更加美好的未来。”在企业层面，信息网络安全主要指信息网络系统的安全策略、安全功能以及系统安全开发、管理、检测、维护以及安全测评等方面的一个综合体，具有完整性、可靠性、机密性、可控性、可用性五个基本特征。① 在个人层面，计算机网络安全是指在一个网络环境中，计算机网络信息传输及保存的保密性、完整性，信源可信性及对信息发送者的监督性（信息发送者对发送过的信息或完成的某种操作是承认的）。② 彭永峥（2019）认为，网络安全所涉及的不应仅是

---

① 王东．企业网络安全方案的设计与实现的研究［D］．天津大学，2014.

② 王国才，施荣华．计算机通信网络安全［M］．北京：中国铁道出版社，2016：6.

软、硬件的可用性和系统的完整性这些技术方面的内容，还应该包括个人在利用网络这一工具的过程中，用户的一切权益都受到保护不被威胁和伤害，强调个人在利用网络的过程中因为个人行为带来的网络风险，以及对相应的网络风险的认知和判断能力。① 张靖（2020）从网络信息安全角度出发，认为信息安全与网络安全的定义界限逐渐模糊起来，而“网络信息安全”的提法在学界越来越多，从某种程度上讲：“网络信息安全”就是信息安全。②

国内外的相关研究普遍认为网络安全认知对于个人网络安全保护与风险防范意义重大。Ryan W（2008）研究发现，防范网络安全风险的关键因素是用户行为而不是科技，如果用户倾向于使用较差的安全参数配置、选择忽略警告信息、网络行为故意违反信息安全政策，那么安全界面的设计无论对用户多么友好都是无用的，用户的行为取决于用户的相关认知和判断。③ Mohd Jasmy Abd Rahman 和 Mohd Isa Hamzah 等（2019）通过访谈的方式调查了30位受访者关于网络安全的感知，发现大多数受访者（40%左右）对网络安全有较强认知，并且表示需要安全的网络空间，也担心网络安全风险对自身的伤害。④ 在影响因素与内容上，Kevin F McCrohan 和 Kathryn Engel 等（2010）认为通过网络威胁教育和意识干预的方式对公民进行培训，有利于提高公民在网络空间中的安全感。⑤ R Deepalakshmi（2019）通过采访不同类型的大学生以评估社交网络对安全的影响，对社交网络的使用主要源于信息共享，信息共享会影响学生对网络安全的认知。⑥

1. 青少年网络安全

对于青少年这一群体而言，他们出生于网络时代，数字媒体的生活方式融入他们的日常生活中。杨代勇（2022）认为由于未成年人缺乏辨认能力和控制能力，在网络使用中易受到个人隐私泄露、网络隔空猥亵、网络游戏沉迷和网

① 彭永峥. 国内大学生网络安全认知现状与提升［D］. 郑州大学，2019.
② 张靖. 网络信息安全技术［M］. 北京：北京理工大学出版社，2020.
③ Ryan W. The Psychology of Security［J］. Communications of the ACM, 2008（4）：34-40.
④ Mohd Jasmy Abd Rahman, Mohd Isa Hamzah, Mohd Hanafi Mohd Yasin, et al. The UKM Students Perception towards Cyber Security［J］. Creative Education, 2019（10）：2850-2858.
⑤ Kevin F. McCrohan, Kathryn Engel, James W. Harvey, et al. Influence of Awareness and Training on Cyber Security［J］. Journal of Internet Commerce, 2010（6）：23-41
⑥ R Deepalakshmi. Usage of social networks sites and level of awareness in cyber security: A study of college students［J］. ZENITH International Journal of Multidisciplinary Research, 2019（2）.

络诈骗等网络安全风险的影响。① 因此，网络安全这一内容也更多地被纳入青少年网络素养以及安全教育规范之中。

2000 年美国大学与研究图书馆协会发布的高等教育信息素养能力标准的第五条，便主要涉及学生是否具备基本的信息安全知识结构，是否熟悉和信息使用相关的经济、法律和社会问题，能否合理合法地获取信息。《中小学公共安全教育指导纲要》指出，初中生的网络安全教育要以“自觉遵守与信息活动相关的各种法律法规，抵制网络上各种不良信息的诱惑，提高自我保护和预防违法犯罪的意识。合理利用网络，学会判断和有效拒绝的技能，避免迷恋网络带来的危害”为主要内容。谢英香（2020）根据青少年互联网使用偏好情况及腾讯多次发布的《电信网络诈骗研究报告》，对内容风险、联系风险、商业风险三种青少年面临的网络安全风险进行了阐述分析，她强调青少年遭遇网络安全问题的比例在持续走高，虽然“数字化一代”青少年信息技术技能娴熟，但却普遍缺少网络安全意识，并提出了要增强青少年网络安全意识、强化网络防护技能、拓展网络安全教育形式等策略。②

2. 安全感知及隐私关注

青少年在使用媒介的过程中会面临诸多的风险，作为数字原住民，青少年擅长在网络中接触和寻找各种信息，但是在避开网络风险方面能力不足。当下，由于网络环境的复杂性与信息技术的飞速发展，青少年所面临的网络安全风险也在不断变化。田言笑、施青松（2016）认为，在大数据时代，网络安全风险主要包括网络系统漏洞风险、信息内容风险、人为操作风险、网络黑客攻击风险、网络病毒感染风险与网络管理风险③。旷晖（2020）结合 5G 通信时代特点，将计算机网络信息安全风险划分为通信安全风险、数据安全风险、隐私安全风险与终端安全风险四部分④。《2020 年全国未成年人互联网使用情况研究报告》指出，青少年面临的网络安全问题主要包括账号密码被盗、电脑或手机中病毒、网上诈骗、个人信息泄露等内容。《2021 年全国网民网络安全感满意度调查总报告》反映，2021 年网民对侵犯个人信息、违法有害信息、网络诈骗更关注，且认为目前数据安全保护方面存在的问题较多。由于复杂的网络环境与数

① 杨代勇. 未成年人网络安全风险的治理路径［J］. 山东青年政治学院学报，2022，38（1）：73-79.

② 谢英香. 青少年网络安全教育困境与对策研究［J］. 上海教育科研，2020（7）：93-96.

③ 田言笑，施青松. 试谈大数据时代的计算机网络安全及防范措施［J］. 电脑编程技巧与维护，2016（10）：90-91.

④ 旷晖 . 5G 通信时代计算机网络信息安全问题探究［J］. 电脑与电信，2020（8）：34.

据风险，个人信息面临可能被收集、使用、买卖，造成个人财产利益和精神利益损失的风险，隐私安全已经成为公众网民面临的重要网络安全问题。

刘毅在对网络舆情的研究中从权利的角度对网络隐私的概念进行了阐释，他认为网络隐私是公民在网络空间内享有的一种人格权，它包含公民信息“不被他人非法侵犯、窥探、搜集、复制、公开和利用”，依法保障公民私人信息和私人生活安宁，包括不被在网络空间中泄露和传播相关的敏感信息（2006）。① 并非个体在网络空间内产生的所有信息均属于隐私范畴。网络隐私首先以依法保障个体现实空间和网络空间内私人信息及私人生活安宁为基础，以非公共、非主动自愿、非危害为前提，即个人没有主动公开，且不危害个人及公共空间的各项事宜均属于隐私范畴。

Smith H. J.（1996）提出“信息隐私关注”的概念，即用户因可能丢失隐私信息而产生的内在担忧情绪。当下西方学者普遍认为隐私关注是用户基于个人性格特征、以往的经验等形成的隐私认知（Smith 等，1996；Stewart 等，2002；Malhotra 等，2004）且是用户对于个人隐私威胁的一种相对稳定的心理倾向（Bansal，2010）。互联网发展的下半场的到来拓展了在线购物及在线社交的渠道，随后隐私关注被广泛应用到电商及社交媒体情境之中。Hanus（2016）将用户的隐私关注概括为用户对于身处情境中其隐私状态的主观感受，具体是对违法状态下的收集、监测、输送、存储等方面的感知。② 总的来说，隐私关注通常表示用户对于隐私信息披露的潜在风险的主观态度和观点。

国内隐私关注研究起步较晚，大多建立在国外研究的基础之上，就特定情境针对隐私关注概念存在不同的看法。朱侯（2016）认为社交媒体用户的隐私关注本质上是一种主观情绪感受，在线上场景中，用户对于平台的在线监测，隐私全链条的搜集、获取、传输、存储等非适度操作的看法与关注。③ 杨嫚等（2020）研究了用户对于精准广告的隐私关注现状，发现不同年龄、学历的用户隐私关注水平不同，其中“19 岁以下和专科及以下学历的用户的隐私关注水平

---

① 刘毅. 网络舆情研究概论［M］. 天津：天津人民出版社，2006.

② Hanus B，Wu Y. Impact of Users' Security Awareness on Desktop Security Behavior：A Protection Motivation Theory Perspective［J］. Information Systems Management，2016，33（1）：2-16.

③ 朱侯，张明鑫. 移动 APP 用户隐私信息设置行为影响因素及其组态效应研究［J］. 情报科学，2021，39（7）：54-62.

偏低”。①

3. 安全行为及隐私保护

Wirtz（2007）在对消费者网络隐私关注的影响因素的探究中，将隐私保护分为保护、抑制、伪造三种方式。保护，是指设置密码、提前阅读网站隐私协议等用户的主动防御行为；抑制，是指拒绝提供个人信息及停止使用等被动保护行为；伪造，是指提供虚假或不完整信息来隐藏真实身份的行为。三者中，抑制及伪造被视为消极的隐私保护方式，长此以往将不利于媒介环境的健康发展（Wirtz Jochen，2007）。② Kim（2008）对用户感知到个人信息实践将导致隐私信息威胁后产生的行为反应（IPPR）进行探究，将 IPPR 首先概括为三类：信息提供、私人行动和公共行动，即当用户发现个人信息存在隐私泄露威胁时，会从信息提供、自行行动、求助公共三方面采取行动。③

在对隐私保护行为影响因素的探究中，Chen H（2017）发现过往隐私经历、感知下政府部门的监管以及媒体报道中的宣传导向是用户隐私保护行为的显著影响因素。④ Kimberley（2020）使用定性研究方法对文献进行了梳理总结，归纳得出青少年的主观规范意识、信息安全意识和感知威胁影响用户使用 Facebook 时的隐私保护行为。⑤ 雷丽莉（2020）对短视频用户的隐私保护情况进行调查，发现性别、文化程度、短视频使用时长对用户的隐私认知、隐私态度及隐私行为均存在显著影响。

从青少年角度来说，Gross 等（2005）对社交网站上的信息披露量及隐私设置情况进行调查评估，发现隐私保护行为普遍缺位。青少年尤其是高中生，在社交媒体的使用中保护隐私的意识较弱，倾向于大量披露个人信息（Boyd、

① 杨嫚，温秀妍. 隐私保护意愿的中介效应：隐私关注、隐私保护自我效能感与精准广告回避［J］. 新闻界，2020（7）：41 - 52. DOI：10.15897/j. cnki. cn51 - 1046/g2. 2020. 07. 005.

② Wirtz Jochen, May0. Lwin & JeromeD. Williams., “Causes and Consequences of Consumer Online Privacy Concern, “International Journal of Service Industry Management, vol. 18, no. 4, 2007, pp. 326—348.

③ Son J Y, Kim S S. Internet Users Information Privacy-protec tive Responses：A Taxonomy and A Nomological Model［J］. MIS Quarterly, 2008, 32（3）：503-529.

④ Chen H, Beaudoin C E, Hong T. Securing Online Privacy：An Empirical Test on Internet Scam Victimization, Online Privacy Concerns, and Privacy Protection Behaviors［J］. Computers in Human Behavior, 2017, 70：291-302.

⑤ Read, K. & Van der Schyff, K., ‘Modelling the intended use of Facebook privacy settings’, South African Journal of Information Management, 2020, 22（1）, a1238.

Hargittai，2011；Kusyanti A，2017）①②③。学者使用网络用户隐私信息关注（IUIPC）量表分析印尼 Facebook 青少年用户的隐私关注现状，发现尽管青少年意识到使用 Facebook 可能会丢失信息，但这并不影响他们使用 Facebook 的意图，即存在隐私悖论的现象（Kusyanti A，2017）。国内学者李彤（2021）在研究中发现，儿童由于认知、保护、辨识等各方面的弱势性，其作为消费者和使用者的权利正遭受着损害。④

本课题确定考量“网络隐私与信息保护”的问题量表如下：

- 当平台要求获取我的个人信息时，我感到烦恼（安全感知及隐私关注）
- 当平台要求获取我的个人信息时，我会谨慎思考（安全感知及隐私关注）
- 我担心平台收集了太多我的个人信息（安全感知及隐私关注）
- 我担心提供给平台的信息可能会被别人获取（安全感知及隐私关注）
- 我有权决定平台如何收集、使用和共享我提供的隐私信息（安全感知及隐私关注）
- 我有权向获取我信息的平台查阅和更正我的信息（安全感知及隐私关注）
- 如果我能控制平台使用我的信息的方式，我就可以保护我的在线隐私（安全感知及隐私关注）
- 平台过度收集信息，对我是一种隐私侵犯（安全感知及隐私关注）
- 我认为平台应当明确告知收集、处理和使用我个人信息的方式（安全感知及隐私关注）
- 平台应当有清晰、真实的隐私条款提前告知如何使用我的信息

① Boyd，D. & Hargittai，E.，“Facebook privacy settings：Who cares?” First Monday，vol. 15，no. 8，2010，pp. 34，http：//www. uic. edu/htbin/cgiwrap/bin/ojs/index. php/fm/article/view/3086/2589（June 6th，2011）.

② Gross R，Acquisti A，Iii HJ H. Information revelation and privacy in online social networks [J]. ACM，2005：71-80.

③ Kusyanti A，Puspitasari D R，Catherina H，et al. Information Privacy Concerns on Teens as Facebook Users in Indonesia [J]. Procedia Computer Science，2017，124：632-638.

④ 李彤. 儿童网络隐私权的企业人权责任研究 [D]. 中国政法大学，2021.

（安全感知及隐私关注）

· 了解平台如何使用我的个人信息对我来说非常重要（安全感知及隐私关注）

· 我总是下载官方正版软件（安全行为及隐私保护）

· 可能存在隐私威胁时，我会拒绝使用该平台（安全行为及隐私保护）

· 账户被盗我会立刻修改密码加强防护（安全行为及隐私保护）

· 当我的在线隐私被侵犯，我会告诉身边人拒绝使用它（安全行为及隐私保护）

· 当我的在线隐私被侵犯，我会向平台反馈要求处理（安全行为及隐私保护）

· 当我的在线隐私被侵犯，我会向亲友寻求帮助（安全行为及隐私保护）

· 当我的在线隐私被侵犯，我会报警或寻求法律帮助（安全行为及隐私保护）

（六）网络价值认知和行为

网络空间具有匿名性、虚拟性、开放性等特点，使得网络空间注定是一把双刃剑。2002 年 10 月出版的《伦理学大辞典》收录了“网络道德”这一新词条，网络道德，又称“网络伦理”，是指计算机信息网络的开发、设计与应用中应当具备的道德意识和应当遵守的道德行为准则。国内最早研究网络道德的两部著作是严耕等的《网络伦理》和张震的《网络时代伦理》，都专门论述了网络伦理并指出了现存的突出问题。从网络参与者角度，学者刘守旗（2003）将网络道德视为一种制约网络使用者的规范，“网民利用网络进行活动交往时所应遵循的原则和规范，并在此基础上形成的新的伦理道德关系”;① 尹翔（2007）则从道德构成要素方面认为网络道德是“以善恶为标准，通过社会舆论、内心信念和传统习惯来评价人们的上网行为，调节网络时空中人与人之间以及个人与社会之间关系的行为规范”②。综上可知，一方面，网络道德具有道德的一般属性，遵循普遍意义的善恶标准，是现实社会中调节人与人、人与社会关系的

① 刘守旗. 网络德育：21 世纪的德育革命［J］. 南京师大学报（社会科学版），2003（6）：69-75.

② 尹翔. 网络道德初探［J］. 山东社会科学，2007（7）：154-155.

准则和规范在网络虚拟空间的延伸和投射；另一方面，它又形成、作用、依附于网络虚拟空间，呈现出不同于传统道德的新的内容、形式和要求。

青少年正处于人生观和价值观的重要形成阶段，也是道德塑造的关键时期，思想不够成熟，容易受到网络负面信息的影响和引导。脑科学的大量研究表明，大脑前额叶是认知控制的最重要神经基础，负责并执行抑制控制功能，影响着我们对他人进行对错与否的道德评价以及自己决定是否做出某些行为的道德决策，也影响着共情、内疚等道德情绪的形成（王云强等，2017）①。由于青少年的额叶尚未发育成熟，容易有道德判断失常、道德自控失败等表现。心理学家也提出了"抑制"的概念，认为抑制是个体行为受到自我意识约束，维持一定的焦虑水平并且在意他人的评价，从而做出理性行为的现象。与之相反的"去抑制"则是个体更少受自我意识的约束，更不在乎他者的存在。由于互联网的匿名性和虚拟性，青少年在网络社会中更难克制自己，更容易情绪失控和行为不理性，更容易忽视道德准则和社会规范，出现"网络解除抑制效果"。因此很多学者担忧互联网环境会对青少年的道德认知和行为产生影响，认为网络中的信息垃圾会使青少年道德意识弱化，网络的间接交往形式会造成青少年道德情感冷漠，网络内容传播的超地域性导致青少年价值观的冲突与迷失②（楚丽霞，2000），甚至表现出一些过激、欺骗的网络偏差行为③（雷雳等，2009）。然而在受到网络道德影响的同时，作为网络重要行为主体的青少年，客观上也被要求作为"参与人"积极进入到网络道德的建设中来，在网络道德秩序的维持中扮演着重要的角色。

国外的一些计算机和网络组织为规范网络使用者行为提出了一系列要求和准则。美国计算机伦理协会制定了著名的"计算机伦理十诫"，用于规范网络用户的行为：（1）不应该用计算机去伤害他人；（2）不应干扰别人的计算机工作；（3）不应窥探别人的文件；（4）不应用计算机进行偷窃；（5）不应用计算机做伪证；（6）不应使用或拷贝没有付钱的软件；（7）不应未经许可而使用别人的计算机资源；（8）不应盗用别人的智力成果；（9）应该考虑你所编的程序的社会后果；（10）应该以深思熟虑和慎重的方式来使用计算机。

此外，部分机构还明确规定了哪些行为属于网络不道德行为，如南加利福

① 王云强，郭本禹. 大脑是如何建立道德观念的：道德的认知神经机制研究进展与展望［J］. 科学通报，2017，62（25）：2867-2875.

② 楚丽霞. 网络社会中青少年德性的创造［J］. 当代青年研究，2000（3）：25-28.

③ 雷雳，马晓辉. 青少年网络道德态度与其网络偏差行为的关系［A］. 中国心理学会. 第十二届全国心理学学术会议.

尼亚大学网络伦理声明明确指出了六种网络不道德行为类型：（1）有意地造成网络交通混乱或擅自闯入网络及其相连的系统；（2）商业性地或欺骗性地利用大学计算机资源；（3）偷窃资料、设备或智力成果；（4）未经许可而接近他人的文件；（5）在公共用户场合做出引起混乱或造成破坏的行动；（6）伪造电子邮件信息。

2000 年，英国谢菲尔德大学信息研究中心的韦伯（Webers S.）教授发表在《美国情报科学杂志》上的“信息素养”的概念，在以往强调的信息意识、信息能力的基础上特别增加了信息道德维度，强调了在社会中合法使用信息的重要性。

根据《高等教育信息素养能力标准》，了解与信息及信息技术有关的伦理、法律问题，有助于学生找出并讨论与免费和收费信息相关的问题；找出并讨论与审查制度和言论自由相关的问题；显示出对知识产权、版权和合理使用受专利权保护资料的认识。了解、遵守和使用与信息资源相关的法律、规定、机构性政策和礼节，有助于学生按照公认的惯例（例如网上礼仪）参与网上讨论；使用经核准的密码和其他身份证明来获取信息资源；按规章制度获取信息资源；保持信息资源、设备、系统和设施的完整性；合法地获取、存储和发布文字、数据、图像或声音；了解什么行为构成抄袭，不能把他人的作品作为自己的；了解与人体试验研究有关的规章制度。

龚玄（2009）在《论青少年网络道德失范及其治理》中将青少年网络道德失范行为归纳为沉溺于网络世界、散布不当信息、“攻击”行为威胁、网络剽窃侵权，并指出由于青少年群体的特点，其网络道德失范不仅与其他群体网民不完全相同，还带有总量的不断增多、趋势的低龄化和种类的多样性等特点。① 于航（2019）列举了青少年在使用网络的过程中出现的沉溺网络、道德情感冷漠、疏远人群、盗取隐私信息、非法入侵他人网络、网络诈骗、散播不良信息等道德不良行为。② 本研究主要从以下方面出发对青少年的网络道德水平进行评估与测量。

1. 网络暴力认知与行为

网络暴力，又称网络欺凌、网络伤害，是一种个人或群体使用信息传播技术（电子邮件、手机、短信、网站等）有意且重复地实施伤害他人的危害严重、影响恶劣的暴力形式。它的形式大概可以分为七种：情绪失控、网络骚扰、网

① 龚玄. 论青少年网络道德失范及其治理［D］. 中国青年政治学院，2009.

② 于航. 青少年网络道德问题及对策研究［D］. 沈阳师范大学，2019.

络盯梢、网络诋毁、网络伪装、披露隐私和在线孤立。

青少年是一个长期接触网络环境的群体，很容易被卷入网络暴力中。Hinduja 和 Patchin 等人（2010）调查了 83 所美国中小学学生，发现 27.3%的人曾经受到过网络暴力的伤害，也有 16.8%的学生承认曾经对别人实施过网络暴力①。Qing Li（2007）对加拿大两所中学 177 名学生进行的匿名研究显示，24.9%的学生曾经是网络暴力的受害者，而 14.5%的学生曾经使用电子通信工具骚扰过别人②。受到不良网络文化侵扰的青少年中，女性青少年面临的网络环境更加严峻，更容易成为网络中被辱骂和人肉搜索等暴力欺凌的对象。③

随着新媒体的发展，网络亚文化也深刻影响和塑造着青少年的网络暴力认知与行为。网络亚文化用户高度活跃在网络当中，并衍生出了新的圈层文化，如二次元群体、饭圈群体，这些群体呈现出低龄化、圈层化、行为组织化和情绪极端化的特征。④ 2019 年北京互联网法院发布的《“粉丝文化”与青少年网络言论失范行为问题研究报告》显示，随着近年来粉丝文化的兴起，网络空间中青少年通过使用侮辱性语言、捏造不实事实来侵害名誉权行为纠纷多发，网络言论失范行为亟待规范。2020 年发布的《青少年蓝皮书：中国未成年人互联网运用报告（2020）》的数据显示，我国未成年人互联网普及率高达 99.2%，其中，饭圈数量就占到一半以上。⑤ 青少年已经成为亚文化群体的核心力量，然而青少年群体还未树立正确的价值观、辨识能力尚弱、网络行为并不规范，容易受到营销号或意见领袖的刻意煽动，参与到网络暴力当中，使用低俗的网络黑话，采用人肉搜索的方式曝光他人隐私或危害他人人身安全，消解了主流意识形态的权威性。

整治网络暴力行为关系到青少年的身心健康以及整个社会的和谐发展，社会、学校和家庭要更加关注青少年的身心健康，打造更加良好的网络空间，全

---

① Sameer Hinduja and Justin W. Patchin . Summary of our cyberbullying research from 2004-2010. http：//www. cyberbullying. us/research. php.（2010）.

② Li Q . New bottle but old wine：A research of cyberbullying in schools [J]. Computers in Human Behavior, 2007, 23（4）：1777-1791.

③ 王琴. 网络文化安全视域下女性青少年媒介素养教育探析 [J]. 现代传播（中国传媒大学学报），2021.

④ 席志武，李华英.“饭圈文化”对网络主流意识形态的潜在风险及治理对策 [J]. 安徽师范大学学报（人文社会科学版），2022.

⑤ 张赛：《〈青少年蓝皮书：中国未成年人互联网运用报告（2020）〉在京发布》，http：//www. cssn. cn/zx/bwyc/202009/t20200922_ 5185844. shtml.

民启动社会支持，全面支持网络暴力干预行为①。

2. 网络规范认知与行为

随着科技的发展和互联网的普及，网民数量急剧增长。据中国互联网络信息中心（CNNIC）数据显示：截至 2021 年 12 月，我国网民规模为 10.32 亿，较 2020 年 12 月新增网民 4296 万，互联网普及率达 73.0%，较 2020 年 12 月提升 2.6 个百分点②。近年来，我国高度重视网络治理问题和网络法治建设，同时，也高度重视青少年群体在网络世界中的担当与责任问题。相较于老年群体，新型智能终端（如手机、平板、智能手表等）在未成年群体中迅速普及，这也使得对于青少年群体的网络规范教育迫在眉睫。

2001 年，《全国青少年网络文明公约》正式发布，对青少年提出了“要善于网上学习，不浏览不良信息；要诚实友好交流，不侮辱欺诈他人；要增强自护意识，不随意约会网友；要维护网络安全，不破坏网络秩序；要有益身心健康，不沉溺虚拟时空”的上网规范和要求。新加坡政府非常注重培养青少年的自发自觉的网络道德意识，尤其是通过传统道德教育，增强青少年网络使用的自律性，促进儒家“慎独”精神在网络中延伸（赵翔，2007）。③ 2021 年 9 月我国印发《中国儿童发展纲要（2021—2030 年）》，要求加强未成年人网络保护，落实政府、企业、学校、家庭、社会保护责任，为儿童提供安全、健康的网络环境，保障儿童在网络空间中的合法权益。

近几年，随着手机端游戏的发展，青少年玩端游和游戏消费现象日益严重。中国青少年网络协会第三次网瘾调查研究报告显示，我国城市青少年网民中，网瘾青少年超过 2400 万人，还有 1800 多万青少年有网瘾倾向。④ 在游戏世界中，青少年能够获得内心成就感，但同时，过度沉迷游戏会使青少年的思想发展和行为模式受到不良影响，对网络世界产生依赖性，阻碍其大脑的生理性发展和心理健康。⑤ 除了网络游戏，从 2016 年开始兴起的网络直播也吸引了青少年的兴趣，大批青少年网民成了网络直播的粉丝或内容创作者。但是，目前我

---

① 许欣，胡珊. 基于社会支持的青少年网络欺凌行为的对策研究［J］. 公关世界，2022（4）：169-170.

② 第 49 次《中国互联网络发展状况统计报告》［R］. 北京：中国互联网络信息中心，2022.

③ 赵翔. 新加坡青少年网络道德教育及其启示［J］. 武汉市教育科学研究院学报，2007（2）：115-118.

④ 李晓宏：《网瘾也是精神疾病》，《人民日报》2013 年 9 月 27 日。

⑤ 王轩，苏兵. 自媒体环境下大学生网络行为的规范和引导［J］. 计算机产品与流通，2020（1）：195.

国直播行业鱼龙混杂，不少主播为了博眼球、吸引流量，诱导青少年转发、打赏。而青少年群体身心发育尚未成熟，缺乏足够的判断和自制能力，很容易受到外界的不良影响，因此淫秽、暴力、色情等信息都会对青少年产生巨大危害。①

要促使互联网在青少年成长中发挥积极作用，政府应利用各种途径引导青少年认识到网络信息的庞杂性、网络交友和游戏的虚幻性、网络上瘾的危害性，使得青少年具有区分现实与虚拟世界的意识和能力，自觉抵御网络空间的负面影响。并且，政府应监督网络媒体等相关主体自觉承担起社会责任，从“外在管理”转化为“内在治理”，即从他律升华为自律。2021 年 8 月，我国针对青少年网络沉迷和过度游戏消费的问题，发布《关于进一步严格管理切实防止未成年人沉迷网络游戏的通知》，严格限制未成年人的网络游戏时间，并且不得向未实名注册和登录的用户提供游戏服务。

习近平总书记提出要从传统文化和传统道德中汲取力量，积极引导网络道德建设，“要深入挖掘和阐发中华优秀传统文化讲仁爱、重民本、守诚信、崇正义、尚和合、求大同的时代价值，使中华优秀传统文化成为涵养社会主义核心价值观的重要源泉”。面对日益复杂的数字媒介环境，作为网络重要行为主体的青少年更应该加强培育媒介素养，自觉约束规范言谈和行为，为自己在网络空间的言行负责，推进网络依法规范有序运行，为网络空间的治理与维护尽一分力量。

本研究将网络价值认知和行为作为网络素养的重要组成部分，是为了使青少年在使用互联网时，不仅能娴熟地使用网上资源，还能合法、合规地约束自己的网络行为，正确认识与网络信息有关的道德、伦理等知识。这是我们把网络价值认知和行为作为测量网络素养高低的一个维度的重要原因。以下是我们课题组为这部分研究设计的问题：

- 我认为网上的抄袭和盗版现象应该被重视（网络规范认知）
- 在使用网上内容时，我会注明信息来源（网络规范认知）
- 我认为个人在网上的发言也要考虑社会影响（网络规范认知）
- 我认为对自己的网络言行也应当负责（网络规范认知）
- 我认为在网络空间要做到“己所不欲，勿施于人”（网络规范

① 庹继光，蹇莉. 从强制性规范到倡导性规范：网络媒体对青少年的责任与担当——以网络安全法第十三条为中心的考察［J］. 中国记者，2018（7）：60-62.

认知）
- 我认为在网上曝光他人的隐私信息是很正常的事情（网络暴力认知）
- 我曾在网络上公开过其他人的隐私（网络暴力认知）
- 我在论坛或社交媒体上辱骂攻击过其他人（网络暴力认知）
- 在网络事件未明确真相之前，我发表过对当事人的过激言论（网络暴力认知）
- 我使用网络向他人发送过伤害性、威胁性或过分暧昧的言语（网络暴力认知）
- 我制作或传播过网络病毒，用以骚扰、攻击他人（网络暴力认知）
- 我在网上传播过色情、暴力、怪异等内容（网络暴力认知）
- 我认为网络是虚拟空间，不必像在现实生活中一样严格规范自己（网络行为规范）
- 在不确定信息的真实性之前，我曾将它们分享到社交媒体（网络行为规范）
- 我喜欢在网上传播娱乐八卦和小道消息（网络行为规范）
- 我转借或共享过自己的网络平台账号（网络行为规范）

六、青少年网络素养影响因素

通过上述文献回顾发现，国内外学者对于“网络素养”的研究聚焦在网络素养概念与内涵的演化、网络素养的测量维度、网络素养的提升策略等方面。对于“网络素养”影响因素，目前学界的主流观点认为包含五大因素，即个体因素、家庭因素、学校因素、政府因素和社会因素。

（一）个体因素

诸多学者认为青少年在性别、年龄、受教育程度、社会背景等方面的人口统计学差异，会对其网络素养产生一定的影响。黄永宜认为，当代大学生已经把网络媒介当作获取信息的主要来源，每个人的知识储备、社会背景因素以及对不同事物的理解能力上的差异，导致大学生对于不同媒介信息的辨别能力存在一定的差异。① 周葆华、陆晔通过实证调查分析后发现，中国公众的媒介知

① 黄永宜. 浅论大学生的网络媒介素养教育［J］. 新闻界，2007（3）：38-39.

识水平整体较低且存在差异，差异具体表现为：男性的媒介知识水平要高于女性；年轻人的媒介知识储备要比老年人高；受教育程度越高，掌握的媒介知识越多。① 杨浩项目组通过对东部地区某市的初中生进行调查后发现，高年级学生信息素养总分显著高于低年级学生；城镇学生信息素养总分显著高于农村学生。② 田丰、王璐通过在全国范围内开展关于青少年网络技能素养的问卷调查并经数据分析，发现网络技能素养的发展与青少年自身生理、心理成熟的规律较为接近，都是随年龄和教育同增长的。③

个体所处的社会背景，特别是城乡差异、东西部区域差异，也会对青少年的网络素养水平高低产生影响。如郝辰宇通过对城市及农村的青少年进行深度访谈与问卷调查，分析了二元体制下城乡青少年网络使用情况及网络媒介素养的异同，发现城乡青少年在资讯评估能力、网络使用能力上存在显著差异。④ 路程鹏、骆杲等通过调查分析后发现，城乡青少年媒介素养的最大落差在于客观层面，即媒介接触和媒介使用层面⑤。郑素侠在实证研究的基础上，发现电视成为多数留守儿童接触的唯一媒介（其次是网络），大众传媒并未在农村留守儿童身上充分发挥信息传递和社会认知的作用，而更多地以情感慰藉的工具而存在。⑥

（二）家庭因素

家庭因素同样对青少年的媒介素养水平有着深刻的影响，学界的考察集中在父母受教育程度、父母的职业、父母与孩子的沟通方式、家庭的经济状况、家庭的网络媒介环境、家庭关系、家庭网络生活规范等方面。

韩璐认为影响青少年媒介素养的家庭环境因素可分为五个维度，分别为：(1) 父母受教育程度对青少年的媒介素养水平有显著影响，父母的受教育程度

---

① 周葆华，陆晔. 中国公众媒介知识水平及其影响因素——对媒介素养一个重要维度的实证分析［J］. 新闻记者，2009（5）：34-37.

② 杨浩，韦怡彤，石映辉，汪仕梦. 中学生信息素养水平及其影响因素研究——基于学生个体的视角［J］. 中国电化教育，2018（8）：94-99+126.

③ 田丰，王璐. 中国青少年网络技能素养状况研究［J］. 中国青年社会科学，2020，39（6）：74-84.

④ 郝辰宇. 城乡青少年网络媒介素养的比较研究——以商丘地区为例［J］. 新闻爱好者，2010（18）：66-67.

⑤ 路鹏程，骆杲，王敏晨，付三军. 我国中部城乡青少年媒介素养比较研究——以湖北省武汉市、红安县两地为例［J］. 新闻与传播研究，2007（3）：80-88.

⑥ 郑素侠. 农村留守儿童媒介使用与媒介素养现状研究［J］. 郑州大学学报（哲学社会科学版），2012，45（2）：157-160.

越高，孩子的媒介素养也相应越高；（2）亲子间的沟通方式对青少年媒介素养水平有显著影响，“一致型”和“多元型”家庭沟通模式下的青少年媒介素养得分要高于“保护型”和“放任型”的家庭；（3）建立合理的家庭网络生活规范，会提高青少年的媒介素养水平；（4）家庭氛围越和谐，青少年的媒介素养水平越高；（5）亲子之间的关系越平等，青少年的媒介素养水平越高①。陈晨同样认为，亲子关系融洽的个体网络素养更高，良好的家庭关系能够正确引导青少年合理使用网络。②

王贵斌、于杨在分析 Web of Science 中 2007—2017 年发表的 444 篇互联网媒介素养研究论文后发现，青少年的媒介素养在很大程度上由他们的出身所决定，也就是家长的受教育程度扮演关键性要素。③ Lynn 认为，互联网时代下，家长中介理论需要进一步分析和探究。④

王倩课题组则分析了家庭媒介条件差异对子女媒介素养的影响，并提出了影响儿童媒介接触与使用的三个家庭因素：（1）家庭拥有媒介的种类及数量；（2）父母的媒介使用习惯与媒介素养水平；（3）父母对子女媒介行为的指导和参与情况。⑤

江宇通过调查研究分析指出，家庭社会经济背景和家庭传播环境也会影响青少年的媒介素养水平，而且由家庭社会经济背景、家庭传播环境等结构因素带来的媒介素养水平差距会在代内和代际间“重现”。⑥ 卜卫指出，家庭关系与儿童的媒介素养有一定关系，她通过调查后发现，家庭关系与儿童使用电子游戏机的需要显著相关，家庭关系越不好，儿童越依赖电子游戏机以取得心理上的满足，放松自己。⑦

刘卫琴认为在家庭因素中，父母对孩子的媒体接触行为的态度直接影响孩子的媒介素养水平，如果父母对孩子的媒介接触行为持粗暴的禁止或限制则孩

① 韩璐. 自媒体环境下青少年媒介素养家庭影响因素的实证研究［D］. 南京邮电大学，2016.

② 陈晨. 亲子关系对青少年网络素养的影响［J］. 当代青年研究，2017（3）：39-45.

③ 王贵斌，于杨. 国际互联网媒介素养研究知识图谱［J］. 现代传播（中国传媒大学学报），2018，40（07）：157-163.

④ Lynn SC. Parental Mediation Theory for the Digital Age［J］. Communication Theory，2011，21（4）：323-343.

⑤ 王倩，李昕言. 儿童媒介接触与使用中的家庭因素研究［J］. 当代传播（汉文版），2012（2）：111-112.

⑥ 江宇. 家庭社会化视角下媒介素养影响因素研究［D］. 中国传媒大学，2008.

⑦ 卜卫. 关于儿童媒介需要的研究——以电视、书籍、电子游戏机为例［J］. 新闻与传播研究，1996（3）：13-24.

子媒介素养较低，而对孩子的媒体接触行为持开放和引导态度的家庭，孩子的媒介素养相对较高。父母经常了解孩子的媒体行为并与孩子讨论看到的媒介信息的家庭，孩子的媒介素养水平相对较高。①

（三）学校因素

学校教育是媒介素养教育的基础和关键，没有一种教育方式可以与学校系统化、规模化、正规化的教育方式相提并论。

在 20 世纪 70 年代，美国的加利福尼亚、夏威夷、纽约等州就将媒介素养教育纳入 1—9 年级的课程体系之中，或以独立课程的形式开设，或将媒介知识融进相关课程之中。② 刘卫琴认为，学校的媒介条件、教师的媒介素养等均与学生的媒介素养存在显著的正相关关系，学校的媒介条件越好，教师在课堂上使用多媒体课件进行教学越频繁，学生的媒介素养就越高。③

一些学者发现，学校开设信息技术课的情况在一定程度上会影响学生的媒介素养。杜海钰通过调查后发现，信息技术课会影响学生的媒介素养，上信息技术课时间越长的学生，信息素养水平越高④。Kohnen 等学者制定并评估了一项短期学校干预课程的效果，发现 8 年级学生经过课程研讨会干预后提高了对陌生网站可信度的评估能力，他们认为基于策略和技能的素养教育是有希望的，但必须与互联网的结构和在线来源的基本知识相匹配。⑤

田丽等进行全国范围内的问卷调查，结果显示，教师对学生使用网络的态度、教授使用网络和自身网络使用行为，在很大程度上引导了未成年人使用网络，进而影响了未成年人网络素养水平。⑥

郭旭魁、马萍分析问卷调查结果后发现，城市中小学生媒介素养教育中，学校教育效果比较显著，学校在“信息技术”方面的课程有力地促进了城市中

---

① 刘卫琴. 初中生媒介素养及媒介素养教育研究［D］. 苏州大学，2015.

② 陈晓慧，袁磊. 美国中小学媒介素养教育的现状及启示［J］. 中国电化教育，2010（9）：26-29.

③ 刘卫琴. 初中生媒介素养及媒介素养教育研究［D］. 苏州大学，2015.

④ 杜海钰. 初中生信息素养水平现状调查与影响因素分析［D］. 内蒙古师范大学，2014.

⑤ Kohnen, A. M., Mertens, G. E., & Boehm, S. M. Can middle schoolers learn to read the web like experts? Possibilities and limits of a strategy-based intervention［J］. Journal of Media Literacy Education, 2020, 12（2）, 64-79.

⑥ 田丽，张华麟，李哲哲. 学校因素对未成年人网络素养的影响研究［J］. 信息资源管理学报，2021，11（4）：121-132.

小学生的新媒介参与。①

此外，韩璐认为，学校推行的应试教育政策在一定程度上会影响媒介素养教育在我国的发展。应试教育更注重学生对知识点的记忆，而忽视学生对信息检索和筛选的能力；只注重教授相应的考试内容，而忽视考试以外的知识，从而在一定程度上制约了媒介素养教育的实施。②

（四）政府因素

家庭因素、学校因素深刻影响着学生媒介素养水平，政府的重视和支持也是一个国家媒介素养教育长足发展的保证。2003 年，英国政府设置国家通讯管理局（OFCOM）负责管理英国的传媒业，确保英国范围内播放高质量的电视和广播节目内容；还和英国教育部合作，以确保有效地推动媒介素养教育的开展，提高英国公民的媒介素养。③

然而，Richard Wallis 和 David Buckingham 指出，自 OFCOM 成立以来，媒介素养教育领域已发生了一些显著的变化，但一些关键概念的混乱和不确定性依然存在，例如媒介素养的定义、OFCOM 的职权范围和定位、政策的推行方式等；当前英国的媒介素养教育仍只是保护青少年群体免受不良文化的侵害，没有实现更广泛的教育目的和推动社会民主的愿望；并未以学校课程等形式确定媒介素养教育推行的方式。④

德国科隆“青年电影俱乐部”（JFC）媒体中心通过开展多种以影视广播、电脑网络、多媒体等媒介为载体的项目和活动，丰富青少年课余生活，以达到提高青少年媒介素养水平的目的。它运作和发展的基本经费主要来自科隆市政府民政教育局以及北威州州政府青少年发展部，此外还有北威州媒体机构、劳动局和公共服务部门提供的硬件场地支持。⑤

新加坡政府则通过各种有效途径，鼓励政府部门、传媒企业以及社会公益组织等开展各类针对青少年的网络素养教育活动和培训项目，以提升青少年网

---

① 郭旭魁，马萍. 城市中小学生新媒介素养对其网络参与的影响［J］. 山西大同大学学报（社会科学版），2020，34（6）：133-136.

② 韩璐. 自媒体环境下青少年媒介素养家庭影响因素的实证研究［D］. 南京邮电大学，2016.

③ 郭铮. 英国青少年媒介素养教育的实践与启示［D］. 郑州大学，2014.

④ Wallis R，Buckingham D. Arming the citizen-consumer：The invention of media literacy within UK communications policy［J］. European Journal of Communication，2013，28（5）：527-540.

⑤ 柳珊，朱璇. “批判型受众”的培养——德国青少年媒介批判能力培养的传统、实践与理论范式［J］. 新闻大学，2008（3）：70-75+52.

络素养和网络安全意识。新加坡的主要传媒企业都与政府有着较为密切的关系，这些企业根据政府的相关规定，开展行业自律，积极参与到提升青少年网络素养行动之中。①

相比之下，国内学界对于政府在青少年媒介素养教育中该扮演什么样的角色、发挥何种力量的具体研究还比较少，这与当前国内对青少年媒介素养教育还不够重视有很大的关系。季为民指出，政府出台的关于提升青少年网络素质教育的各项政策和措施仍处于推广和普及阶段，目前尚存在青少年网络素养水平衡量的测评体系缺失、相关政策和保障监管机制不完善的问题。②

在 2007 年举办的首届西湖媒介素养高峰论坛上，国内学者已提出，党政领导者理应使政府议程、公共议程、媒介议程更好地统一起来，更好地服务于公众、服务于社会。③ 政府出台相关政策要求将信息化贯彻到教育各个方面，以指导和培养教师的信息素养。④ 这将与前文提到的学校教育有所承接，教师信息素养的提高与培育青少年网络素养有关。

相关的探索与实践出现了不错的成果。2019 年 3 月 19 日，由广东省网信办、广东省教育厅、广东省总工会、团省委、广东省妇联等单位联合印发的《2019 年争做中国好网民工程工作方案》，专门将“开展少年儿童网络素养教育进校园、进家庭活动，推进网络素养教材修订、数字化应用和教师全员轮训及家庭教育工作，把网络素养教育纳入中小学课程体系和教师信息能力提升工程培训体系，切实提升师生和家长的网络素养水平”纳入其中，明确了网络素养教育作为公共教育课程在广东省范围内大力推广普及的实施路径和方法。2016 年底，以“做中国好网民”为主题的小学生教育读本经该广东省教育厅审定被列入省地方课程教材，成为国内首本进入我国公共教育体系的本领域专题教材，受到了师生和家长的广泛好评。⑤

---

① 耿益群. 新加坡网络舆情治理特色：重视提升民众的网络素养［J］. 中国广播电视学刊，2020（9）：30-33.

② 季为民. 互联网媒体与青少年——基于近十年中国青少年互联网媒体使用调查的研究报告［J］. 青年记者，2019（25）：9-14.

③ 彭少健，宣德. 中国转型期媒介素养培育——“首届（2007）西湖媒介素养高峰论坛”综述［J］. 中国广播电视学刊，2007（5）：37-38+44.

④ 洪雨. 中小学教师信息素养及其评价标准制定原则［J］. 教育教学论坛，2016（29）：40-41.

⑤ 张海波. 广东省中小学生网络安全及媒介素养教育研究和探索实践［J］. 中国信息安全，2019（10）：76-78.

（五）社会因素

面对复杂的网络环境，网民尤其是青少年网民的媒介素养教育问题亟待解决，然而，媒介素养教育绝非靠一家之力就可完成，它需要社会各界力量的共同努力。

蔡珊珊提出，学校与社会的双边良性互动有助于推动青少年网络素养教育，社会的优质资源可助推青少年网络媒介素养教育的发展，主要包括：增强网络精英文化和优秀文化的影响；充分利用社会机构实施网络素养教育；扩展校外资源开发渠道，推动校外校内资源整合。①

朱顺慈通过与来自 4 个不同领域的 10 位专家进行深度访谈以及参加 3 个网络安全学术论坛后提出，儿科专家可以通过临床实践观察青少年的心理健康；社会工作者可以关注青少年通过接触风险（被欺负、骚扰、跟踪或和陌生网友见面）和参与风险活动（参与网络欺凌、违反法律、创建色情等有问题的内容、援交、分享毒品信息）而出现的价值观的混乱；信息技术专家可以思考云技术发展导致的一切信息都可以被检索和追溯所带来的隐私权问题；教师担心网络监测技术的运用，这催生了社交媒体中沉默螺旋的产生，即学生不敢实名在互联网上发表不同的意见，因而转回匿名网络攻击的形式，最终威胁到言论自由。②

此外，社会教育机构在进行调研、提出切实可行的方案并实施方面发挥着重要作用。媒介素养的教育设计需要媒体学者和青少年专家交流合作，建设“教育性的社交网络”，鼓励年轻人提高道德上的警觉和网络互动中的社会意识。Jon Dornaleteche-Ruiz 等学者考察了不同性别、不同年龄段、不同知识水平的西班牙公民在数字工具使用上的媒介素养差异，建议学术机构应设计具体的方案，缩小代际数字鸿沟，从青年时期就通过加强技术水平等方式赋权给女性，在网络上为全体公民提供有建设性的内容。③

---

① 蔡珊珊. 学校与社会双边互动助推青少年网络媒介素养教育［J］. 基础教育论坛，2019（35）：29-30.

② CHU D. Internet risks and expert views：a case study of the insider perspectives of youth workers in Hong Kong［J］. Information Communication & Society，2016，11（1）：1-18.

③ Dornaleteche-Ruiz Jon，Buitrago-Alonso Alejandro，Moreno-Cardenal. Categorization，Item Selection and Implementation of an Online Digital Literacy Test as Media Literacy Indicator［J］. Comunicar，2015，Vol. 22Issue 44：177-185.

第一章

研究方法及信效度检验

一、研究框架

通过文献梳理和前测考察，我们把影响青少年网络素养的因素（自变量）划分为个人属性、家庭属性和学校属性三种类型，青少年网络素养由上网注意力管理能力、网络信息搜索与利用能力、网络信息分析与评价能力、网络印象管理能力、网络安全与隐私保护能力、网络价值认知和行为能力六个维度组成。

二、研究方法和指标体系

（一）研究方法

本次研究主要采用整群抽样调查的方式。以34所分布在我国不同省级行政区的中学作为样本框。再根据各学校的实际情况，从每一所学校随机抽取初中和高中不同班级的学生，组成实际调查对象。最终样本覆盖19个省（区、市），来自初一到高三的六个年级，以确保问卷数据的代表性。本次问卷调查采用纸质版问卷与电子版问卷结合的方式，收回纸质版问卷700份，电子版问卷8637份，共计收回问卷9337份。对收回问卷中有题目未作答及无效样本剔除后，最终确定有效问卷9125份，问卷调查研究的有效率为97.73%。

（二）样本构成

表1-1　样本构成

变量	变量分类	样本数	有效百分比（%）
性别	男	4608	50.5
	女	4517	49.5

续表

变量	变量分类	样本数	有效百分比（%）
年级	初一	1961	21.5
	初二	1866	20.4
	初三	1813	19.9
	高一	1470	16.1
	高二	1219	13.4
	高三	796	8.7
地区	东部	3063	33.6
	中部	2105	23.1
	西部	3957	43.4
户口	城市	4925	54.0
	农村	4200	46.0
成绩	优秀	2375	26.0
	中等	5315	58.2
	下游	1435	15.7

（三）指标体系

结合青少年媒介素养和网络素养的相关研究，本课题组把青少年网络素养分为6个维度：上网注意力管理能力、网络信息搜索与利用能力、网络信息分析与评价能力、网络印象管理能力、网络安全与隐私保护能力、网络价值认知和行为能力，以及15个一级指标和79个题项进行测量。

表1-2 指标划分体系

维度	一级指标	题项（数量）
上网注意力管理能力	网络使用认知	6
	网络情感控制	5
	网络行为控制	3
网络信息搜索与利用能力	信息搜索与分辨	6
	信息保存与利用	5
网络信息分析与评价能力	对网络的主动认知和行动	4
	对信息的辨析和批判	6

续表

维度	一级指标	题项（数量）
网络印象管理能力	迎合他人	3
	社交互动	4
	自我宣传	3
网络安全与隐私保护能力	安全感知及隐私关注	11
	安全行为及隐私保护	7
网络价值认知和行为能力	网络规范认知	5
	网络暴力认知	7
	网络行为规范	4

三、信效度检验

网络素养整体的克隆巴赫 Alpha 系数为 0.949，大于 0.7，信度较好（见表 1-3）。巴特利特球形度检验的显著性为 0.000，小于 0.05，因而可以认为相关系数的矩阵与单位矩阵有显著性差异；KMO 的值为 0.970，大于 0.6，原有的变量具有较好的研究效度（见表 1-4）。网络素养六个主成分累积方差贡献率为 55.914%，能较好地代表网络素养（见表 1-5）。

表 1-3　网络素养可靠性分析

维度	克隆巴赫 Alpha	项数
网络素养	0.949	80

表 1-4　网络素养 KMO 和巴特利特检验

KMO 和巴特利特检验		
KMO 取样适切性量数		0.970
巴特利特球形度检验	近似卡方	528440.690
	自由度	3081
	显著性	0.000

表 1-5 网络素养主成分分析

总方差解释						
主成分	初始特征值			提取载荷平方和		
	总计	方差百分比	累积%	总计	方差百分比	累积%
1	21.973	27.466	27.466	21.973	27.466	27.466
2	11.094	13.868	41.334	11.094	13.868	41.334
3	4.116	5.145	46.479	4.116	5.145	46.479
4	3.206	4.007	50.486	3.206	4.007	50.486
5	2.300	2.875	53.361	2.300	2.875	53.361
6	2.042	2.553	55.914	2.042	2.553	55.914

（一）上网注意力管理能力信效度检验

经过信度和效度检验，上网注意力管理能力的克隆巴赫 Alpha 系数为 0.836，且一级指标网络使用认知、网络情感控制和网络行为控制的克隆巴赫 Alpha 系数均大于 0.7，信度较好（见表 1-6）。巴特利特球形度检验的显著性为 0.000，小于 0.05，因而可以认为相关系数的矩阵与单位矩阵有显著性差异；KMO 的值为 0.888，大于 0.6，原有的变量具有较好的研究效度（见表 1-7）。上网注意力管理能力三个主成分累积方差贡献率为 66.469%，且成分矩阵显示各指标划分维度与设定的一级指标维度相吻合，因此能较好地反映上网注意力管理能力情况。

表 1-6 上网注意力管理能力可靠性分析

可靠性分析			
维度	指标	克隆巴赫 Alpha	项数
上网注意力管理能力	总体	0.836	14
	网络使用认知	0.897	6
	网络情感控制	0.866	5
	网络行为控制	0.722	3

表 1-7 上网注意力管理能力 KMO 和巴特利特检验

KMO 和巴特利特检验	
KMO 取样适切性量数	0.888

续表

KMO 和巴特利特检验		
巴特利特球形度检验	近似卡方	63743.600
	自由度	91
	显著性	0.000

（二）网络信息搜索与利用能力信效度检验

经过信度和效度检验，网络信息搜索与利用能力的克隆巴赫 Alpha 系数为 0.945，且一级指标信息搜索与分辨和信息保存与利用的克隆巴赫 Alpha 系数均大于0.7，信度较好（见表1-8）；巴特利特球形度检验的显著性为0.000，小于 0.05，因而可以认为相关系数的矩阵与单位矩阵有显著性差异；KMO 的值为 0.955，大于0.6，原有的变量具有较好的研究效度（见表1-9）。网络信息搜索与利用能力两个主成分累积方差贡献率为72.008%，且成分矩阵显示各指标划分维度与设定的一级指标维度相吻合，因此能较好地反映网络信息搜索与利用能力情况。

表 1-8 网络信息搜索与利用能力可靠性分析

可靠性分析			
维度	指标	克隆巴赫 Alpha	项数
网络信息搜索与利用能力	总体	0.945	11
	信息搜索与分辨	0.926	6
	信息保存与利用	0.869	5

表 1-9 网络信息搜索与利用能力 KMO 和巴特利特检验

KMO 和巴特利特检验		
KMO 取样适切性量数		0.955
巴特利特球形度检验	近似卡方	78985.988
	自由度	55
	显著性	0.000

（三）网络信息分析与评价能力信效度检验

经过信度和效度检验，网络信息分析与评价能力的克隆巴赫 Alpha 系数为 0.662，且一级指标对信息的认知和行动、对信息的辨析和批判的克隆巴赫

Alpha 系数均大于 0.7，信度较好（见表 1-10）；巴特利特球形度检验的显著性为 0.000，小于 0.05，因而可以认为相关系数的矩阵与单位矩阵有显著性差异；KMO 的值为 0.853，大于 0.6，原有的变量具有较好的研究效度（见表 1-11）。网络信息分析与评价能力两个主成分累积方差贡献率为 61.860%，且成分矩阵显示各指标划分维度与设定的一级指标维度相吻合，因此能较好地反映网络信息分析与评价能力情况。

表 1-10　网络信息分析与评价能力可靠性分析

可靠性分析			
维度	指标	克隆巴赫 Alpha	项数
网络信息分析与评价能力	总体	0.662	10
	对信息的认知和行动	0.891	6
	对信息的辨析和批判	0.732	4

表 1-11　网络信息分析与评价能力 KMO 和巴特利特检验

KMO 和巴特利特检验		
KMO 取样适切性量数		0.853
巴特利特球形度检验	近似卡方	40031.448
	自由度	45
	显著性	0.000

（四）网络印象管理能力信效度检验

经过信度和效度检验，网络印象管理能力的克隆巴赫 Alpha 系数为 0.896，且一级指标迎合他人、社交互动和自我宣传的克隆巴赫 Alpha 系数均大于 0.7，信度较好（见表 1-12）；巴特利特球形度检验的显著性为 0.000，小于 0.05，因而可以认为相关系数的矩阵与单位矩阵有显著性差异；KMO 的值为 0.896，大于 0.6，原有的变量具有较好的研究效度（见表 1-13）。网络印象管理能力三个主成分累积方差贡献率为 72.942%，且成分矩阵显示各指标划分维度与设定的一级指标维度相吻合，因此能较好地反映网络印象管理能力情况。

表 1-12 网络印象管理能力可靠性分析

可靠性分析			
维度	指标	克隆巴赫 Alpha	项数
网络印象管理能力	总体	0.896	10
	迎合他人	0.838	3
	社交互动	0.845	4
	自我宣传	0.778	3

表 1-13 网络印象管理能力 KMO 和巴特利特检验

KMO 和巴特利特检验		
KMO 取样适切性量数		0.896
巴特利特球形度检验	近似卡方	48645.648
	自由度	45
	显著性	0.000

（五）网络安全与隐私保护能力信效度检验

经过信度和效度检验，网络安全与隐私保护能力的克隆巴赫 Alpha 系数为 0.952，且一级指标安全感知及隐私关注、安全行为及隐私保护的克隆巴赫 Alpha 系数均大于 0.7，信度较好（见表 1-14）；巴特利特球形度检验的显著性为 0.000，小于 0.05，因而可以认为相关系数的矩阵与单位矩阵有显著性差异；KMO 的值为 0.957，大于 0.6，原有的变量具有较好的研究效度（见表 1-15）。网络安全与隐私保护能力两个主成分累积方差贡献率为 70.653%，且成分矩阵显示各指标划分维度与设定的一级指标维度相吻合，因此能较好地反映网络安全与隐私保护能力情况。

表 1-14 网络安全与隐私保护能力可靠性分析

可靠性分析			
维度	指标	克隆巴赫 Alpha	项数
网络安全与隐私保护能力	总体	0.952	18
	安全感知及隐私关注	0.940	11
	安全行为及隐私保护	0.912	7

表 1-15 网络安全与隐私保护能力 KMO 和巴特利特检验

KMO 和巴特利特检验		
KMO 取样适切性量数		0.957
巴特利特球形度检验	近似卡方	127458.233
	自由度	153
	显著性	0.000

（六）网络价值认知和行为能力信效度检验

经过信度和效度检验，网络价值认知和行为能力的克隆巴赫 Alpha 系数为 0.905，且一级指标网络规范认知、网络暴力认知、网络行为规范的克隆巴赫 Alpha 系数均大于 0.7，信度较好（见表 1-16）；巴特利特球形度检验的显著性为 0.000，小于 0.05，因而可以认为相关系数的矩阵与单位矩阵有显著性差异；KMO 的值为 0.916，大于 0.6，原有的变量具有较好的研究效度（见表 1-17）。网络价值认知和行为能力三个主成分累积方差贡献率为 70.647%，且成分矩阵显示各指标划分维度与设定的一级指标维度相吻合，因此能较好地反映网络价值认知和行为能力情况。

表 1-16 网络价值认知和行为能力可靠性分析

可靠性分析			
维度	指标	克隆巴赫 Alpha	项数
网络价值认知和行为能力	总体	0.905	16
	网络规范认知	0.842	5
	网络暴力认知	0.952	7
	网络行为规范	0.818	4

表 1-17 网络价值认知和行为能力 KMO 和巴特利特检验

KMO 和巴特利特检验		
KMO 取样适切性量数		0.916
巴特利特球形度检验	近似卡方	113998.804
	自由度	120
	显著性	0.000

第二章

青少年网络素养现状

一、总体状况

（一）总体得分情况

调查显示，青少年网络素养平均得分为 3.56 分（满分 5 分），略高于及格线，有待进一步提升。其中，网络价值认知和行为能力的平均得分最高（3.93分），网络印象管理能力的平均得分最低（3.03 分）（见图 2-1）。

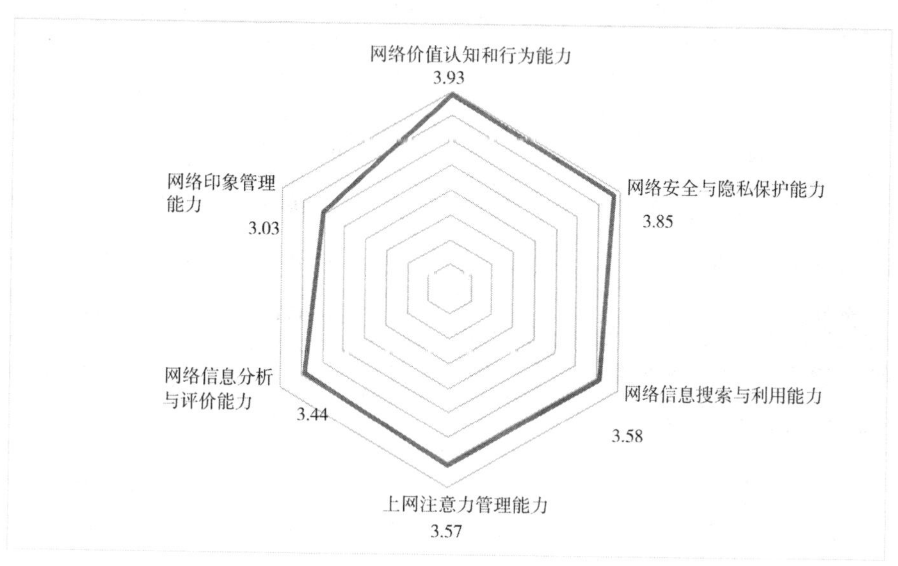

图 2-1　总体得分情况

（二）个人、家庭、学校的影响—回归模型

回归模型显示（见表 2-1），个人属性中的性别、成绩、户口类型、地区、每天的平均上网时长、网络技能熟练度，家庭属性中的母亲学历、家庭收入水

平、与父母讨论网络内容的频率、与父母的亲密程度、父母干预上网活动的频率，学校因素中的网络素养类的课程收获程度、与同学讨论网络内容的频率、学校有无移动设备管理规定以及上课使用手机的频率，对青少年网络素养有显著影响。

表 2-1　青少年综合网络素养回归模型

	模型 1	模型 2	模型 3
性别	0.043***	0.037***	0.040***
年级	-0.013	-0.007	-0.011
成绩	0.150***	0.122***	0.111***
户口类型	-0.125***	-0.088***	-0.076***
地区	-0.066***	-0.040***	-0.039***
每天的平均上网时长	-0.050***	-0.044**	-0.032***
网络技能使用熟练度	0.243***	0.223***	0.200***
父亲学历		0.009	0.019
母亲学历		0.038*	0.039***
家庭收入		0.067***	0.063***
与父母讨论网络内容的频率		0.064*	0.023**
与父母的亲密程度		0.106***	0.075***
父母干预上网活动的频率		-0.050***	-0.068***
网络素养类的课程收获程度			0.148***
与同学讨论网络内容的频率			0.089***
学校有无移动设备管理规定			-0.037***
上课使用手机的频率			-0.049***
R^2 Sig. 值	调整后的 R^2 为 12.0% Sig. =0.000	调整后的 R^2 为 15.1% Sig. =0.000	调整后的 R^2 为 18.0% Sig. =0.000

注：*代表5%显著性水平，**代表1%显著性水平，***代表0.1%显著性水平，下同。

1. 个人属性影响因素分析

回归模型显示：性别、年级、成绩、户口类型、地区、每天的平均上网时长、网络技能使用熟练度对青少年网络素养有显著影响（见表 2-2 至表 2-8、图 2-2 至图 2-8）。

（1）男生和女生的网络素养有显著差异，女生的网络素养相对更好

表 2-2 不同性别在网络素养上的差异

	总计（n=9125）	男生（n=4608）	女生（n=4517）	t
网络素养	3.56（0.435）	3.55（0.452）	3.58（0.416）	16.101***

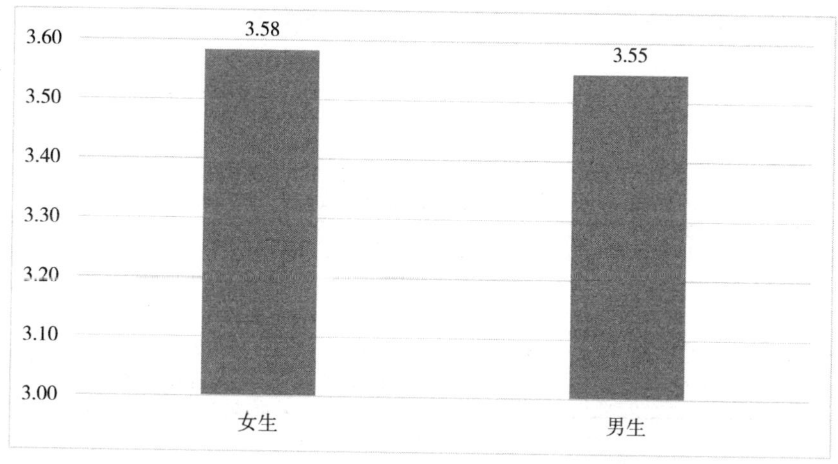

图 2-2 不同性别青少年网络素养

（2）不同年级的初/高中生网络素养有显著差异，具体表现为高年级初中生和高三学生网络素养水平更高

表 2-3 不同年级学生在网络素养上的差异

	总计（n=9125）	初一（n=1961）	初二（n=1866）	初三（n=1813）	高一（n=1470）	高二（n=1219）	高三（n=796）	F
网络素养	3.56（0.435）	3.55（0.446）	3.59（0.436）	3.58（0.435）	3.53（0.427）	3.55（0.423）	3.58（0.435）	16.101***

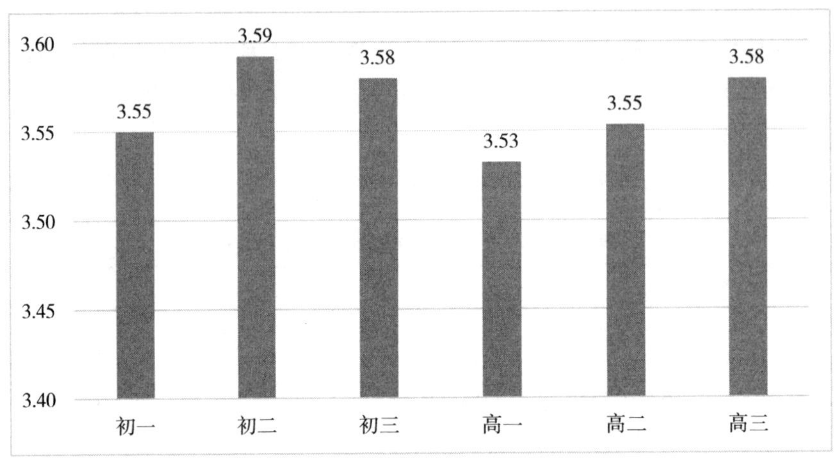

图 2-3　不同年级青少年网络素养

（3）成绩不同的青少年其网络素养显著不同，成绩较好的青少年网络素养水平相对较高

表 2-4　不同成绩水平在网络素养上的差异

	总计（n=9125）	优秀（n=2375）	中等（n=5315）	下游（n=1435）	*F*
网络素养	3. 56（0. 435）	3. 69（0. 447）	3. 54（0. 415）	3. 46（0. 444）	151. 936***

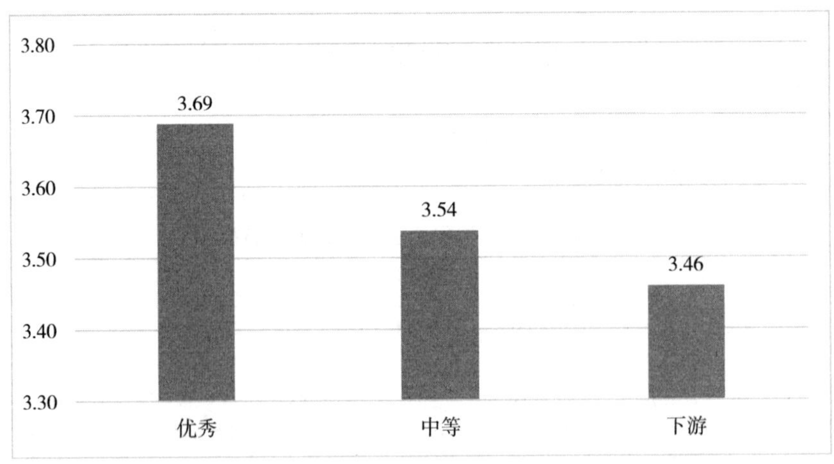

图 2-4　不同成绩水平青少年网络素养

（4）拥有城市户口的青少年网络素养水平显著更高

表 2–5 不同户口类型在网络素养上的差异

	总计（n=9125）	城市户口（n=4925）	农村户口（n=4200）	t
网络素养	3.56（0.435）	3.63（0.444）	3.49（0.411）	265.552***

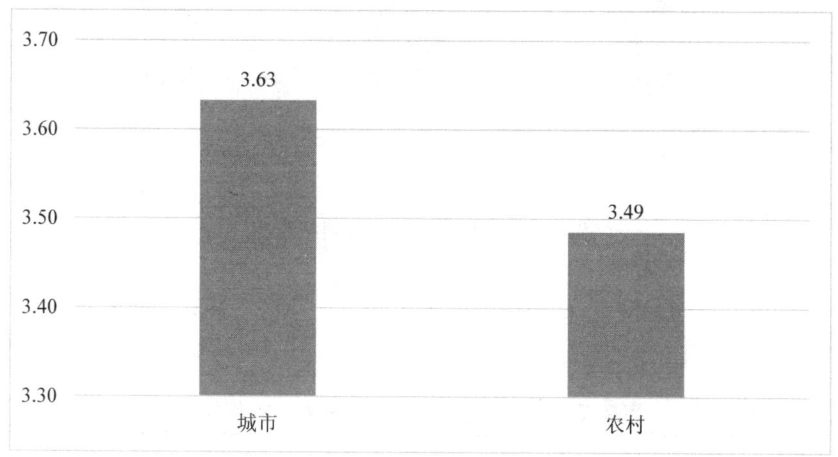

图 2–5 拥有不同户口类型青少年的网络素养

（5）不同地区的青少年网络素养有显著差异，生活在东部地区的青少年网络素养水平相对较高

表 2–6 不同地区青少年在网络素养上的差异

	总计（n=9125）	东部（n=3063）	中部（n=2105）	西部（n=3957）	F
网络素养	3.56（0.435）	3.63（0.455）	3.56（0.390）	3.52（0.436）	54.273***

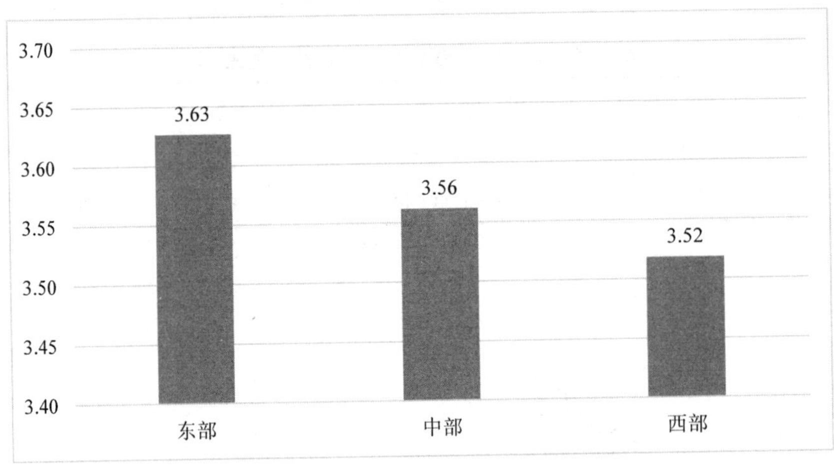

图 2-6　不同地区青少年网络素养

（6）每天平均上网 1—3 小时的青少年网络素养水平最高，随着每天上网时长的增加，青少年网络素养水平逐渐下降

表 2-7　不同上网时长在网络素养上的差异

	总计（n=9125）	1 小时以下（n=3758）	1—3 小时（n=3800）	3—5 小时（n=969）	5 小时以上（n=598）	*F*
网络素养	3. 56（0. 435）	3. 57（0. 444）	3. 58（0. 420）	3. 52（0. 425）	3. 50（0. 477）	9. 420***

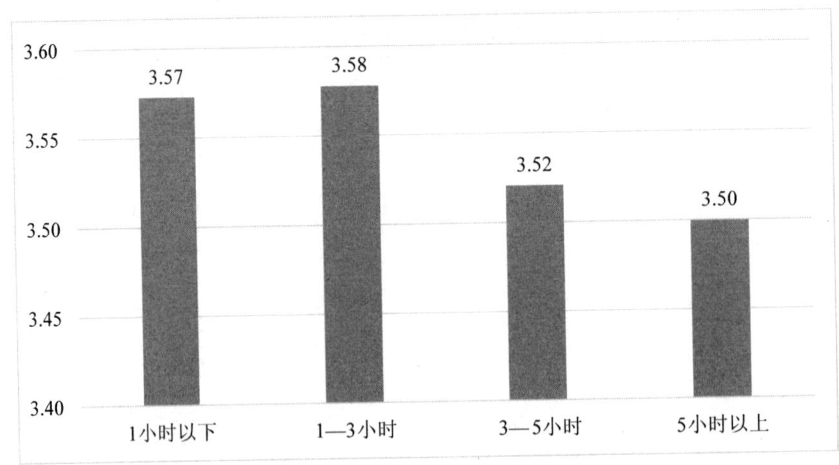

图 2-7　不同上网时长青少年网络素养

（7）上网技能熟练度越高，青少年网络素养显著越高

表 2-8　不同网络技能熟练度在网络素养上的差异

	总计（n=9125）	非常不熟练（n=685）	不熟练（n=559）	一般（n=2918）	比较熟练（n=2511）	非常熟练（n=2452）	*F*
网络素养	3.56（0.435）	3.49（0.520）	3.43（0.408）	3.44（0.373）	3.56（0.384）	3.77（0.455）	243.323***

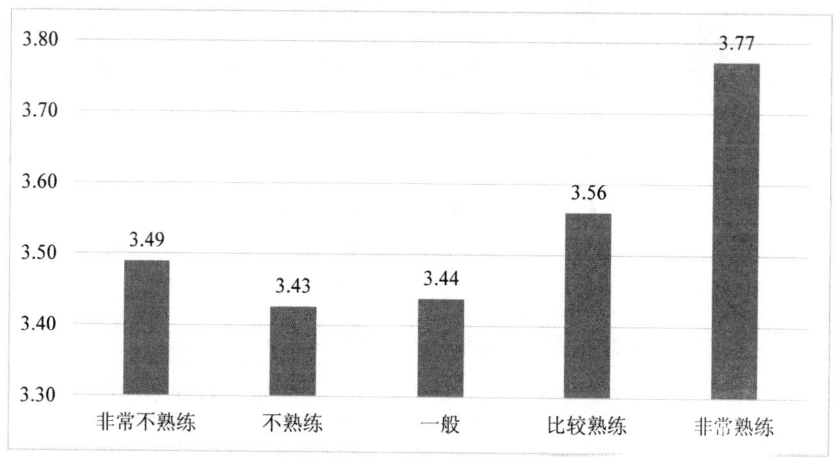

图 2-8　不同上网技能熟练度的青少年网络素养

2. 家庭属性影响因素分析

回归模型显示：母亲学历、家庭收入、青少年与父母讨论网络内容的频率、与父母的亲密程度、父母干预上网活动的频率对青少年网络素养有显著影响（见表 2-9 至表 2-13、图 2-9 至图 2-13）。

（1）母亲学历越高的青少年网络素养水平显著越高

表 2-9　不同母亲学历在网络素养上的差异

	总计（n=9125）	小学（n=1228）	初中（n=2608）	高中/中专/技校（n=2175）	大专（n=1244）	本科（n=1488）	硕士及以上（n=263）	*F*
网络素养	3.56（0.435）	3.41（0.392）	3.52（0.418）	3.59（0.422）	3.63（0.432）	3.67（0.456）	3.71（0.494）	64.146***

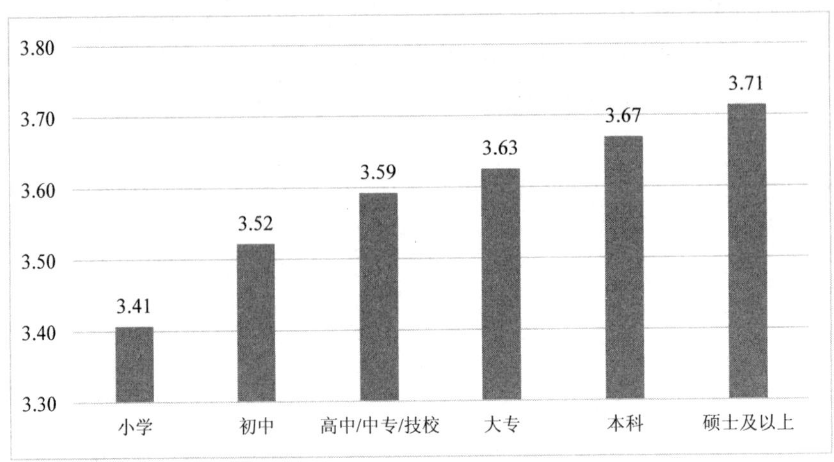

图 2-9　不同母亲学历的青少年网络素养

（2）家庭收入水平越高，青少年网络素养水平越高

表 2-10　不同家庭收入水平在网络素养上的差异

	总计（n=9125）	低等水平（n=594）	中等偏下（n=1612）	中等水平（n=5126）	中等偏上（n=1584）	高收入水平（n=209）	F
网络素养	3.56（0.435）	3.38（0.454）	3.47（0.404）	3.58（0.420）	3.67（0.454）	3.70（0.522）	72.706***

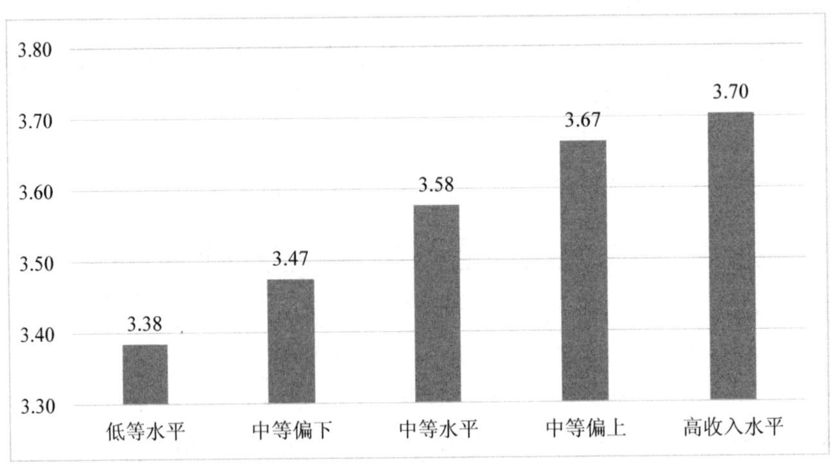

图 2-10　不同家庭收入水平的青少年网络素养

（3）青少年与父母讨论网络内容的频率越高，网络素养水平显著越高

表 2-11 讨论网络内容频率不同在网络素养上的差异

	总计（n=9125）	几乎不讨论（n=1600）	有时讨论（n=5591）	经常讨论（n=1934）	*F*
网络素养	3. 56（0. 435）	3. 45（0. 433）	3. 56（0. 409）	3. 67（0. 482）	112. 205***

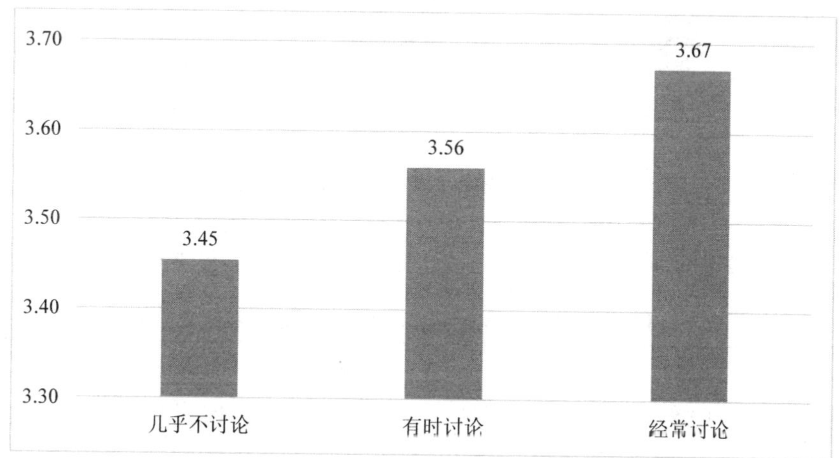

图 2-11 不同讨论网络内容频率的青少年网络素养

（4）青少年与父母的亲密程度越高，网络素养也显著越高

表 2-12 与父母亲密程度不同在网络素养上的差异

	总计（n=9125）	不亲密（n=218）	一般（n=3458）	非常亲密（n=5449）	*F*
网络素养	3. 56（0. 435）	3. 44（0. 534）	3. 47（0. 396）	3. 63（0. 443）	148. 499***

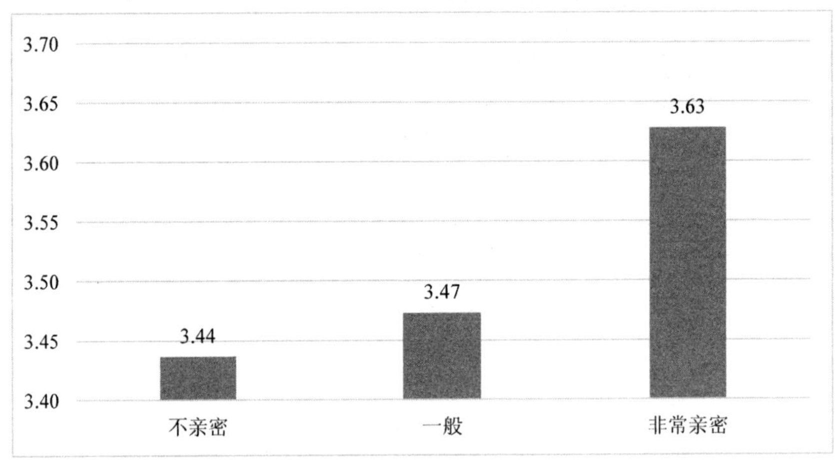

图 2-12 与父母亲密程度不同的青少年网络素养

（5）父母干预上网活动的频率越低，青少年网络素养显著越高

表 2-13 不同父母干预上网活动频率在网络素养上的差异

	总计（n=9125）	几乎不（n=1422）	偶尔（n=5142）	经常（n=2561）	*F*
网络素养	3.56（0.435）	3.65（0.464）	3.56（0.419）	3.54（0.444）	31.673***

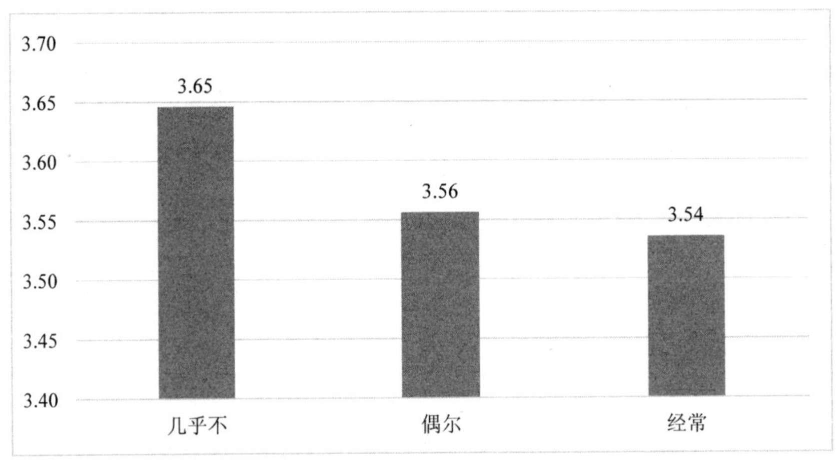

图 2-13 不同父母干预上网活动频率的青少年网络素养

3. 学校属性影响因素分析

回归模型显示：青少年在网络素养类课程的收获程度、与同学讨论网络内容的频率、学校有无设备管理规定和上课使用手机频率对青少年网络素养有显著影响（见表 2-14 至表 2-17、图 2-14 至图 2-17）。

（1）青少年在网络素养类课程中的收获越大，网络素养水平提升就越显著

表 2-14　不同课程收获程度在网络素养上的差异

	总计（n=9125）	几乎没有（n=317）	有些收获（n=3921）	收获很大（n=3423）	*F*
网络素养	3.56（0.435）	3.50（0.410）	3.50（0.385）	3.70（0.452）	214.367***

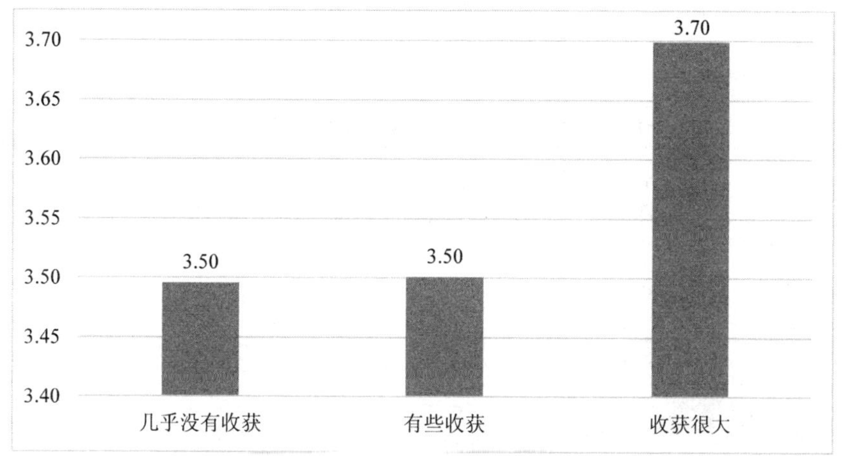

图 2-14　不同网络课程收获程度的青少年网络素养

（2）青少年与同学讨论网络内容越频繁，网络素养就越高

表 2-15　与同学讨论网络内容频率不同在网络素养上的差异

	总计（n=9125）	几乎不（n=451）	有时（n=4554）	经常（n=4120）	*F*
网络素养	3.56（0.435）	3.36（0.471）	3.51（0.402）	3.65（0.449）	160.216***

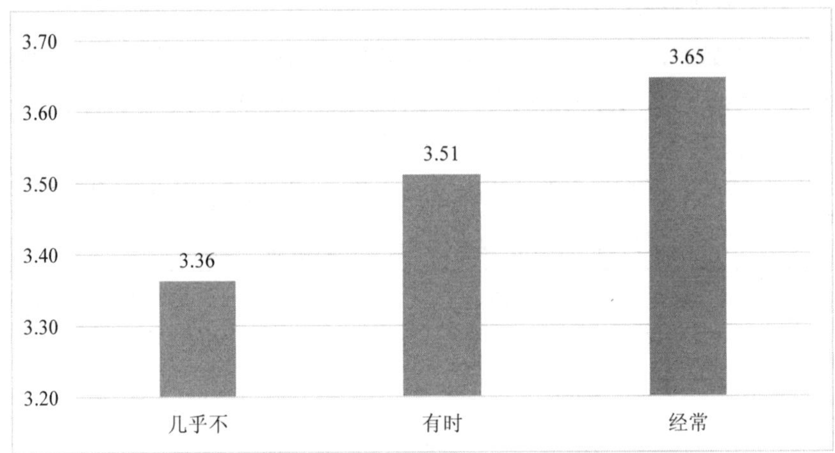

图 2-15　不同讨论频率的青少年网络素养

（3）有移动设备管理规定的中学，青少年网络素养明显更好

表 2-16　有无移动设备管理规定在网络素养上的差异

	总计（n=9125）	有规定（n=8285）	没有规定（n=840）	t
网络素养	3.56（0.435）	3.58（0.432）	3.43（0.445）	87.746***

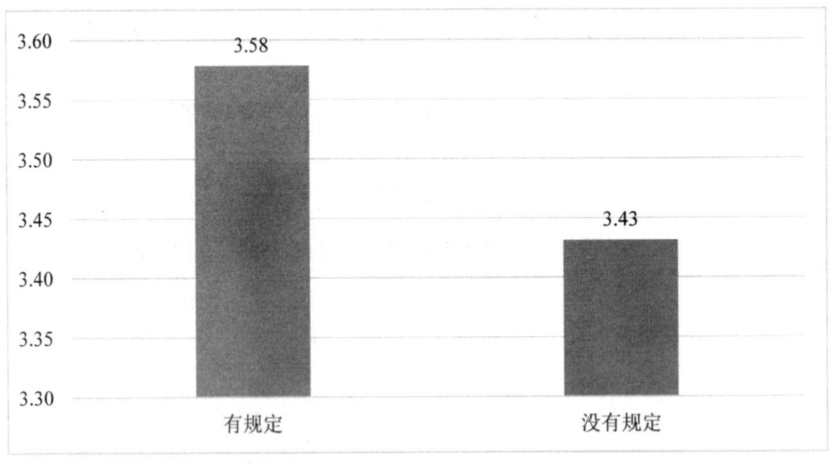

图 2-16　有无移动设备管理规定青少年网络素养

（4）上课从不使用手机的青少年网络素养最高

表 2-17 上课使用手机频率不同在网络素养上的差异

	总计（n=9125）	从未使用（n=6993）	不经常使用（n=742）	有时候使用（n=913）	经常使用（n=477）	*F*
网络素养	3.56（0.435）	3.58（0.428）	3.52（0.432）	3.53（0.451）	3.52（0.498）	6.837***

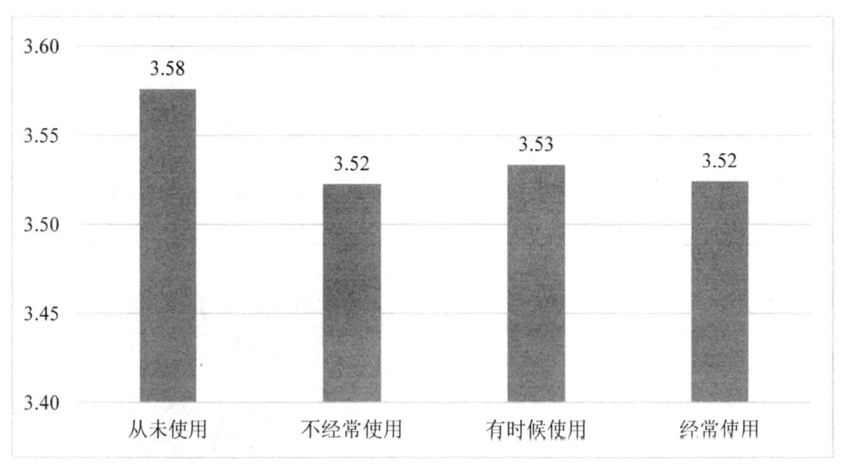

图 2-17 上课使用手机频率不同情况下的青少年网络素养

二、个人、家庭、学校属性对六个维度的影响分析

（一）个人属性对六个维度的影响分析

1. 性别对六个维度的影响分析

女生在上网注意力管理能力、网络信息分析与评价能力、网络安全与隐私保护能力、网络价值认知和行为能力几个维度的表现显著优于男生，而男生在网络信息搜索与利用能力方面表现显著优于女生（见表2-18、图2-18）。

表 2-18 不同性别在网络素养六个维度上的差异

	总计（n=9125）	男生（n=4608）	女生（n=4517）
上网注意力管理能力	3.57（0.566）	3.56（0.576）	3.59（0.555）

续表

	总计（n=9125）	男生（n=4608）	女生（n=4517）
网络信息搜索与利用能力	3.58（0.743）	3.62（0.788）	3.54（0.691）
网络信息分析与评价能力	3.44（0.469）	3.42（0.487）	3.45（0.450）
网络印象管理能力	3.03（0.771）	3.02（0.801）	3.04（0.739）
网络安全与隐私保护能力	3.85（0.697）	3.83（0.735）	3.87（0.655）
网络价值认知和行为能力	3.93（0.68）	3.84（0.706）	4.02（0.639）

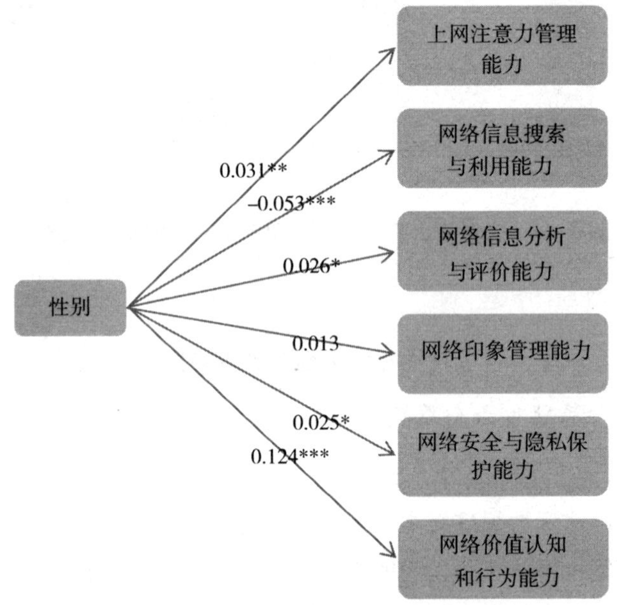

图 2-18　性别对六个维度的影响分析

2. 年级对六个维度的影响分析

上网注意力管理能力、网络价值认知和行为能力素养随年级升高而降低，网络印象管理能力素养随年级升高而升高（见表 2-19、图 2-19）。

表 2-19 不同年级在网络素养六个维度上的差异

	总计（n=9125）	初一（n=1961）	初二（n=1866）	初三（n=1813）	高一（n=1470）	高二（n=1219）	高三（n=796）
上网注意力管理能力	3.57（0.566）	3.68（0.611）	3.62（0.564）	3.58（0.556）	3.49（0.535）	3.48（0.514）	3.48（0.550）
网络信息搜索与利用能力	3.58（0.743）	3.50（0.792）	3.62（0.749）	3.60（0.717）	3.55（0.709）	3.60（0.723）	3.65（0.731）
网络信息分析与评价能力	3.44（0.469）	3.41（0.465）	3.47（0.485）	3.45（0.473）	3.42（0.449）	3.43（0.455）	3.45（0.481）
网络印象管理能力	3.03（0.771）	2.90（0.834）	3.00（0.785）	3.05（0.747）	3.06（0.699）	3.13（0.745）	3.13（0.749）
网络安全与隐私保护能力	3.85（0.697）	3.85（0.722）	3.86（0.688）	3.85（0.699）	3.81（0.679）	3.85（0.695）	3.86（0.683）
网络价值认知和行为能力	3.93（0.680）	3.96（0.673）	3.98（0.669）	3.95（0.678）	3.86（0.670）	3.84（0.698）	3.90（0.694）

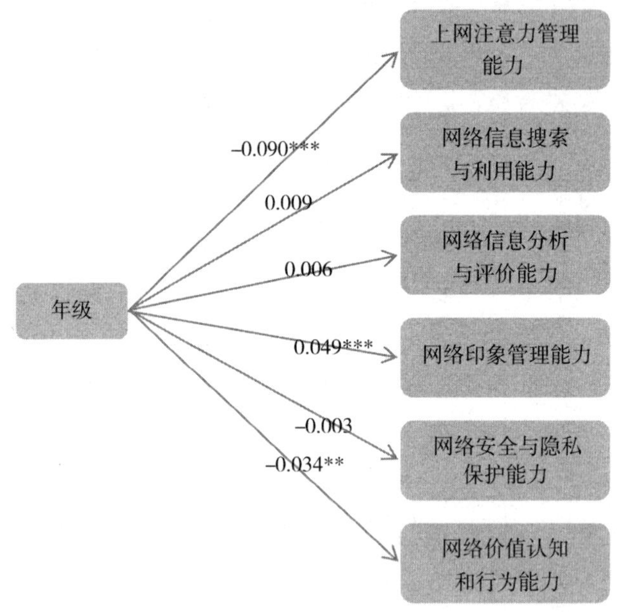

图 2-19　年级对六个维度的影响分析

3. 成绩对六个维度的影响分析

青少年成绩越好，在上网注意力管理能力、网络信息搜索与利用能力、网络信息分析与评价能力、网络安全与隐私保护能力、网络价值认知和行为能力方面的素养也显著提高（见表 2-20、图 2-20）。

表 2-20　不同成绩水平在网络素养六个维度上的差异

	总计（n=9125）	优秀（n=2375）	中等（n=5315）	下游（n=1435）
上网注意力管理能力	3.57（0.566）	3.70（0.590）	3.56（0.546）	3.41（0.547）
网络信息搜索与利用能力	3.58（0.743）	3.77（0.757）	3.53（0.704）	3.45（0.800）
网络信息分析与评价能力	3.44（0.469）	3.55（0.497）	3.42（0.451）	3.33（0.452）
网络印象管理能力	3.03（0.771）	3.10（0.815）	3.00（0.730）	3.03（0.834）

续表

	总计（n=9125）	优秀（n=2375）	中等（n=5315）	下游（n=1435）
网络安全与隐私保护能力	3.85（0.697）	3.98（0.687）	3.81（0.670）	3.74（0.772）
网络价值认知和行为能力	3.93（0.680）	4.03（0.687）	3.92（0.668）	3.79（0.682）

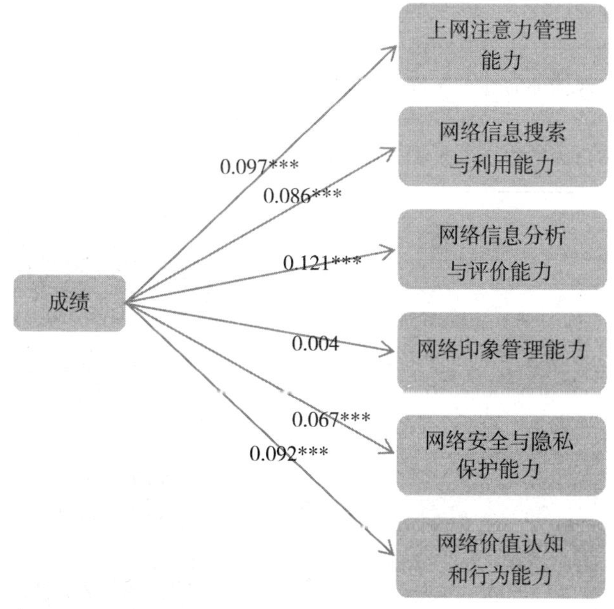

图 2-20　成绩对六个维度的影响分析

4. 户口对六个维度的影响分析

拥有城市户口的青少年在上网注意力管理能力、网络信息搜索与利用能力、网络信息分析与评价能力、网络印象管理能力、网络安全与隐私保护能力、网络价值认知和行为能力几个方面的表现得分显著优于持农村户口的青少年（见表 2-21、图 2-21）。

表 2-21　不同户口类型青少年在网络素养六个维度上的差异

	总计 （n=9125）	城市户口 （n=4925）	农村户口 （n=4200）
上网注意力管理能力	3.57（0.566）	3.62（0.587）	3.51（0.533）
网络信息搜索与利用能力	3.58（0.743）	3.70（0.757）	3.44（0.699）
网络信息分析与评价能力	3.44（0.469）	3.48（0.485）	3.39（0.444）
网络印象管理能力	3.03（0.771）	3.10（0.805）	2.94（0.720）
网络安全与隐私保护能力	3.85（0.697）	3.92（0.699）	3.76（0.683）
网络价值认知和行为能力	3.93（0.680）	3.97（0.686）	3.87（0.668）

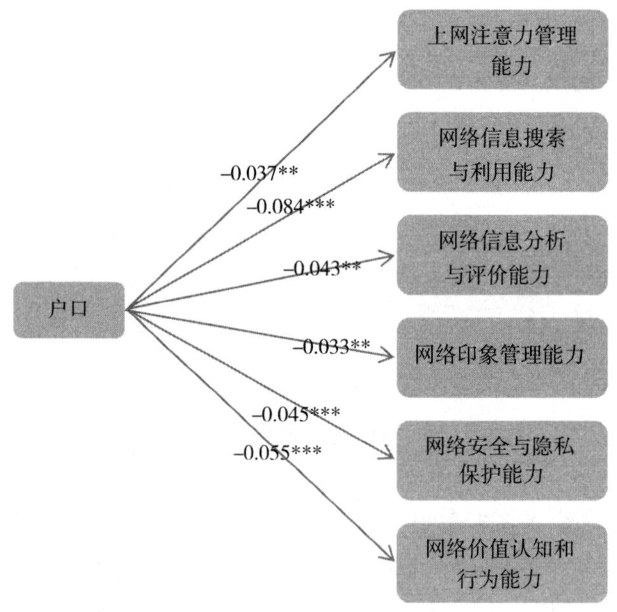

图 2-21　户口对六个维度的影响分析

5. 地区对六个维度的影响分析

东部地区青少年的网络信息搜索与利用能力、网络印象管理能力、网络安全与隐私保护能力素养水平明显高于其他地区（见表 2-22、图 2-22）。

表 2-22 不同地区在网络素养六个维度上的差异

	总计（n=9125）	东部（n=3063）	中部（n=2105）	西部（n=3957）
上网注意力管理能力	3.57（0.566）	3.59（0.590）	3.57（0.543）	3.56（0.558）
网络信息搜索与利用能力	3.58（0.743）	3.70（0.783）	3.55（0.672）	3.50（0.734）
网络信息分析与评价能力	3.44（0.469）	3.47（0.506）	3.45（0.439）	3.40（0.452）
网络印象管理能力	3.03（0.771）	3.13（0.811）	3.00（0.718）	2.96（0.758）
网络安全与隐私保护能力	3.85（0.697）	3.93（0.701）	3.83（0.619）	3.79（0.725）
网络价值认知和行为能力	3.93（0.680）	3.93（0.702）	3.97（0.655）	3.90（0.674）

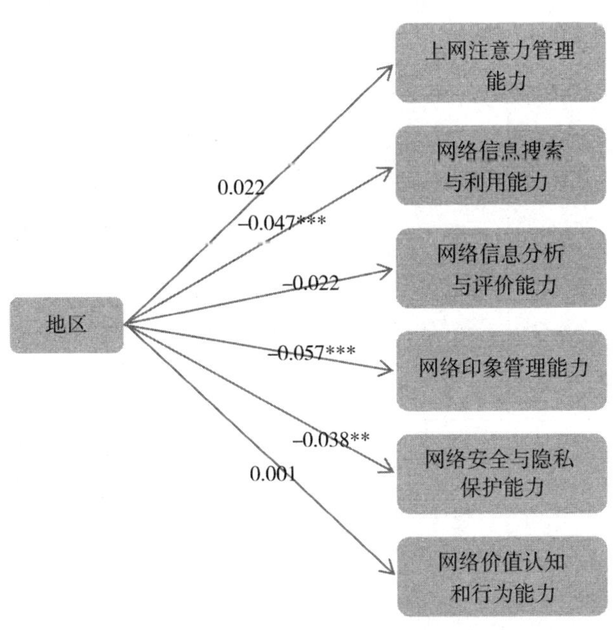

图 2-22 地区对六个维度的影响分析

6. 上网时长对六个维度的影响分析

上网时间越长的青少年，在上网注意力管理能力、网络信息分析与评价能力、网络价值认知和行为能力方面表现越差，而在网络印象管理能力方面却表现更好（见表 2-23、图 2-23）。

表 2-23　不同上网时长在网络素养六个维度上的差异

	总计（n=9125）	1 小时以下（n=3758）	1—3 小时（n=3800）	3—5 小时（n=969）	5 小时以上（n=598）
上网注意力管理能力	3.57（0.566）	3.66（0.588）	3.58（0.530）	3.40（0.519）	3.28（0.563）
网络信息搜索与利用能力	3.58（0.743）	3.55（0.759）	3.60（0.695）	3.58（0.742）	3.66（0.906）
网络信息分析与评价能力	3.44（0.469）	3.45（0.473）	3.44（0.462）	3.41（0.461）	3.36（0.491）
网络印象管理能力	3.03（0.771）	2.94（0.784）	3.06（0.716）	3.11（0.745）	3.20（0.977）
网络安全与隐私保护能力	3.85（0.697）	3.86（0.711）	3.85（0.665）	3.78（0.691）	3.81（0.802）
网络价值认知和行为能力	3.93（0.680）	3.98（0.679）	3.94（0.665）	3.83（0.659）	3.67（0.733）

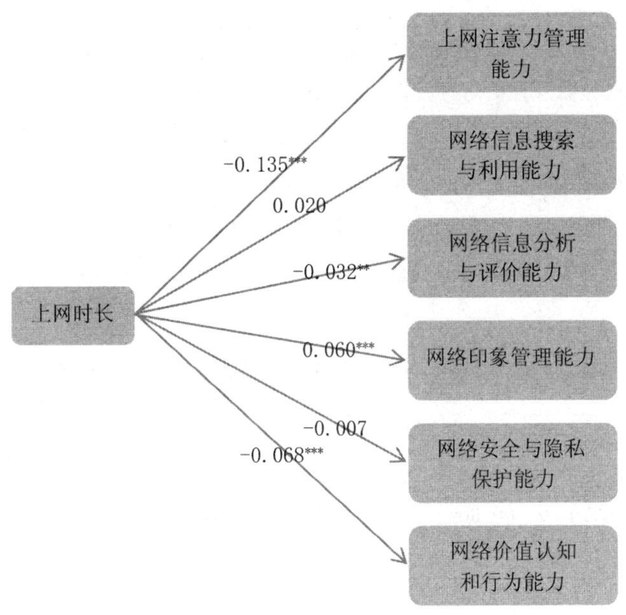

图 2-23 上网时长对六个维度的影响分析

7. 网络技能使用熟练度对六个维度的影响分析

网络技能使用熟练的青少年，在上网注意力管理能力、网络信息搜索与利用能力、网络信息分析与评价能力、网络印象管理能力、网络安全与隐私保护能力和网络价值认知和行为能力几方面的表现相对更好（见表 2-24、图 2-24）。

表 2-24 不同网络技能熟练度在网络素养六个维度上的差异

	总计（n=9125）	非常不熟练（n=685）	不熟练（n=559）	一般（n=2918）	比较熟练（n=2511）	非常熟练（n=2452）
上网注意力管理能力	3.57（0.566）	3.56（0.666）	3.54（0.545）	3.50（0.526）	3.55（0.521）	3.69（0.609）
网络信息搜索与利用能力	3.58（0.743）	3.45（0.947）	3.30（0.681）	3.33（0.607）	3.56（0.601）	4.00（0.780）

续表

	总计（n=9125）	非常不熟练（n=685）	不熟练（n=559）	一般（n=2918）	比较熟练（n=2511）	非常熟练（n=2452）
网络信息分析与评价能力	3.44（0.469）	3.42（0.512）	3.37（0.431）	3.37（0.414）	3.44（0.439）	3.53（0.536）
网络印象管理能力	3.03（0.771）	2.82（0.982）	2.70（0.734）	2.84（0.642）	3.05（0.655）	3.36（0.837）
网络安全与隐私保护能力	3.85（0.697）	3.80（0.869）	3.70（0.682）	3.70（0.645）	3.82（0.628）	4.09（0.705）
网络价值认知和行为能力	3.93（0.680）	3.89（0.736）	3.96（0.680）	3.90（0.642）	3.94（0.629）	3.95（0.752）

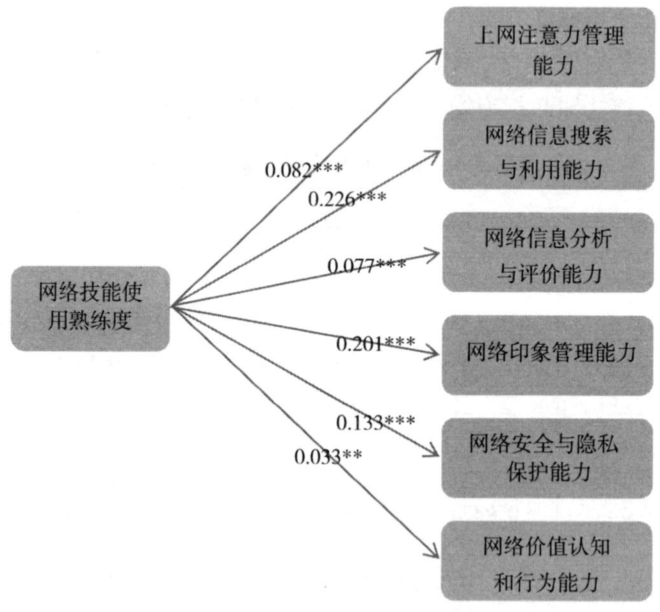

图 2-24　网络技能使用熟练度对六个维度的影响分析

（二）家庭属性对六个维度的影响分析

1. 母亲学历对六个维度的影响分析

母亲学历越高，青少年上网注意力管理能力、网络信息搜索与利用能力、网络信息分析与评价能力、网络安全与隐私保护能力素养水平也显著提高（见表 2-25、图 2-25）。

表 2-25　不同母亲学历水平在网络素养六个维度上的差异

	总计（n=9125）	小学（n=1228）	初中（n=2608）	高中/中专/技校（n=2175）	大专（n=1244）	本科（n=1488）	硕士及以上（n=263）
上网注意力管理能力	3.57（0.566）	3.43（0.488）	3.54（0.535）	3.59（0.571）	3.63（0.583）	3.66（0.612）	3.72（0.665）
网络信息搜索与利用能力	3.58（0.743）	3.33（0.655）	3.50（0.713）	3.64（0.720）	3.67（0.763）	3.74（0.772）	3.90（0.849）
网络信息分析与评价能力	3.44（0.469）	3.34（0.438）	3.42（0.452）	3.44（0.461）	3.49（0.475）	3.51（0.500）	3.49（0.529）
网络印象管理能力	3.03（0.771）	2.88（0.698）	2.97（0.739）	3.09（0.770）	3.05（0.778）	3.11（0.811）	3.27（0.947）
网络安全与隐私保护能力	3.85（0.697）	3.66（0.683）	3.79（0.679）	3.88（0.677）	3.93（0.678）	3.98（0.700）	4.03（0.808）
网络价值认知和行为能力	3.93（0.680）	3.81（0.656）	3.91（0.663）	3.93（0.680）	3.99（0.675）	4.02（0.695）	3.87（0.786）

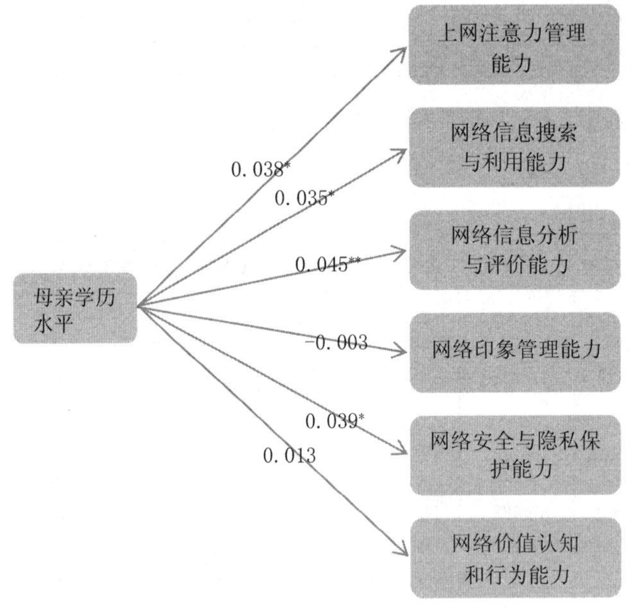

图 2-25　母亲学历水平对六个维度的影响分析

2. 家庭收入对六个维度的影响分析

家庭收入越高的青少年在上网注意力管理能力、网络信息搜索与利用能力、网络信息分析与评价能力、网络印象管理能力、网络安全与隐私保护能力方面的表现明显更好（见表 2-26、图 2-26）。

表 2-26　不同家庭收入在网络素养六个维度上的差异

	总计（n=9125）	低等水平（n=594）	中等偏下（n=1612）	中等水平（n=5126）	中等偏上（n=1584）	高收入水平（n=209）
上网注意力管理能力	3.57（0.566）	3.39（0.557）	3.47（0.534）	3.58（0.555）	3.69（0.589）	3.67（0.660）
网络信息搜索与利用能力	3.58（0.743）	3.32（0.814）	3.42（0.680）	3.59（0.713）	3.77（0.773）	3.94（0.918）

续表

	总计 (n=9125)	低等水平 (n=594)	中等偏下 (n=1612)	中等水平 (n=5126)	中等偏上 (n=1584)	高收入水平 (n=209)
网络信息分析与评价能力	3.44 (0.469)	3.31 (0.443)	3.39 (0.448)	3.44 (0.465)	3.50 (0.486)	3.45 (0.555)
网络印象管理能力	3.03 (0.771)	2.89 (0.814)	2.94 (0.732)	3.02 (0.739)	3.15 (0.835)	3.40 (0.959)
网络安全与隐私保护能力	3.85 (0.697)	3.66 (0.800)	3.76 (0.655)	3.86 (0.674)	3.95 (0.718)	4.06 (0.852)
网络价值认知和行为能力	3.93 (0.680)	3.74 (0.678)	3.86 (0.671)	3.97 (0.660)	3.95 (0.706)	3.71 (0.844)

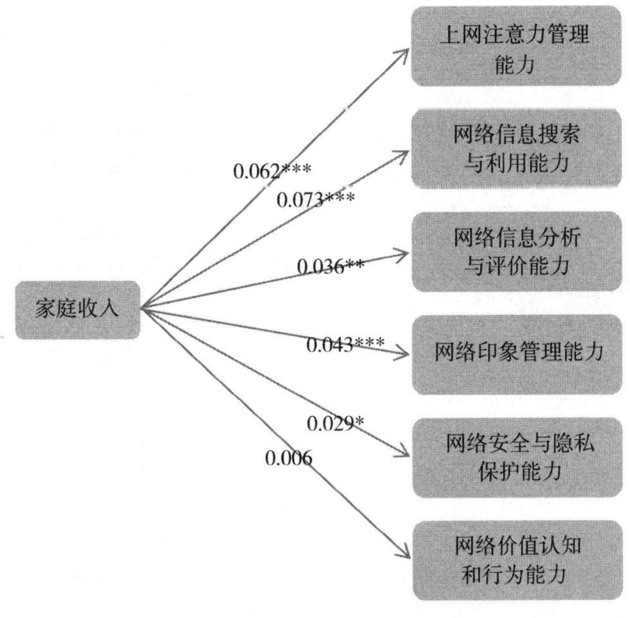

图 2-26　家庭收入对六个维度的影响分析

3. 与父母讨论网络内容频率对六个维度的影响分析

与父母讨论网络内容越频繁的青少年在网络信息搜索与利用能力、网络印象管理能力方面的素养水平显著提升（见表2-27、图2-27）。

表2-27 不同与父母讨论网络内容频率在网络素养六个维度上的差异

	总计（n=9125）	几乎不讨论（n=1600）	有时讨论（n=5591）	经常讨论（n=1934）
上网注意力管理能力	3.57（0.566）	3.45（0.57）	3.57（0.546）	3.66（0.601）
网络信息搜索与利用能力	3.58（0.743）	3.38（0.772）	3.55（0.685）	3.83（0.811）
网络信息分析与评价能力	3.44（0.469）	3.40（0.472）	3.44（0.454）	3.46（0.506）
网络印象管理能力	3.03（0.771）	2.84（0.813）	3.01（0.71）	3.24（0.851）
网络安全与隐私保护能力	3.85（0.697）	3.73（0.743）	3.84（0.652）	3.97（0.760）
网络价值认知和行为能力	3.93（0.680）	3.92（0.678）	3.95（0.655）	3.87（0.745）

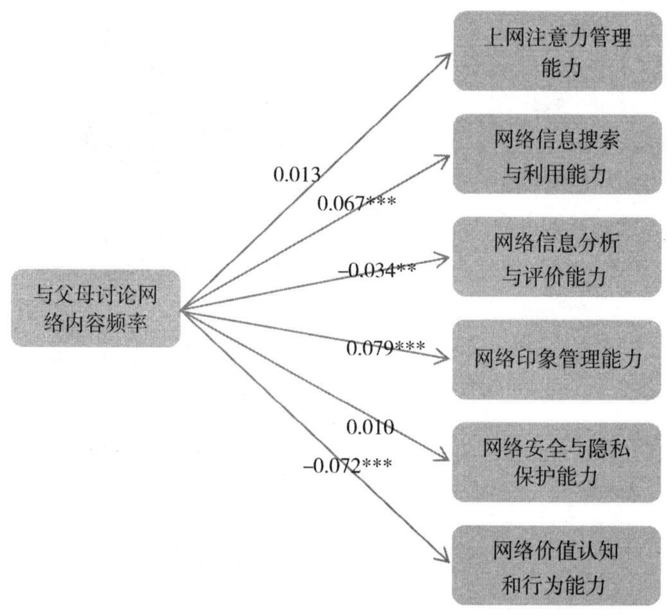

图2-27 与父母讨论网络内容频率对六个维度的影响分析

4. 与父母亲密程度对六个维度的影响分析

青少年与父母越亲密，在上网注意力管理能力、网络信息搜索与利用能力、网络信息分析与评价能力、网络安全与隐私保护能力、网络价值认知和行为能力方面的表现也明显更好，但在网络印象管理能力方面却表现更差（见表 2-28、图 2-28）。

表 2-28 与父母亲密程度不同在网络素养六个维度上的差异

	总计（n=9125）	不亲密（n=218）	一般（n=3458）	非常亲密（n=5449）
上网注意力管理能力	3.57（0.566）	3.23（0.588）	3.41（0.506）	3.69（0.571）
网络信息搜索与利用能力	3.58（0.743）	3.51（0.996）	3.47（0.684）	3.65（0.758）
网络信息分析与评价能力	3.44（0.469）	3.37（0.522）	3.37（0.438）	3.48（0.481）
网络印象管理能力	3.03（0.771）	3.15（1.033）	3.00（0.712）	3.04（0.794）
网络安全与隐私保护能力	3.85（0.697）	3.71（0.889）	3.73（0.662）	3.92（0.699）
网络价值认知和行为能力	3.93（0.680）	3.65（0.712）	3.85（0.645）	3.99（0.692）

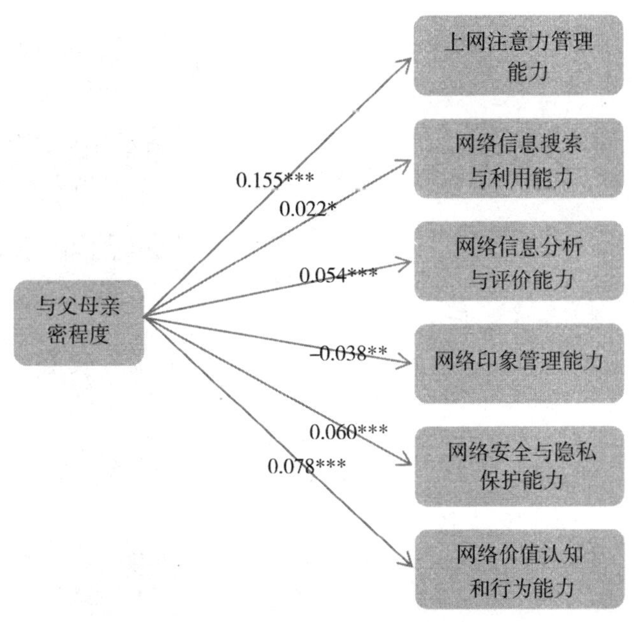

图 2-28 与父母亲密程度对六个维度的影响分析

5. 父母干预上网活动频率对六个维度的影响分析

父母干预上网活动的频率越高，青少年在上网注意力管理能力、网络信息搜索与利用能力、网络信息分析与评价能力、网络价值认知和行为能力方面的表现明显变差（见表 2-29、图 2-29）。

表 2-29 父母干预上网活动频率不同在网络素养六个维度上的差异

	总计（n=9125）	几乎不（n=1422）	偶尔（n=5142）	经常（n=2561）
上网注意力管理能力	3.57（0.566）	3.65（0.600）	3.59（0.547）	3.50（0.575）
网络信息搜索与利用能力	3.58（0.743）	3.72（0.808）	3.56（0.701）	3.54（0.776）
网络信息分析与评价能力	3.44（0.469）	3.53（0.515）	3.43（0.454）	3.39（0.463）
网络印象管理能力	3.03（0.771）	3.04（0.851）	3.02（0.715）	3.03（0.831）
网络安全与隐私保护能力	3.85（0.697）	3.94（0.716）	3.81（0.676）	3.86（0.722）
网络价值认知和行为能力	3.93（0.680）	4.00（0.695）	3.92（0.668）	3.90（0.692）

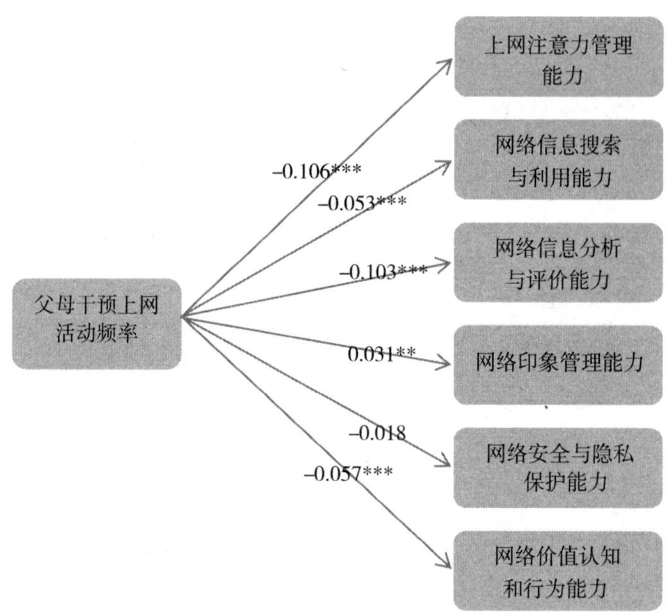

图 2-29 父母干预上网活动频率对六个维度的影响分析

（三）学校属性对六个维度的影响分析

1. 课程收获程度对六个维度的影响分析

在网络课程中收获越大的青少年在上网注意力管理能力、网络信息搜索与利用能力、网络信息分析与评价能力、网络印象管理能力、网络安全与隐私保护能力、网络价值认知和行为能力六个维度的表现水平明显提高（见表2-30、图2-30）。

表2-30 不同课程收获程度在网络素养六个维度上的差异

	总计（n=9125）	几乎没有（n=317）	有些收获（n=3921）	收获很大（n=3423）
上网注意力管理能力	3.57（0.566）	3.35（0.563）	3.48（0.506）	3.76（0.582）
网络信息搜索与利用能力	3.58（0.743）	3.56（0.777）	3.47（0.659）	3.79（0.768）
网络信息分析与评价能力	3.44（0.469）	3.45（0.509）	3.41（0.43）	3.51（0.502）
网络印象管理能力	3.03（0.771）	3.03（0.899）	2.98（0.691）	3.11（0.827）
网络安全与隐私保护能力	3.85（0.697）	3.79（0.75）	3.77（0.641）	4.01（0.697）
网络价值认知和行为能力	3.93（0.680）	3.79（0.711）	3.90（0.636）	4.02（0.709）

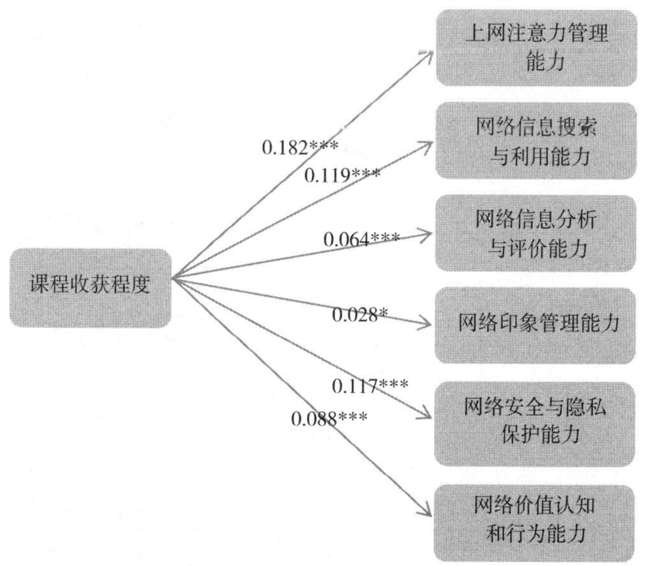

图2-30 课程收获程度对六个维度的影响分析

2. 与同学讨论网络内容频率对六个维度的影响分析

青少年与同学讨论网络内容越频繁，其在网络信息搜索与利用能力、网络印象管理能力、网络安全与隐私保护能力的方面的素养水平也明显更高（见表2-31、图2-31）。

表 2-31　与同学讨论网络内容频率不同情况在网络素养六个维度上的差异

	总计（n=9125）	几乎不（n=451）	有时（n=4554）	经常（n=4120）
上网注意力管理能力	3.57（0.566）	3.56（0.674）	3.57（0.553）	3.57（0.567）
网络信息搜索与利用能力	3.58（0.743）	3.22（0.842）	3.44（0.66）	3.78（0.765）
网络信息分析与评价能力	3.44（0.469）	3.35（0.495）	3.42（0.446）	3.46（0.489）
网络印象管理能力	3.03（0.771）	2.55（0.889）	2.89（0.678）	3.23（0.796）
网络安全与隐私保护能力	3.85（0.697）	3.66（0.857）	3.78（0.649）	3.94（0.715）
网络价值认知和行为能力	3.93（0.680）	3.85（0.711）	3.97（0.646）	3.89（0.709）

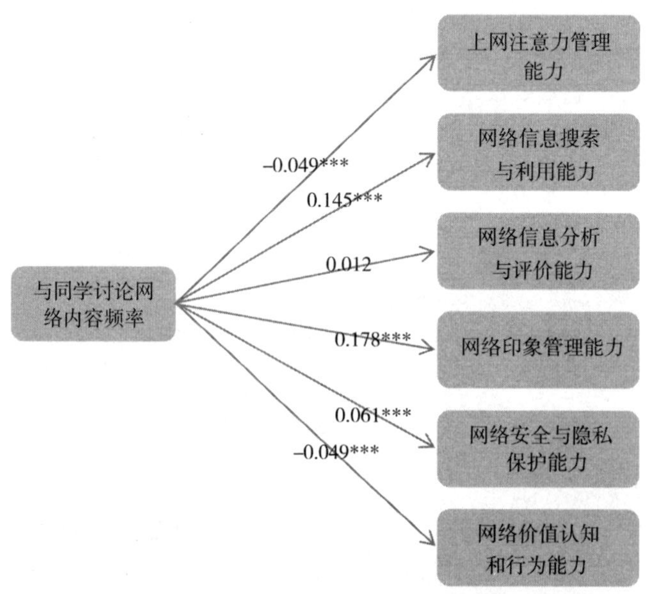

图 2-31　与同学讨论网络内容频率对六个维度的影响分析

3. 学校有无移动设备管理规定对六个维度的影响分析

学校有移动设备管理规定的青少年在上网注意力管理能力、网络信息分析与评价能力、网络安全与隐私保护能力、网络价值认知和行为能力方面的素养水平明显更高（见表 2-32、图 2-32）。

表 2-32 学校有无移动设备管理规定在网络素养六个维度上的差异

	总计 （n=9125）	有规定 （n=8285）	没有规定 （n=840）
上网注意力管理能力	3.57（0.566）	3.59（0.564）	3.43（0.567）
网络信息搜索与利用能力	3.58（0.743）	3.60（0.735）	3.42（0.792）
网络信息分析与评价能力	3.44（0.469）	3.45（0.470）	3.34（0.446）
网络印象管理能力	3.03（0.771）	3.03（0.768）	2.99（0.802）
网络安全与隐私保护能力	3.85（0.697）	3.87（0.688）	3.64（0.745）
网络价值认知和行为能力	3.93（0.680）	3.94（0.677）	3.76（0.685）

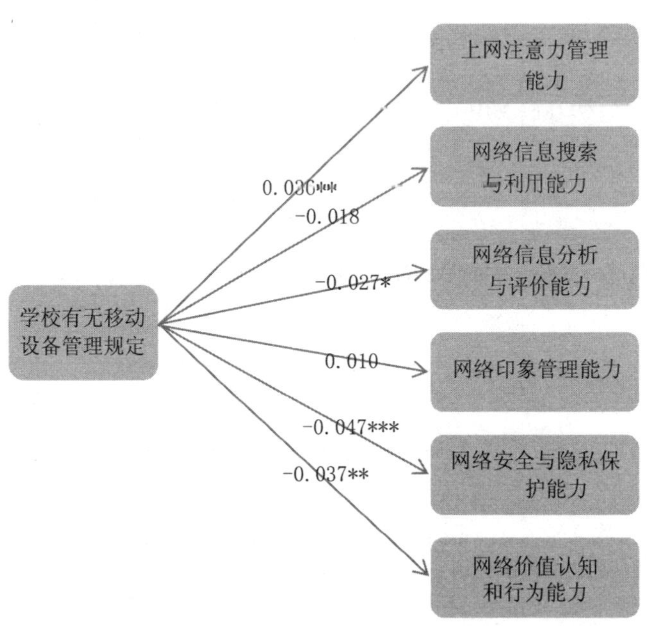

图 2-32 学校有无移动设备管理规定对六个维度的影响分析

4. 上课使用手机频率对六个维度的影响分析

上课使用手机频率越高的青少年在上网注意力管理能力、网络信息分析与评价能力、网络安全与隐私保护能力、网络价值认知和行为能力方面的表现也越差，在网络印象管理能力上表现却更好（见表 2–33、图 2–33）。

表 2–33　上课使用手机频率不同在网络素养六个维度上的差异

	总计（n=9125）	从未使用（n=6993）	不经常使用（n=742）	有时候使用（n=913）	经常使用（n=477）
上网注意力管理能力	3.57（0.566）	3.59（0.568）	3.57（0.559）	3.54（0.554）	3.42（0.543）
网络信息搜索与利用能力	3.58（0.743）	3.57（0.730）	3.55（0.724）	3.58（0.744）	3.71（0.921）
网络信息分析与评价能力	3.44（0.469）	3.46（0.462）	3.39（0.481）	3.39（0.470）	3.32（0.515）
网络印象管理能力	3.03（0.771）	3.01（0.758）	3.02（0.750）	3.06（0.752）	3.27（0.967）
网络安全与隐私保护能力	3.85（0.697）	3.86（0.681）	3.77（0.702）	3.78（0.708）	3.83（0.854）
网络价值认知和行为能力	3.93（0.680）	3.97（0.658）	3.84（0.694）	3.85（0.720）	3.59（0.773）

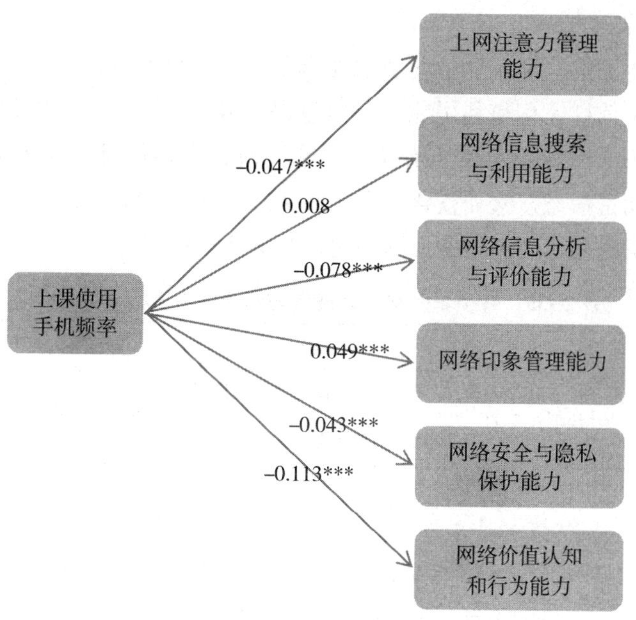

图 2-33 上课使用手机频率对六个维度的影响分析

三、个人、家庭、学校属性对六个维度各项指标的影响分析

（一）得分情况

1. 上网注意力管理能力

在青少年上网注意力管理能力方面，网络使用认知能力得分最高，情感控制能力次之，行为控制能力最差。这说明青少年在上网注意力管理能力的培养方面，要着重提高其网络行为控制能力，特别是线上行为控制能力，除此之外，网络情感控制作为行为的辅助因素也需要被注意（见表 2-34）。

表 2-34 青少年上网注意力管理能力指标体系得分

维度	一级指标	得分（5 分制）
上网注意力管理能力	网络使用认知	3. 80
	网络情感控制	3. 51
	网络行为控制	3. 41

2. 网络信息搜索与利用能力

在青少年网络信息搜索和利用素养方面，青少年的网络信息搜索与分辨能力较好，优于信息保存和利用能力。信息保存方面，青少年分类保存搜索到的信息和利用不同信息保存格式有所提高。同时青少年信息利用能力亟待提升，因为信息利用是信息搜索和整合的目标所在。提高青少年信息保存与利用能力，是综合培养信息搜索与利用能力的关键（见表 2-35）。

表 2-35 青少年网络信息搜索与利用能力指标体系得分

维度	一级指标	得分（5 分制）
网络信息搜索与利用能力	信息搜索与分辨	3.67
	信息保存与利用	3.49

3. 网络信息分析与评价能力

在网络信息分析与评价能力方面，青少年对信息的辨析和批判能力表现更好，得分高于对网络的主动认知和行动。其中，在主动性方面，相比主动认知来说，青少年更欠缺采取主动行动以提高网络信息分析与评价的能力（见表 2-36）。

表 2-36 青少年网络信息分析与评价能力指标体系得分

维度	一级指标	得分（5 分制）
网络信息分析与评价能力	对信息的辨析和批判	3.63
	对网络的主动认知和行动	3.25

4. 网络印象管理能力

在青少年网络印象管理能力方面，社交互动指标得分较高，迎合他人指标得分最低。这说明，青少年在网络环境中进行印象管理的主动性大幅提升，会在一定程度上通过分享成就来塑造个人形象，也会通过夸赞、关注等来迎合他人，但面对负面信息的回应倾向和能力依然较弱（见表 2-37）。

表 2-37 青少年网络印象管理能力指标体系得分

维度	一级指标	得分（5 分制）
网络印象管理能力	迎合他人	2.83
	社交互动	3.21
	自我宣传	3.04

5. 网络安全与隐私保护能力

在网络安全与隐私保护能力方面，青少年的行动程度高于认知程度。这说明，青少年在使用网络的过程中，能够采取行动进行自我隐私安全保护，但安全行为及隐私保护的警惕性还有待提高（见表2-38）。

表2-38 青少年网络安全与隐私保护能力

维度	一级指标	得分（5分制）
网络安全与隐私保护能力	安全感知及隐私关注	3.80
	安全行为及隐私保护	3.89

6. 网络价值认知和行为能力

在网络价值认知和行为能力方面，青少年对网络暴力认知得分最高，网络规范认知次之，而对网络行为规范得分最低，亟待加强网络行为规范方面的教育（见表2-39）。

表2-39 青少年网络价值认知和行为能力

维度	一级指标	得分（5分制）
网络价值认知和行为能力	网络规范认知	3.83
	网络暴力认知	4.17
	网络行为规范	3.78

（二）个人影响因素分析

1. 性别

（1）对于上网注意力管理能力维度，不同性别之间的网络使用认知、网络情感控制和网络行为控制均有显著差异（Sig. <0.001），且不同性别的网络情感控制差异更大。男生的网络使用认知和网络行为控制能力水平明显高于女生，而女生的网络情感控制能力水平明显高于男生（见表2-40、图2-34）。

表2-40 性别——上网注意力管理能力维度差异检验

指标	性别	N	Mean	SD	F	Sig.	偏 η^2
网络使用认知	男	4608	3.83	0.764	14.383	0.000	0.002
	女	4517	3.77	0.696			
网络情感控制	男	4608	3.39	0.930	175.419	0.000	0.019
	女	4517	3.63	0.822			

续表

指标	性别	N	Mean	SD	F	Sig.	偏 η^2
网络行为控制	男	4608	3.45	0.852	32.316	0.000	0.004
	女	4517	3.36	0.780			

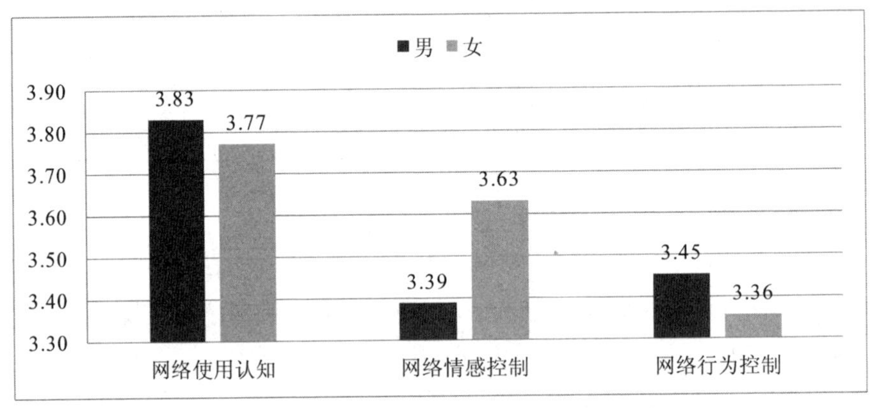

图 2-34　性别——上网注意力管理能力维度（5 分制）

（2）对于网络信息搜索与利用能力维度，不同性别之间的信息搜索与分辨和信息保存与利用均有显著差异（Sig. <0.001）。男生的信息搜索与分辨和信息保存与利用能力均明显强于女生（见表 2-41、图 2-35）。

表 2-41　性别——网络信息搜索与利用能力维度差异检验

指标	性别	N	Mean	SD	F	Sig.	偏 η^2
信息搜索与分辨	男	4608	3.71	0.818	32.427	0.000	0.004
	女	4517	3.62	0.715			
信息保存与利用	男	4608	3.52	0.813	15.925	0.000	0.002
	女	4517	3.46	0.726			

（3）对于网络信息分析与评价能力维度，不同性别之间对信息的辨析和批判以及对网络的主动认知和行动均有显著差异（Sig. <0.001），且不同性别对网络的主动认知和行动水平差异更显著。男生对信息的辨析和批判能力水平明显高于女生，而女生对网络的主动认知和行动能力明显优于男生（见表 2-42、图 2-36）。

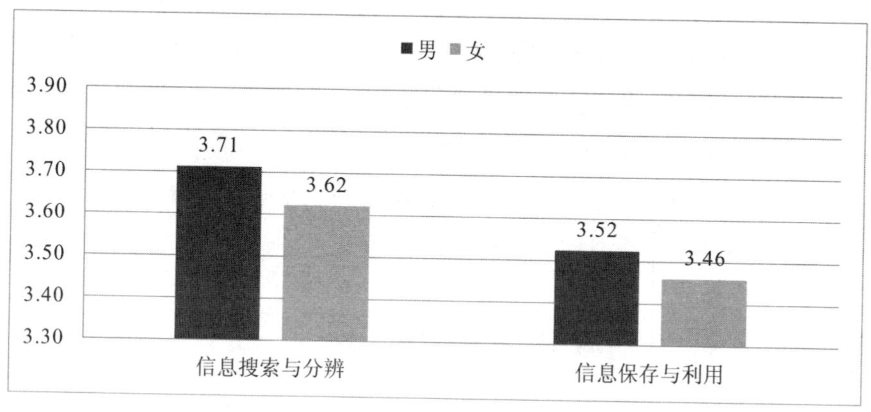

图 2-35 性别——网络信息搜索与利用能力维度（5 分制）

表 2-42 性别——网络信息分析与评价能力维度差异检验

指标	性别	N	Mean	SD	F	Sig.	偏 η^2
对信息的辨析和批判	男	4608	3. 66	0. 792	18. 368	0. 000	0. 002
	女	4517	3. 59	0. 700			
对网络的主动认知和行动	男	4608	3. 18	0. 828	65. 967	0. 000	0. 007
	女	4517	3. 31	0. 679			

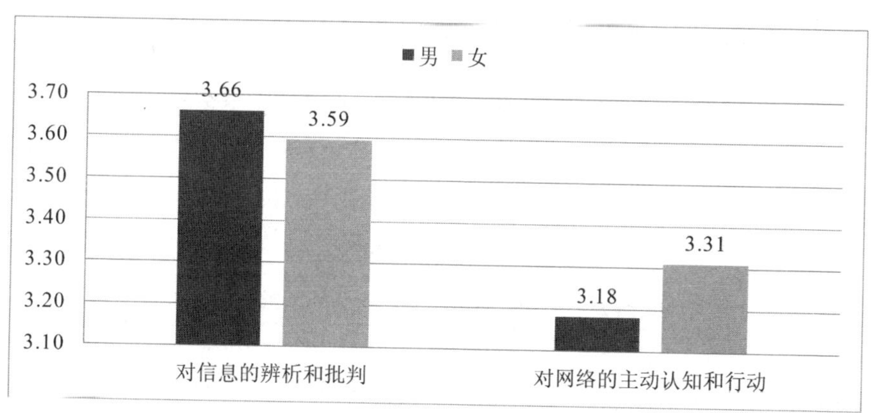

图 2-36 性别——网络信息分析与评价能力维度（5 分制）

（4）不同性别在网络印象管理能力各维度表现水平无明显差异。

（5）对于网络安全与隐私保护能力维度，不同性别在安全感知及隐私关注和安全行为及隐私保护指标上均有显著差异（Sig. <0.05）。女生对安全感知及隐私关注和安全行为及隐私保护的水平明显高于男生（见表 2-43、图 2-37）。

表 2-43　性别——网络安全与隐私保护能力维度差异检验

指标	性别	N	Mean	SD	F	Sig.	偏 η^2
安全感知及隐私关注	男	4608	3.78	0.778	7.221	0.007	0.001
	女	4517	3.82	0.699			
安全行为及隐私保护	男	4608	3.87	0.801	4.986	0.026	0.001
	女	4517	3.91	0.726			

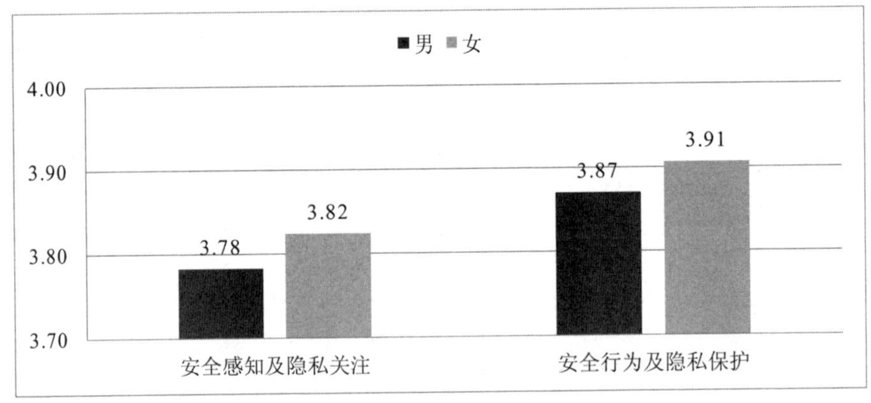

图 2-37　性别——网络安全与隐私保护能力维度（5 分制）

（6）对于网络价值认知和行为能力维度，不同性别之间的网络规范认知、网络暴力认知和网络行为规范指标数值均有显著差异（Sig. <0.001），且不同性别的网络暴力认知差异最大。女生的网络规范认知、网络暴力认知和网络行为规范水平均明显高于男生（见表 2-44、图 2-38）。

表 2-44　性别——网络价值认知和行为能力维度差异检验

指标	性别	N	Mean	SD	F	Sig.	偏 η^2
网络规范认知	男	4608	3.78	0.857	26.914	0.000	0.003
	女	4517	3.87	0.811			

续表

指标	性别	N	Mean	SD	F	Sig.	偏 η^2
网络暴力认知	男	4608	4.04	1.011	176.808	0.000	0.019
	女	4517	4.30	0.841			
网络行为规范	男	4608	3.69	0.969	96.582	0.000	0.010
	女	4517	3.88	0.845			

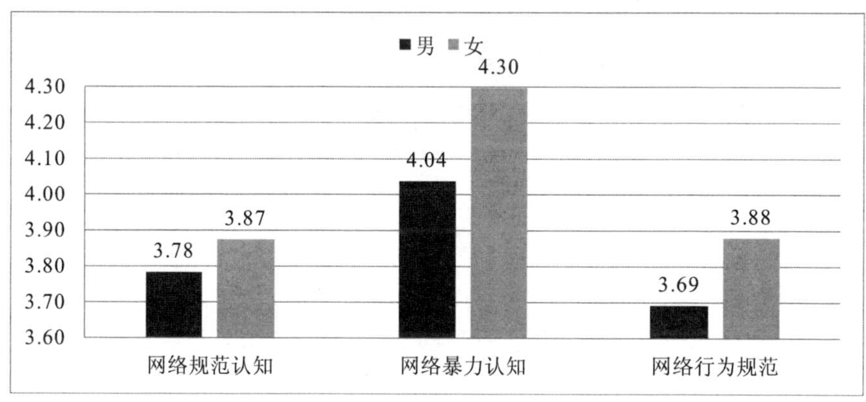

图 2-38　性别——网络价值认知和行为能力维度（5 分制）

2. 年级

（1）对于上网注意力管理能力维度，不同年级之间的网络使用认知、网络情感控制和网络行为控制均有显著差异（Sig. <0.001），且不同年级的网络情感控制差异更大。初中生的网络使用认知、网络情感控制和网络行为控制能力均明显高于高中生（见表 2-45、图 2-39）。

表 2-45　年级——上网注意力管理能力维度差异检验

指标	年级	N	Mean	SD	F	Sig.	偏 η^2
网络使用认知	初一	1961	3.86	0.767	11.883	0.000	0.006
	初二	1866	3.85	0.730			
	初三	1813	3.82	0.698			
	高一	1470	3.72	0.721			
	高二	1219	3.74	0.716			
	高三	796	3.73	0.743			

续表

指标	年级	N	Mean	SD	F	Sig.	偏 η^2
网络情感控制	初一	1961	3. 66	0. 917	27. 211	0. 000	0. 015
	初二	1866	3. 57	0. 870			
	初三	1813	3. 50	0. 914			
	高一	1470	3. 42	0. 803			
	高二	1219	3. 36	0. 882			
	高三	796	3. 40	0. 867			
网络行为控制	初一	1961	3. 50	0. 896	12. 379	0. 000	0. 007
	初二	1866	3. 43	0. 815			
	初三	1813	3. 42	0. 801			
	高一	1470	3. 32	0. 772			
	高二	1219	3. 34	0. 768			
	高三	796	3. 32	0. 794			

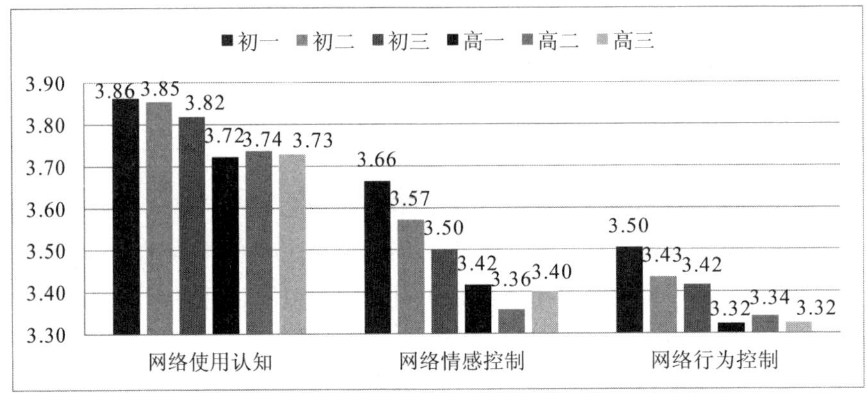

图 2-39 年级——上网注意力管理能力维度（5 分制）

（2）对于网络信息搜索与利用能力维度，不同年级之间的信息搜索与分辨和信息保存与利用均有显著差异（Sig. <0.001）。无论初中还是高中，高年级青少年的信息搜索与分辨能力和信息保存与利用能力均明显高于低年级青少年（见表 2-46、图 2-40）。

表 2-46 年级——网络信息搜索与利用能力维度差异检验

指标	年级	N	Mean	SD	F	Sig.	偏 η^2
信息搜索与分辨	初一	1961	3.63	0.822	5.365	0.000	0.003
	初二	1866	3.73	0.788			
	初三	1813	3.69	0.742			
	高一	1470	3.61	0.734			
	高二	1219	3.66	0.742			
	高三	796	3.70	0.760			
信息保存与利用	初一	1961	3.38	0.831	13.713	0.000	0.007
	初二	1866	3.52	0.781			
	初三	1813	3.51	0.747			
	高一	1470	3.49	0.731			
	高二	1219	3.54	0.742			
	高三	796	3.60	0.739			

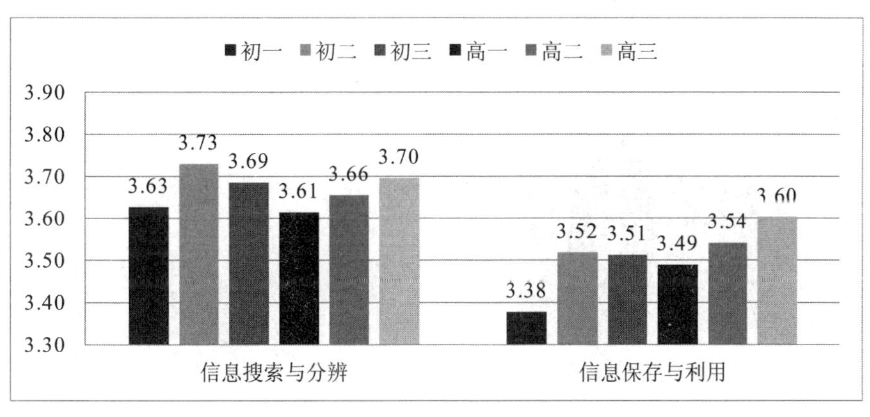

图 2-40 年级——网络信息搜索与利用能力维度（5 分制）

（3）对于网络信息分析与评价能力维度，不同年级青少年对信息的辨析和批判以及对网络的主动认知和行动能力水平均有显著差异（Sig. <0.001）。无论初中还是高中，高年级青少年对信息的辨析和批判能力明显高于低年级青少年，而低年级青少年对网络的主动认知和行动能力明显高于高年级青少年（见表 2-47、图 2-41）。

表 2-47　年级——网络信息分析与评价能力维度差异检验

指标	年级	N	Mean	SD	F	Sig.	偏 η^2
对信息的辨析和批判	初一	1961	3.54	0.805	9.710	0.000	0.005
	初二	1866	3.64	0.761			
	初三	1813	3.65	0.720			
	高一	1470	3.60	0.714			
	高二	1219	3.68	0.720			
	高三	796	3.72	0.721			
对网络的主动认知和行动	初一	1961	3.28	0.808	6.405	0.000	0.003
	初二	1866	3.30	0.747			
	初三	1813	3.24	0.764			
	高一	1470	3.23	0.694			
	高二	1219	3.17	0.757			
	高三	796	3.18	0.775			

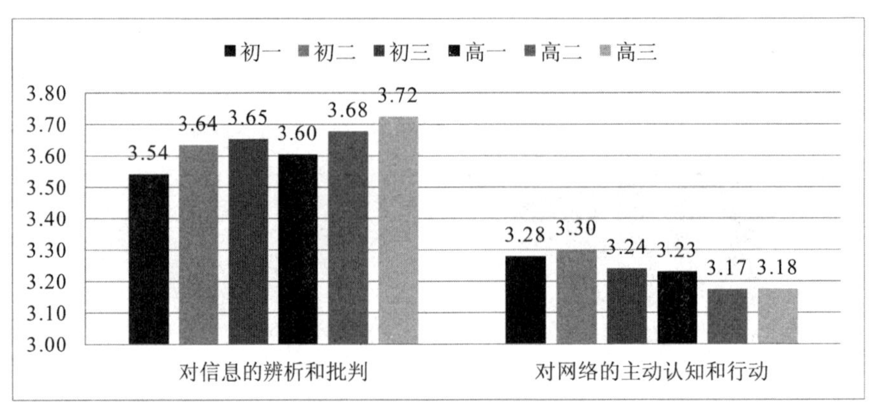

图 2-41　年级——网络信息分析与评价能力维度（5 分制）

（4）对于网络印象管理能力维度，不同年级之间的迎合他人、社交互动和自我宣传指标数值均有显著差异（Sig. <0.001）。高中生在利用社交媒体迎合他人、进行社交互动和自我宣传方面的能力表现均明显好于初中生（见表 2-48、图 2-42）。

表 2-48　年级——网络印象管理能力维度差异检验

指标	年级	N	Mean	SD	F	Sig.	偏 η^2
迎合他人	初一	1961	2.70	1.004	14.156	0.000	0.008
	初二	1866	2.81	0.939			
	初三	1813	2.83	0.910			
	高一	1470	2.87	0.843			
	高二	1219	2.96	0.865			
	高三	796	2.89	0.925			
社交互动	初一	1961	3.14	0.919	5.298	0.000	0.003
	初二	1866	3.21	0.883			
	初三	1813	3.23	0.855			
	高一	1470	3.20	0.767			
	高二	1219	3.27	0.810			
	高三	796	3.28	0.825			
自我宣传	初一	1961	2.85	0.987	32.335	0.000	0.017
	初二	1866	2.98	0.964			
	初三	1813	3.09	0.902			
	高一	1470	3.12	0.858			
	高二	1219	3.17	0.907			
	高三	796	3.21	0.891			

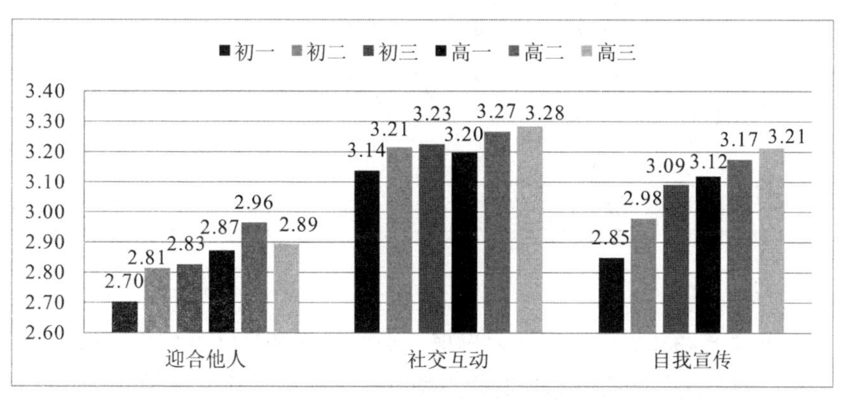

图 2-42　年级——网络印象管理能力维度（5 分制）

（5）不同年级青少年在网络安全与隐私保护能力各维度无明显差异。

（6）对于网络价值认知和行为能力维度，不同年级青少年在网络规范认知、网络暴力认知和网络行为规范方面的表现均有显著差异（Sig. <0.01），且不同年级的网络暴力认知差异更大。初中生的网络暴力认知和网络行为规范水平明显高于高中生，高年级的初、高中生网络规范认知水平明显高于低年级学生（见表 2-49、图 2-43）。

表 2-49　年级——网络价值认知和行为能力维度差异检验

指标	年级	N	Mean	SD	F	Sig.	偏 η^2
网络规范认知	初一	1961	3.79	0.868	3.006	0.010	0.002
	初二	1866	3.87	0.820			
	初三	1813	3.82	0.865			
	高一	1470	3.80	0.795			
	高二	1219	3.85	0.798			
	高三	796	3.86	0.847			
网络暴力认知	初一	1961	4.27	0.937	19.055	0.000	0.010
	初二	1866	4.24	0.911			
	初三	1813	4.20	0.916			
	高一	1470	4.07	0.930			
	高二	1219	4.00	0.988			
	高三	796	4.09	0.958			
网络行为规范	初一	1961	3.84	0.943	10.369	0.000	0.006
	初二	1866	3.83	0.906			
	初三	1813	3.84	0.912			
	高一	1470	3.71	0.855			
	高二	1219	3.66	0.936			
	高三	796	3.75	0.917			

3. 成绩

（1）对于上网注意力管理能力维度，不同成绩水平的青少年其网络使用认知、网络情感控制和网络行为控制能力均有显著差异（Sig. <0.001）。成绩越好的青少年，网络使用认知、网络情感控制和网络行为控制能力也明显更高（见表 2-50、图 2-44）。

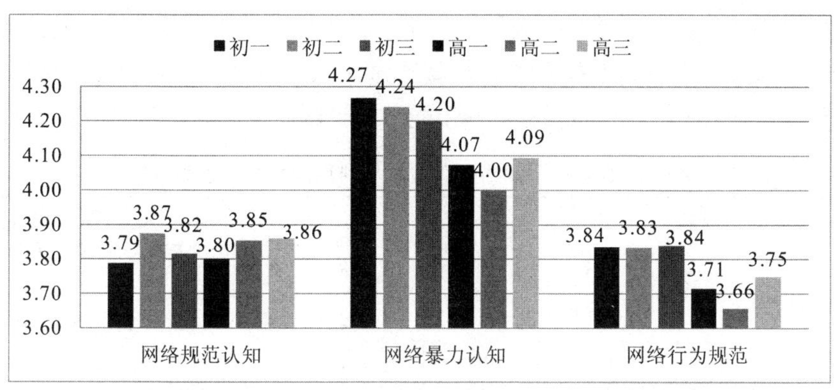

图 2-43 年级——网络价值认知和行为能力维度（5 分制）

表 2-50 成绩——上网注意力管理能力维度差异检验

指标	成绩	N	Mean	SD	F	Sig.	偏 η^2
网络使用认知	下游	1435	3.64	0.779	120.657	0.000	0.026
	中等	5315	3.76	0.698			
	优秀	2375	3.98	0.742			
网络情感控制	下游	1435	3.33	0.914	37.558	0.000	0.008
	中等	5315	3.52	0.848			
	优秀	2375	3.58	0.938			
网络行为控制	下游	1435	3.27	0.859	55.997	0.000	0.012
	中等	5315	3.38	0.787			
	优秀	2375	3.54	0.845			

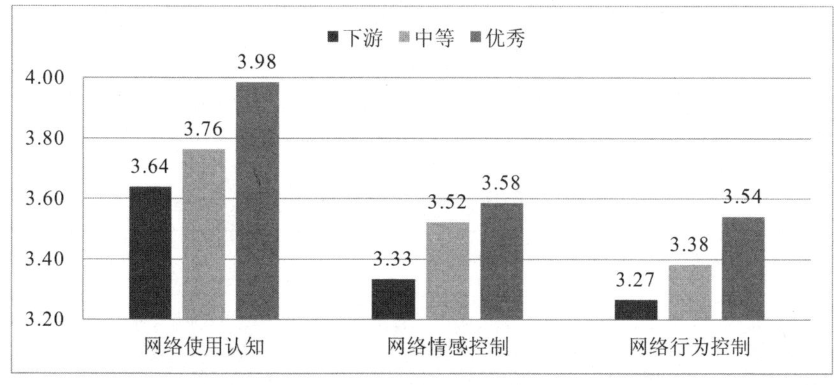

图 2-44 成绩——上网注意力管理能力维度（5 分制）

（2）对于网络信息搜索与利用能力维度，不同成绩水平的青少年信息搜索与分辨和信息保存与利用能力均有显著差异（Sig. <0.001）。成绩越好的青少年，信息搜索与分辨和信息保存与利用能力也明显更强（见表2-51、图2-45）。

表2-51　成绩——网络信息搜索与利用能力维度差异检验

指标	成绩	N	Mean	SD	F	Sig.	偏 η^2
信息搜索与分辨	下游	1435	3.53	0.828	119.165	0.000	0.025
	中等	5315	3.62	0.732			
	优秀	2375	3.87	0.781			
信息保存与利用	下游	1435	3.38	0.824	91.520	0.000	0.020
	中等	5315	3.44	0.734			
	优秀	2375	3.67	0.792			

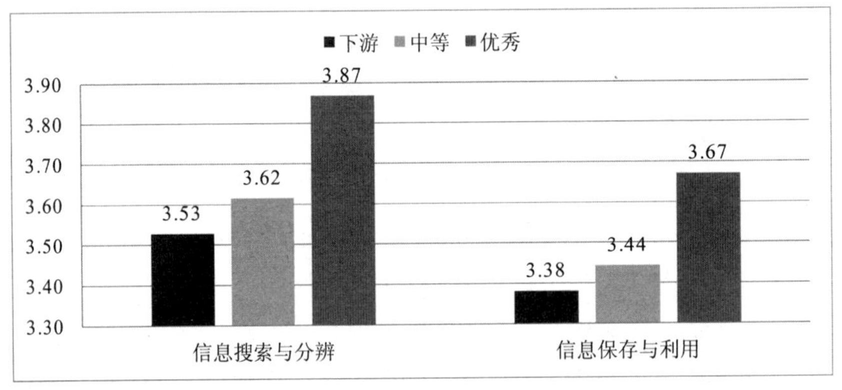

图2-45　成绩——网络信息搜索与利用能力维度（5分制）

（3）对于网络信息分析与评价能力维度，不同成绩的青少年对信息的辨析和批判以及对网络的主动认知和行动能力均有显著差异（Sig. <0.001）。成绩越好的青少年，对信息的辨析和批判、对网络的主动认知和行动能力明显更强（见表2-52、图2-46）。

表2-52　成绩——网络信息分析与评价能力维度差异检验

指标	成绩	N	Mean	SD	F	Sig.	偏 η^2
对信息的辨析和批判	下游	1435	3.49	0.809	105.793	0.000	0.023
	中等	5315	3.58	0.716			
	优秀	2375	3.81	0.749			

续表

指标	成绩	N	Mean	SD	F	Sig.	偏 η^2
对网络的主动认知和行动	下游	1435	3. 17	0. 824	9. 347	0. 000	0. 002
	中等	5315	3. 25	0. 719			
	优秀	2375	3. 28	0. 807			

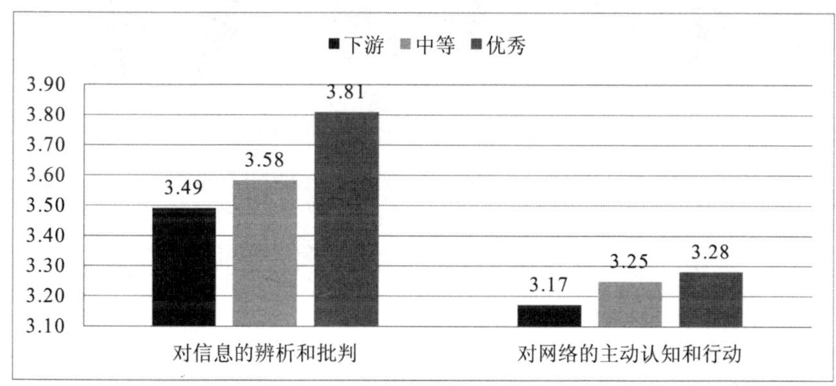

图 2-46 成绩——网络信息分析与评价能力维度（5 分制）

（4）对于网络印象管理能力维度，不同成绩水平的青少年利用社交媒体迎合他人、进行社交互动和自我宣传的能力表现均有显著差异（Sig. <0. 01）。成绩优秀的青少年利用社交媒体迎合他人、进行社交互动和自我宣传的能力明显更强（见表 2-53、图 2-47）。

表 2-53 成绩——网络印象管理能力维度差异检验

指标	成绩	N	Mean	SD	F	Sig.	偏 η^2
迎合他人	下游	1435	2. 85	0. 979	9. 091	0. 000	0. 002
	中等	5315	2. 80	0. 879			
	优秀	2375	2. 89	0. 988			
社交互动	下游	1435	3. 18	0. 904	21. 189	0. 000	0. 005
	中等	5315	3. 17	0. 816			
	优秀	2375	3. 31	0. 897			
自我宣传	下游	1435	3. 05	0. 981	5. 572	0. 004	0. 001
	中等	5315	3. 02	0. 898			
	优秀	2375	3. 09	0. 983			

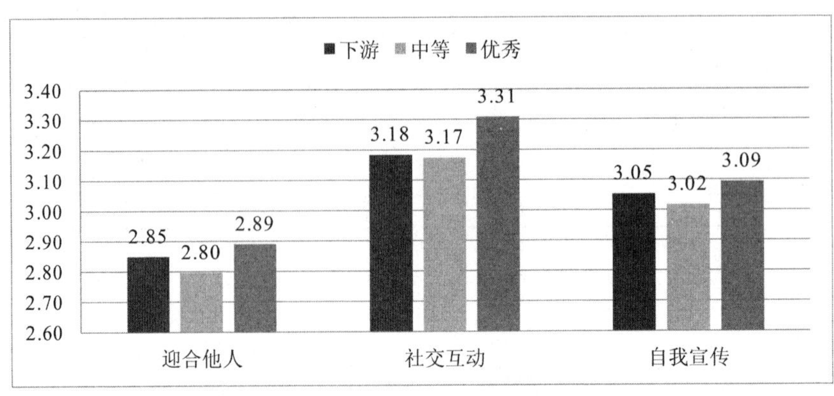

图 2-47 成绩——网络印象管理能力维度（5 分制）

（5）对于网络安全与隐私保护能力维度，不同成绩的青少年其安全感知及隐私关注和安全行为及隐私保护表现均有显著差异（Sig. <0. 001）。成绩越好的青少年，安全感知及隐私关注与安全行为及隐私保护的表现也明显更好（见表 2-54、图 2-48）。

表 2-54 成绩——网络安全与隐私保护能力维度差异检验

指标	成绩	N	Mean	SD	F	Sig.	偏 η^2
安全感知及隐私关注	下游	1435	3. 71	0. 824	68. 604	0. 000	0. 015
	中等	5315	3. 76	0. 713			
	优秀	2375	3. 95	0. 727			
安全行为及隐私保护	下游	1435	3. 77	0. 839	49. 506	0. 000	0. 011
	中等	5315	3. 86	0. 740			
	优秀	2375	4. 01	0. 758			

（6）对于网络价值认知和行为能力维度，不同成绩的青少年网络规范认知、网络暴力认知和网络行为规范能力均有显著差异（Sig. <0. 001）。成绩越好的青少年，网络规范认知、网络暴力认知和网络行为规范能力表现明显更好（见表 2-55、图 2-49）。

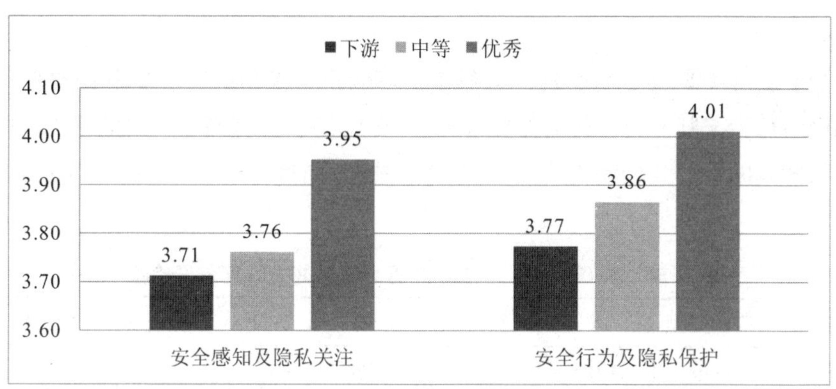

图 2-48　成绩——网络安全与隐私保护能力维度（5 分制）

表 2-55　成绩——网络价值认知和行为能力维度差异检验

指标	成绩	N	Mean	SD	F	Sig.	偏 η^2
网络规范认知	下游	1435	3.68	0.913	84.617	0.000	0.018
	中等	5315	3.79	0.810			
	优秀	2375	4.01	0.814			
网络暴力认知	下游	1435	4.03	1.010	23.607	0.000	0.005
	中等	5315	4.17	0.913			
	优秀	2375	4.24	0.946			
网络行为规范	下游	1435	3.66	0.958	18.636	0.000	0.004
	中等	5315	3.79	0.883			
	优秀	2375	3.84	0.950			

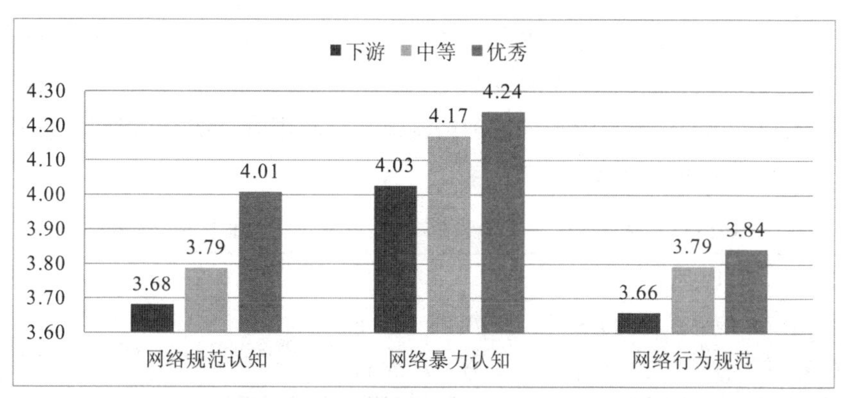

图 2-49　成绩——网络价值认知和行为能力维度（5 分制）

4. 户口类型

（1）对于上网注意力管理能力维度，不同户口类型的青少年其网络使用认知和网络行为控制能力有显著差异（Sig. <0.001）。拥有城市户口的青少年网络使用认知和网络行为控制能力明显高于农村户口的青少年（见表 2-56、图 2-50）。

表 2-56 户口类型——上网注意力管理能力维度差异检验

指标	户口类型	N	Mean	SD	F	Sig.	偏 η^2
网络使用认知	城市	4925	3.90	0.741	189.912	0.000	0.020
	农村	4200	3.69	0.704			
网络行为控制	城市	4925	3.46	0.842	49.557	0.000	0.005
	农村	4200	3.34	0.785			

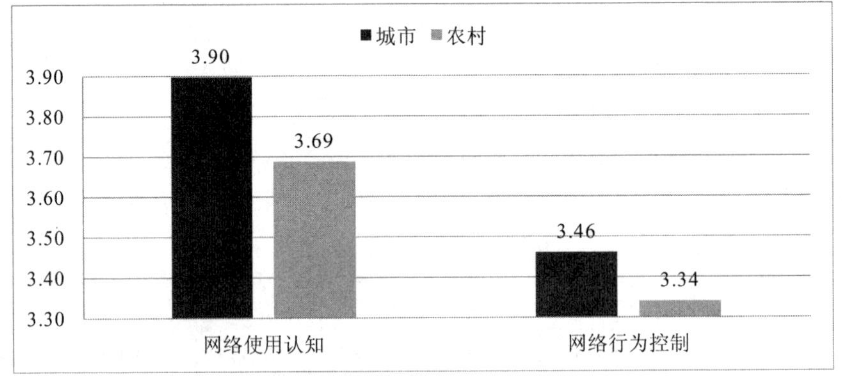

图 2-50 户口类型——上网注意力管理能力维度（5 分制）

（2）对于网络信息搜索与利用能力维度，不同户口类型的青少年其信息搜索与分辨以及信息保存与利用的能力表现均有显著差异（Sig. <0.001）。拥有城市户口的青少年其信息搜索与分辨和信息保存与利用能力明显高于农村户口的青少年（见表 2-57、图 2-51）。

表 2-57 户口类型——网络信息搜索与利用能力维度差异检验

指标	户口类型	N	Mean	SD	F	Sig.	偏 η^2
信息搜索与分辨	城市	4925	3.79	0.782	288.346	0.000	0.031
	农村	4200	3.52	0.730			

续表

指标	户口类型	N	Mean	SD	F	Sig.	偏 η^2
信息保存与利用	城市	4925	3. 61	0. 788	237. 397	0. 000	0. 025
	农村	4200	3. 36	0. 730			

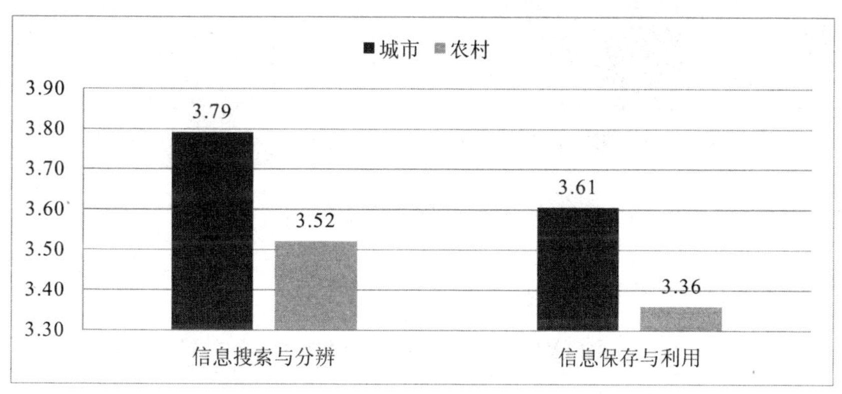

图 2-51 户口类型——网络信息搜索与利用能力维度（5 分制）

（3）对于网络信息分析与评价能力维度，不同户口类型的青少年其对信息的辨析和批判以及对网络的主动认知和行动能力均有显著差异（Sig. <0. 01），且不同户口类型的青少年对信息的辨析和批判能力表现差异更大。拥有城市户口的青少年对信息的辨析和批判能力明显优于农村户口的青少年，而拥有农村户口的青少年对网络的主动认知和行动能力更强（见表 2-58、图 2-52）。

表 2-58 户口类型——网络信息分析与评价能力维度差异检验

指标	户口类型	N	Mean	SD	F	Sig.	偏 η^2
对信息的辨析和批判	城市	4925	3. 73	0. 758	196. 185	0. 000	0. 021
	农村	4200	3. 51	0. 719			
对网络的主动认知和行动	城市	4925	3. 23	0. 790	6. 595	0. 010	0. 001
	农村	4200	3. 27	0. 724			

（4）对于网络印象管理能力维度，不同户口类型青少年的利用社交媒体迎合他人、进行社交互动和自我宣传的能力均有显著差异（Sig. <0. 001）。拥有城市户口的青少年其利用社交媒体迎合他人、进行社交互动和自我宣传的能力明

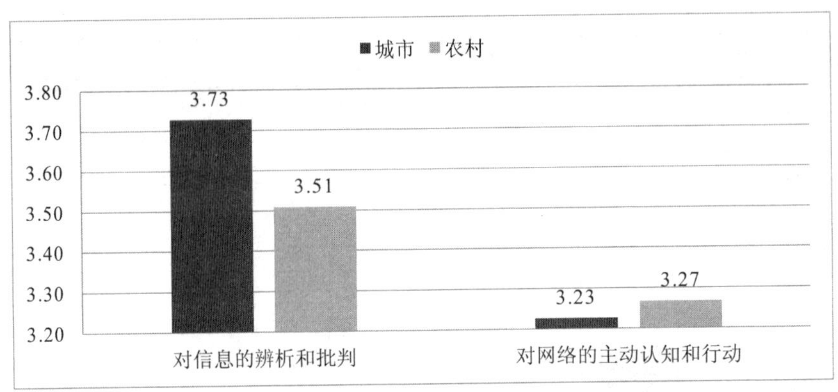

图 2-52　户口类型——网络信息分析与评价能力维度（5 分制）

显高于农村户口的青少年（见表 2-59、图 2-53）。

表 2-59　户口类型——网络印象管理能力维度差异检验

指标	户口类型	N	Mean	SD	F	Sig.	偏 η^2
迎合他人	城市	4925	2. 90	0. 965	60. 126	0. 000	0. 007
	农村	4200	2. 75	0. 871			
社交互动	城市	4925	3. 27	0. 891	60. 519	0. 000	0. 007
	农村	4200	3. 14	0. 803			
自我宣传	城市	4925	3. 12	0. 969	78. 763	0. 000	0. 009
	农村	4200	2. 95	0. 883			

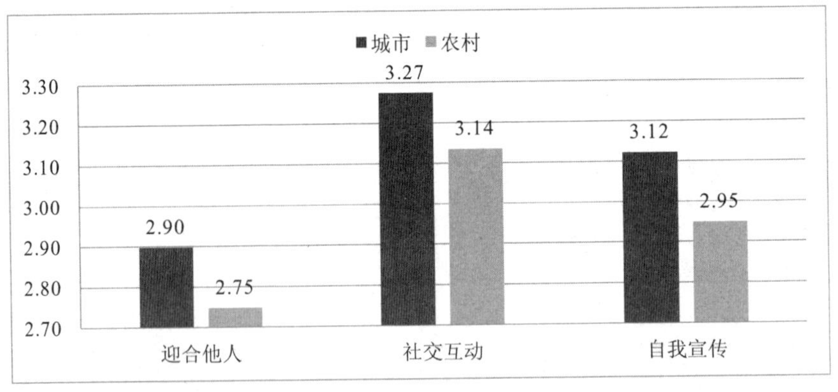

图 2-53　户口类型——网络印象管理能力维度（5 分制）

（5）对于网络安全与隐私保护能力维度，不同户口类型青少年的安全感知及隐私关注和安全行为及隐私保护水平均有显著差异（Sig. <0.001）。拥有城市户口的青少年安全感知及隐私关注和安全行为及隐私保护水平明显高于农村户口的青少年（见表2-60、图2-54）。

表2-60 户口类型——网络安全与隐私保护能力维度差异检验

指标	户口类型	N	Mean	SD	F	Sig.	偏 η^2
安全感知及隐私关注	城市	4925	3.88	0.744	122.198	0.000	0.013
	农村	4200	3.71	0.726			
安全行为及隐私保护	城市	4925	3.96	0.770	107.265	0.000	0.012
	农村	4200	3.80	0.750			

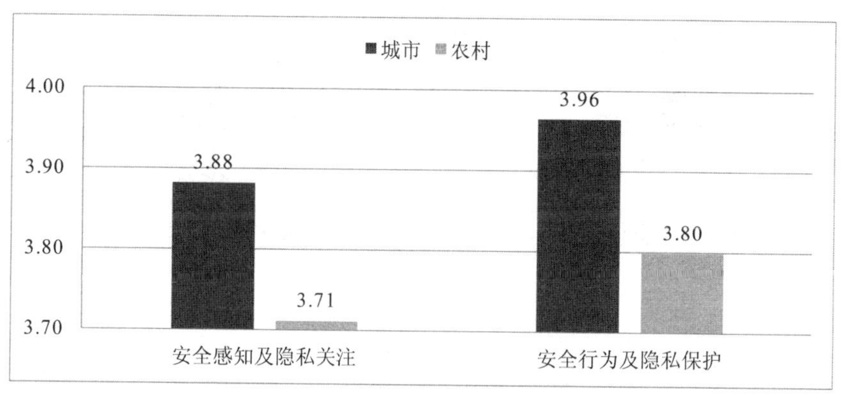

图2-54 户口类型——网络安全与隐私保护能力维度（5分制）

（6）对于网络价值认知和行为能力维度，不同户口类型青少年的网络规范认知、网络暴力认知和网络行为规范能力水平均有显著差异（Sig. <0.01），且不同户口类型青少年的网络规范认知水平差异更大。拥有城市户口的青少年网络规范认知、网络暴力认知和网络行为规范能力水平明显高于农村户口的青少年（见表2-61、图2-55）。

表2-61 户口类型——网络价值认知和行为能力维度差异检验

指标	户口类型	N	Mean	SD	F	Sig.	偏 η^2
网络规范认知	城市	4925	3.91	0.842	110.791	0.000	0.012
	农村	4200	3.73	0.817			

续表

指标	户口类型	N	Mean	SD	F	Sig.	偏 η^2
网络暴力认知	城市	4925	4.20	0.948	10.638	0.001	0.001
	农村	4200	4.13	0.930			
网络行为规范	城市	4925	3.81	0.938	8.483	0.004	0.001
	农村	4200	3.75	0.885			

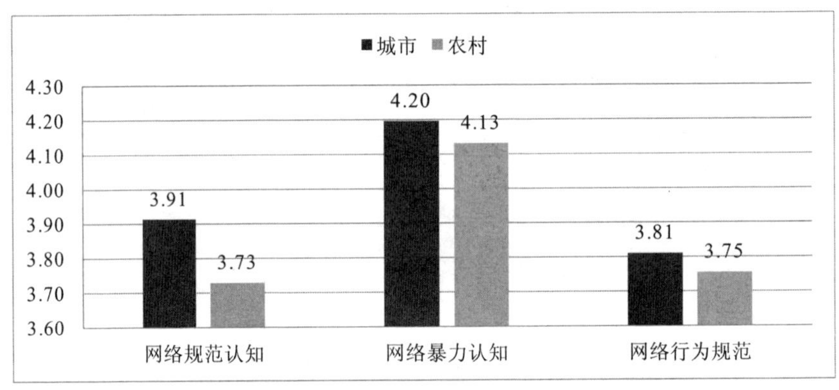

图 2-55　户口类型——网络价值认知和行为能力维度（5 分制）

5. 地区

（1）对于上网注意力管理能力维度，不同地区的青少年网络使用认知、网络情感控制和网络行为控制能力均有显著差异（Sig. <0.001）。东部地区的青少年网络使用认知和网络行为控制能力明显高于其他地区，西部地区的青少年网络情感控制能力明显高于其他地区（见表 2-62、图 2-56）。

表 2-62　地区——上网注意力管理能力维度差异检验

指标	地区	N	Mean	SD	F	Sig.	偏 η^2
网络使用认知	东部	3063	3.89	0.760	38.750	0.000	0.008
	中部	2105	3.81	0.672			
	西部	3957	3.73	0.734			
网络情感控制	东部	3063	3.42	0.931	24.413	0.000	0.005
	中部	2105	3.53	0.821			
	西部	3957	3.57	0.880			

续表

指标	地区	N	Mean	SD	F	Sig.	偏 η^2
网络行为控制	东部	3063	3.47	0.847	12.605	0.000	0.003
	中部	2105	3.38	0.775			
	西部	3957	3.37	0.816			

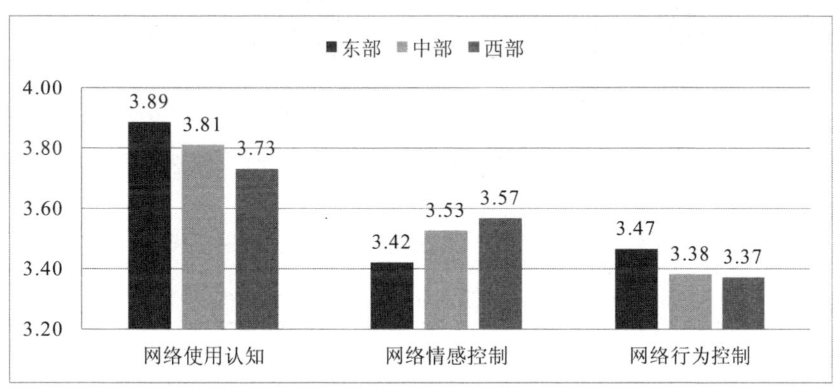

图 2-56 地区——上网注意力管理能力维度（5 分制）

（2）对于网络信息搜索与利用能力维度，不同地区的青少年信息搜索与分辨和信息保存与利用能力均有显著差异（Sig. <0.001）。东部地区的青少年信息搜索与分辨和信息保存与利用能力明显高于其他地区（见表 2-63、图 2-57）。

表 2-63 地区——网络信息搜索与利用能力维度差异检验

指标	地区	N	Mean	SD	F	Sig.	偏 η^2
信息搜索与分辨	东部	3063	3.78	0.802	62.406	0.000	0.013
	中部	2105	3.66	0.707			
	西部	3957	3.58	0.766			
信息保存与利用	东部	3063	3.62	0.811	66.679	0.000	0.014
	中部	2105	3.44	0.715			
	西部	3957	3.42	0.757			

（3）对于网络信息分析与评价能力维度，不同地区的青少年对信息的辨析和批判以及对网络的主动认知和行动能力均有显著差异（Sig. <0.001）。东部地区的青少年对信息的辨析和批判能力明显高于其他地区，中部地区的青少年对

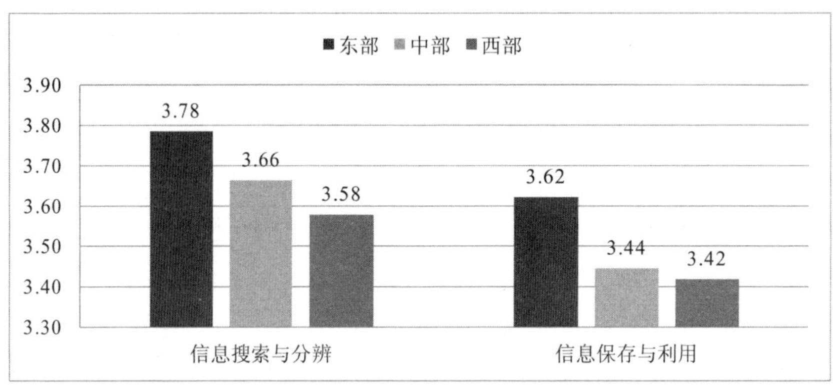

图 2-57　地区——网络信息搜索与利用能力维度（5 分制）

网络的主动认知和行动能力明显高于其他地区（见表 2-64、图 2-58）。

表 2-64　地区——网络信息分析与评价能力维度差异检验

指标	地区	N	Mean	SD	F	Sig.	偏 η^2
对信息的辨析和批判	东部	3063	3. 75	0. 762	59. 124	0. 000	0. 013
	中部	2105	3. 59	0. 678			
	西部	3957	3. 56	0. 762			
对网络的主动认知和行动	东部	3063	3. 19	0. 816	13. 825	0. 000	0. 003
	中部	2105	3. 31	0. 684			
	西部	3957	3. 25	0. 753			

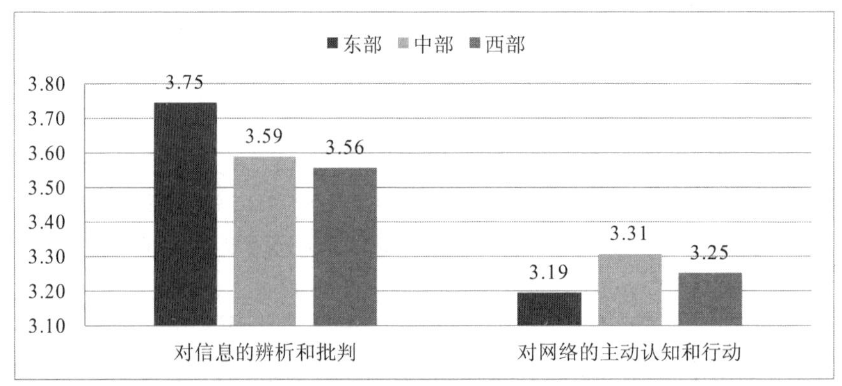

图 2-58　地区——网络信息分析与评价能力维度（5 分制）

（4）对于网络印象管理能力维度，不同地区的青少年利用社交媒体迎合他人、进行社交互动和自我宣传的能力均有显著差异（Sig. <0.001）。东部地区的青少年迎合他人、进行社交互动和自我宣传的能力明显高于其他地区（见表 2-65、图 2-59）。

表 2-65 地区——网络印象管理能力维度差异检验

指标	地区	N	Mean	SD	F	Sig.	偏 η^2
迎合他人	东部	3063	2.93	0.965	43.505	0.000	0.009
	中部	2105	2.86	0.869			
	西部	3957	2.73	0.914			
社交互动	东部	3063	3.30	0.899	26.169	0.000	0.006
	中部	2105	3.20	0.801			
	西部	3957	3.15	0.841			
自我宣传	东部	3063	3.16	0.963	39.874	0.000	0.009
	中部	2105	2.94	0.884			
	西部	3957	3.01	0.930			

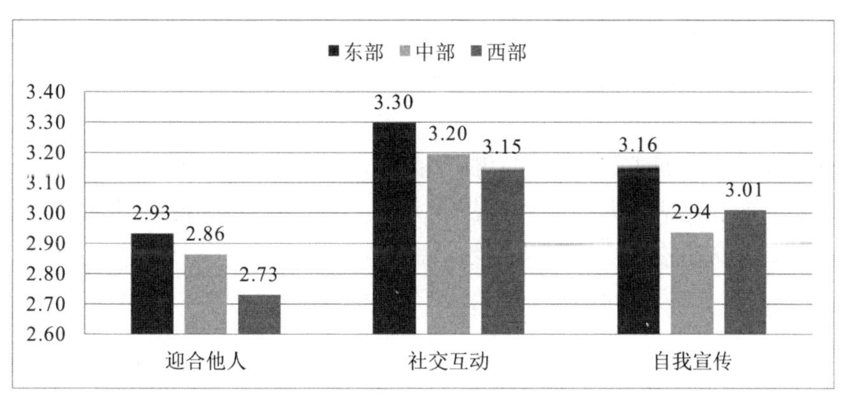

图 2-59 地区——网络印象管理能力维度（5 分制）

（5）对于网络安全与隐私保护能力维度，不同地区的青少年安全感知及隐私关注、安全行为及隐私保护水平均有显著差异（Sig. <0.001），且不同地区的青少年安全感知及隐私关注水平差异更大。东部地区的青少年安全感知及隐私关注、安全行为及隐私保护水平明显高于其他地区（见表 2-66、图 2-60）。

表 2-66 地区——网络安全与隐私保护能力维度差异检验

指标	地区	N	Mean	SD	F	Sig.	偏 η^2
安全感知及隐私关注	东部	3063	3.92	0.742	59.427	0.000	0.013
	中部	2105	3.77	0.669			
	西部	3957	3.73	0.763			
安全行为及隐私保护	东部	3063	3.95	0.767	16.826	0.000	0.004
	中部	2105	3.88	0.699			
	西部	3957	3.84	0.793			

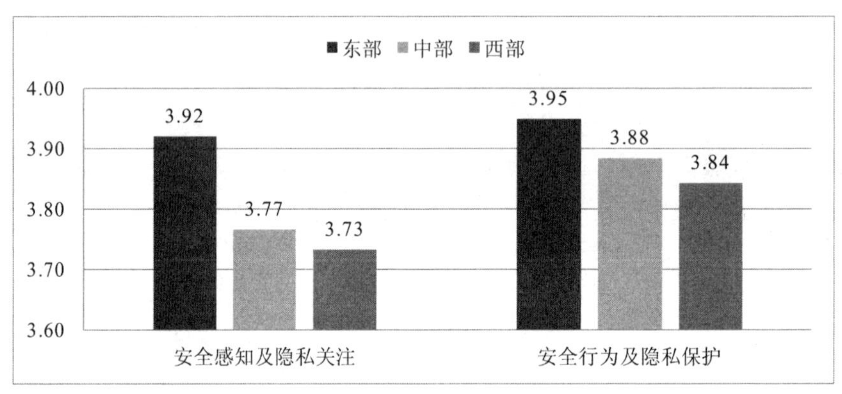

图 2-60 地区——网络安全与隐私保护能力维度（5 分制）

（6）对于网络价值认知和行为能力维度，不同地区的青少年网络规范认知、网络暴力认知和网络行为规范水平均有显著差异（Sig. <0.05）。东部地区的青少年网络规范认知水平明显更高，中部地区的青少年网络暴力认知水平明显更高，西部地区的青少年网络行为规范水平明显更高（见表 2-67、图 2-61）。

表 2-67 地区——网络价值认知和行为能力维度差异检验

指标	地区	N	Mean	SD	F	Sig.	偏 η^2
网络规范认知	东部	3063	3.91	0.841	53.898	0.000	0.012
	中部	2105	3.90	0.759			
	西部	3957	3.73	0.859			
网络暴力认知	东部	3063	4.12	0.996	10.078	0.000	0.002
	中部	2105	4.24	0.872			
	西部	3957	4.16	0.927			

续表

指标	地区	N	Mean	SD	F	Sig.	偏 η^2
网络行为规范	东部	3063	3.75	0.953	3.537	0.029	0.001
	中部	2105	3.78	0.861			
	西部	3957	3.81	0.911			

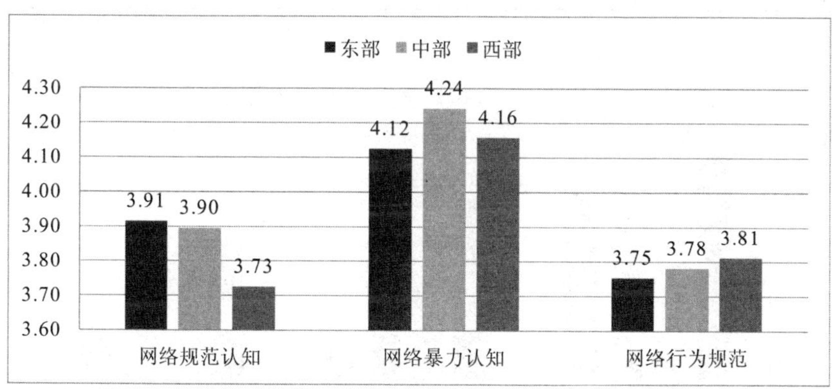

图 2-61　地区——网络价值认知和行为能力维度（5 分制）

6. 上网时长

（1）对于上网注意力管理能力维度，上网时长对网络使用认知、网络情感控制和网络行为控制指标均有显著影响（Sig. <0.001），且三个指标都是随着上网时长的增加而降低的（见表 2-68、图 2-62）。

表 2-68　上网时长——上网注意力管理能力维度差异检验

指标	上网时长	N	Mean	SD	F	Sig.	偏 η^2
网络使用认知	1 小时以下	3758	3.84	0.753	13.532	0.000	0.004
	1—3 小时	3800	3.81	0.678			
	3—5 小时	969	3.70	0.708			
	5 小时以上	598	3.70	0.918			
网络情感控制	1 小时以下	3758	3.64	0.885	109.445	0.000	0.035
	1—3 小时	3800	3.51	0.830			
	3—5 小时	969	3.29	0.878			
	5 小时以上	598	3.03	1.017			

续表

指标	上网时长	N	Mean	SD	F	Sig.	偏 η^2
网络行为控制	1 小时以下	3758	3. 49	0. 837	55. 093	0. 000	0. 018
	1—3 小时	3800	3. 42	0. 761			
	3—5 小时	969	3. 22	0. 781			
	5 小时以上	598	3. 12	0. 988			

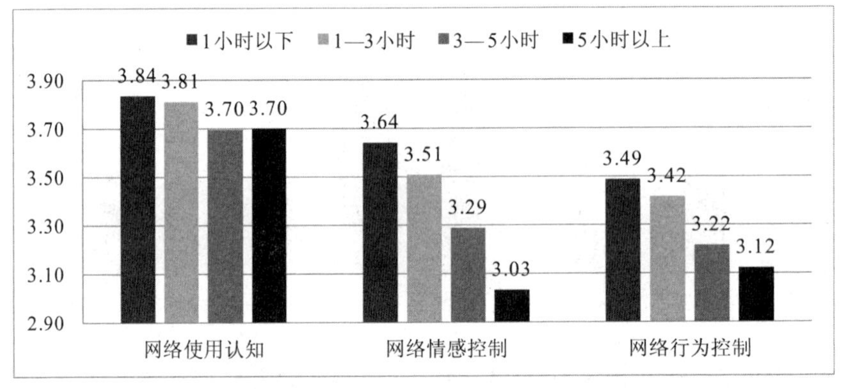

图 2-62 上网时长——上网注意力管理能力维度（5 分制）

（2）对于网络信息搜索与利用能力维度，上网时长对信息保存与利用指标有显著影响（Sig. <0. 001），对信息搜索与分辨指标无显著影响。上网时长越长，青少年对信息的保存与利用表现越好（见表 2-69、图 2-63）。

表 2-69 上网时长——网络信息搜索与利用能力维度差异检验

指标	上网时长	N	Mean	SD	F	Sig.	偏 η^2
信息保存与利用	1 小时以下	3758	3. 45	0. 795	10. 799	0. 000	0. 004
	1—3 小时	3800	3. 51	0. 721			
	3—5 小时	969	3. 52	0. 759			
	5 小时以上	598	3. 62	0. 923			

（3）对于网络信息分析与评价能力维度，不同上网时长的青少年对网络的主动认知和行动能力有显著差异（Sig. <0. 001），对信息的辨析和批判能力则无显著差异。青少年对网络的主动认知和行动能力水平随着上网时长的增加而降低（见表 2-70、图 2-64）。

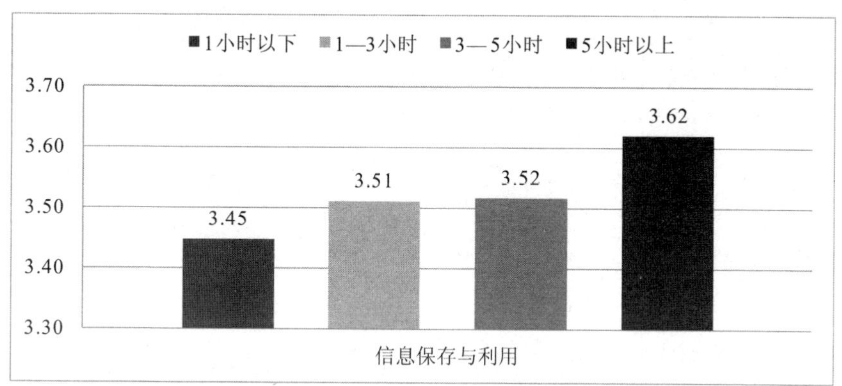

图 2-63 上网时长——网络信息搜索与利用能力维度（5 分制）

表 2-70 上网时长——网络信息分析与评价能力维度差异检验

指标	上网时长	N	Mean	SD	F	Sig.	偏 η^2
对网络的主动认知和行动	1 小时以下	3758	3. 28	0. 761	9. 907	0. 000	0. 003
	1—3 小时	3800	3. 24	0. 715			
	3—5 小时	969	3. 23	0. 769			
	5 小时以上	598	3. 10	0. 976			

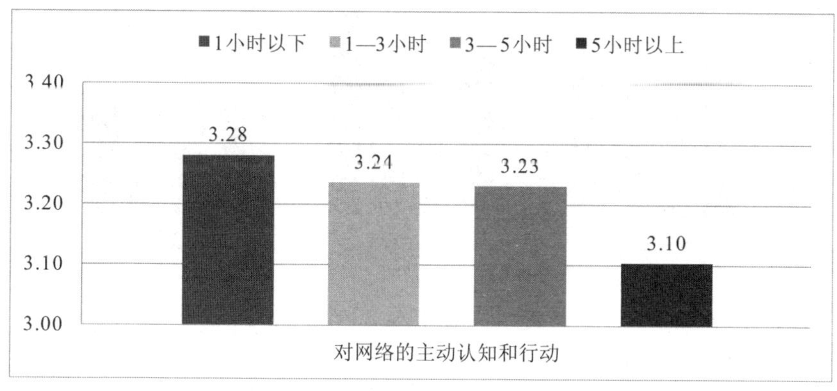

图 2-64 上网时长——网络信息分析与评价能力维度（5 分制）

（4）对于网络印象管理能力维度，上网时长对利用社交媒体迎合他人、进行社交互动和自我宣传能力均有显著影响（Sig. <0. 001）。上网时间越长，青少年迎合他人、进行社交互动和自我宣传的表现越好（见表 2-71、图 2-65）。

表 2-71　上网时长——网络印象管理能力维度差异检验

指标	上网时长	N	Mean	SD	F	Sig.	偏 η^2
迎合他人	1 小时以下	3758	2. 72	0. 948	37. 445	0. 000	0. 012
	1—3 小时	3800	2. 87	0. 861			
	3—5 小时	969	2. 92	0. 910			
	5 小时以上	598	3. 08	1. 104			
社交互动	1 小时以下	3758	3. 14	0. 868	14. 925	0. 000	0. 005
	1—3 小时	3800	3. 25	0. 807			
	3—5 小时	969	3. 26	0. 837			
	5 小时以上	598	3. 31	1. 034			
自我宣传	1 小时以下	3758	2. 95	0. 947	24. 223	0. 000	0. 008
	1—3 小时	3800	3. 07	0. 887			
	3—5 小时	969	3. 16	0. 924			
	5 小时以上	598	3. 21	1. 100			

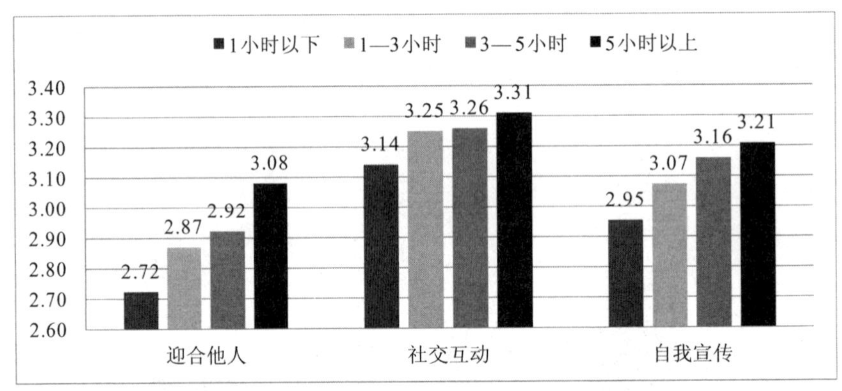

图 2-65　上网时长——网络印象管理能力维度（5 分制）

（5）对于网络安全与隐私保护能力维度，上网时长对安全行为及隐私保护指标有显著影响（Sig. <0. 001），上网时长越短的青少年安全行为及隐私保护表现越好（见表 2-72、图 2-66）。

表 2-72　上网时长——网络安全与隐私保护能力维度差异检验

指标	上网时长	N	Mean	SD	F	Sig.	偏 η^2
安全行为及隐私保护	1 小时以下	3758	3.90	0.779	5.787	0.001	0.002
	1—3 小时	3800	3.90	0.731			
	3—5 小时	969	3.81	0.761			
	5 小时以上	598	3.82	0.877			

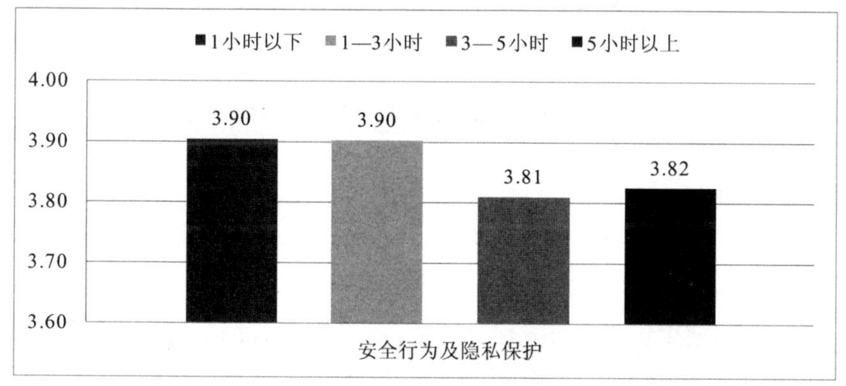

图 2-66　上网时长——网络安全与隐私保护能力维度（5 分制）

（6）对于网络价值认知和行为能力维度，上网时长对网络暴力认知和网络行为规范有显著影响（Sig. <0.001），对网络规范认知无显著影响。上网时长越短的青少年在网络暴力认知和网络行为规范方面表现越好（见表 2-73、图 2-67）。

表 2-73　上网时长——网络价值认知和行为能力维度差异检验

指标	上网时长	N	Mean	SD	F	Sig.	偏 η^2
网络暴力认知	1 小时以下	3758	4.23	0.920	39.950	0.000	0.013
	1—3 小时	3800	4.18	0.911			
	3—5 小时	969	4.09	0.925			
	5 小时以上	598	3.80	1.156			
网络行为规范	1 小时以下	3758	3.88	0.901	60.695	0.000	0.020
	1—3 小时	3800	3.79	0.878			
	3—5 小时	969	3.64	0.918			
	5 小时以上	598	3.39	1.070			

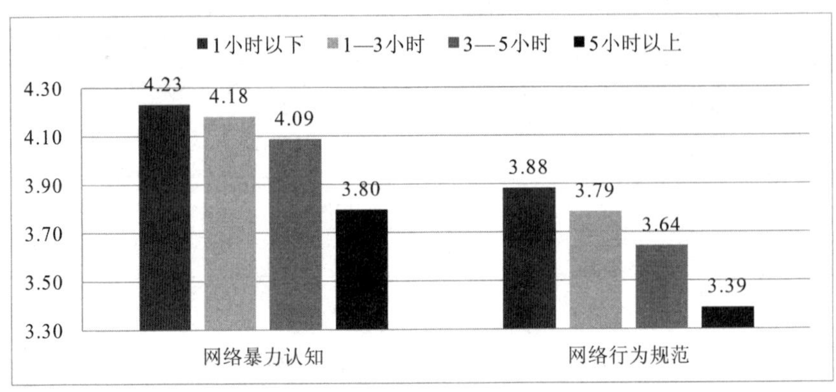

图 2-67　上网时长——网络价值认知和行为能力维度（5 分制）

7. 网络技能熟练度

（1）对于上网注意力管理能力维度，网络技能熟练度对网络使用认知、网络情感控制和网络行为控制指标均有显著影响（Sig. <0. 001）。网络技能非常熟练的青少年网络使用认知和网络行为控制表现也最好，网络技能不熟练的青少年网络情感控制表现最好（见表 2-74、图 2-68）。

表 2-74　网络技能熟练度——上网注意力管理能力维度差异检验

指标	网络技能熟练度	N	Mean	SD	F	Sig.	偏 η^2
网络使用认知	非常不熟练	685	3. 74	0. 934	170. 201	0. 000	0. 069
	不熟练	559	3. 60	0. 711			
	一般	2918	3. 62	0. 659			
	比较熟练	2511	3. 78	0. 639			
	非常熟练	2452	4. 10	0. 750			
网络情感控制	非常不熟练	685	3. 58	1. 044	16. 982	0. 000	0. 007
	不熟练	559	3. 67	0. 799			
	一般	2918	3. 56	0. 760			
	比较熟练	2511	3. 49	0. 792			
	非常熟练	2452	3. 41	1. 061			

续表

指标	网络技能熟练度	N	Mean	SD	F	Sig.	偏 η^2
网络行为控制	非常不熟练	685	3.35	1.002	39.777	0.000	0.017
	不熟练	559	3.34	0.767			
	一般	2918	3.31	0.710			
	比较熟练	2511	3.38	0.742			
	非常熟练	2452	3.58	0.934			

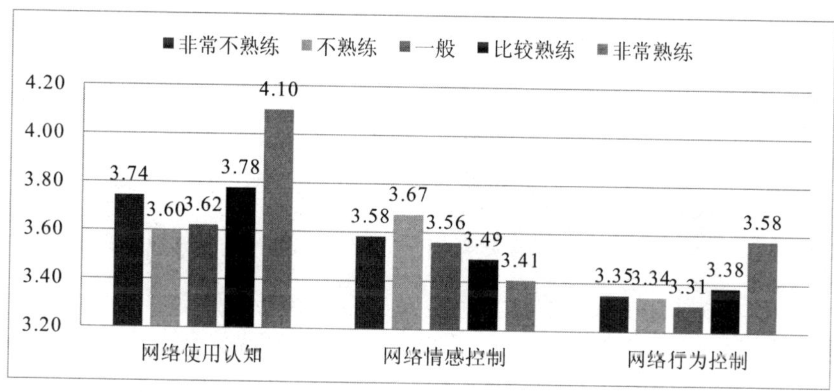

图 2-68 网络技能熟练度——上网注意力管理能力维度（5 分制）

（2）对于网络信息搜索与利用能力维度，网络技能熟练度对信息搜索与分辨和信息保存与利用指标均有显著影响（Sig. <0.001）。网络技能非常熟练的青少年信息搜索与分辨和信息保存与利用表现最好（见表 2-75、图 2-69）。

表 2-75 网络技能熟练度——网络信息搜索与利用能力维度差异检验

指标	网络技能熟练度	N	Mean	SD	F	Sig.	偏 η^2
信息搜索与分辨	非常不熟练	685	3.57	0.956	296.665	0.000	0.115
	不熟练	559	3.41	0.730			
	一般	2918	3.42	0.662			
	比较熟练	2511	3.64	0.649			
	非常熟练	2452	4.07	0.791			

续表

指标	网络技能熟练度	N	Mean	SD	F	Sig.	偏 η^2
信息保存与利用	非常不熟练	685	3.33	0.998	365.997	0.000	0.138
	不熟练	559	3.19	0.704			
	一般	2918	3.23	0.622			
	比较熟练	2511	3.48	0.619			
	非常熟练	2452	3.93	0.817			

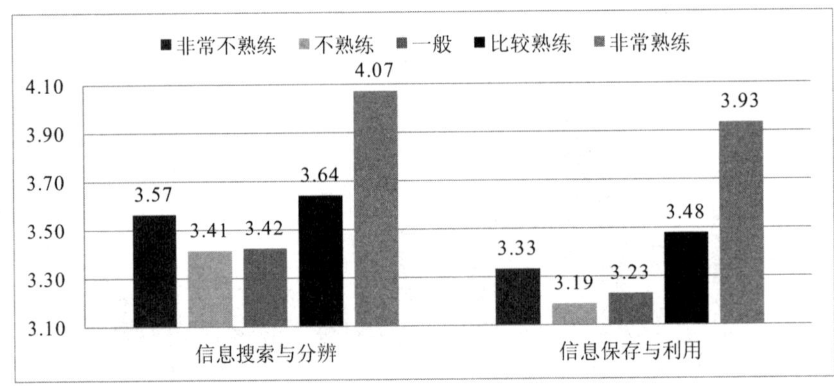

图 2-69　网络技能熟练度——网络信息搜索与利用能力维度（5 分制）

（3）对于网络信息分析与评价能力维度，不同网络技能熟练度的青少年对信息的辨析和批判以及对网络的主动认知和行动能力水平均有显著差异（Sig. < 0.001）。网络技能非常熟练的青少年对信息的辨析和批判表现最好，对网络的主动认知和行动表现最差（见表 2-76、图 2-70）。

表 2-76　网络技能熟练度——网络信息分析与评价能力维度差异检验

指标	网络技能熟练度	N	Mean	SD	F	Sig.	偏 η^2
对信息的辨析和批判	非常不熟练	685	3.55	0.936	190.976	0.000	0.077
	不熟练	559	3.41	0.706			
	一般	2918	3.43	0.639			
	比较熟练	2511	3.61	0.641			
	非常熟练	2452	3.95	0.811			

续表

指标	网络技能熟练度	N	Mean	SD	F	Sig.	偏 η^2
对网络的主动认知和行动	非常不熟练	685	3.29	0.923	28.167	0.000	0.012
	不熟练	559	3.32	0.679			
	一般	2918	3.32	0.628			
	比较熟练	2511	3.27	0.643			
	非常熟练	2452	3.11	0.944			

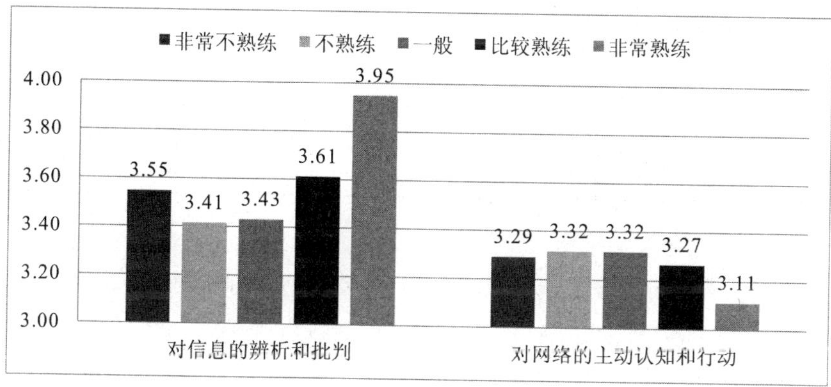

图 2-70 网络技能熟练度——网络信息分析与评价能力维度（5 分制）

（4）对于网络印象管理能力维度，网络技能熟练度对利用社交媒体迎合他人、进行社交互动和自我宣传能力均有显著影响（Sig. <0.001）。网络技能非常熟练的青少年在三个指标方面均表现最好（见表 2-77、图 2-71）。

表 2-77 网络技能熟练度——网络印象管理能力维度差异检验

指标	网络技能熟练度	N	Mean	SD	F	Sig.	偏 η^2
迎合他人	非常不熟练	685	2.67	1.109	90.532	0.000	0.038
	不熟练	559	2.58	0.869			
	一般	2918	2.68	0.792			
	比较熟练	2511	2.83	0.812			
	非常熟练	2452	3.10	1.062			

续表

指标	网络技能熟练度	N	Mean	SD	F	Sig.	偏 η^2
社交互动	非常不熟练	685	3.01	1.057	165.998	0.000	0.068
	不熟练	559	2.94	0.824			
	一般	2918	3.02	0.734			
	比较熟练	2511	3.22	0.748			
	非常熟练	2452	3.55	0.923			
自我宣传	非常不熟练	685	2.77	1.110	217.913	0.000	0.087
	不熟练	559	2.57	0.892			
	一般	2918	2.82	0.807			
	比较熟练	2511	3.09	0.812			
	非常熟练	2452	3.43	0.997			

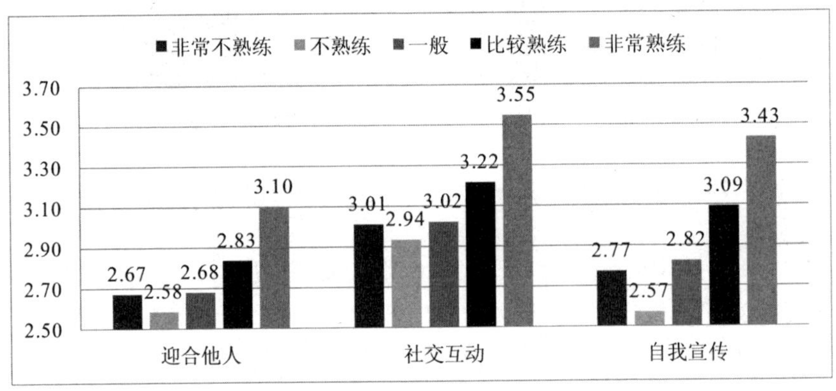

图 2-71　网络技能熟练度——网络印象管理能力维度（5 分制）

（5）对于网络安全与隐私保护能力维度，网络技能熟练度对安全感知及隐私关注和安全行为及隐私保护均有显著影响（Sig. <0.001）。网络技能非常熟练的青少年在安全感知及隐私关注和安全行为及隐私保护方面均表现最好（见表 2-78、图 2-72）。

表 2-78　网络技能熟练度——网络安全与隐私保护能力维度差异检验

指标	网络技能熟练度	N	Mean	SD	F	Sig.	偏 η^2
安全感知及隐私关注	非常不熟练	685	3.78	0.903	111.214	0.000	0.047
	不熟练	559	3.67	0.707			
	一般	2918	3.65	0.687			
	比较熟练	2511	3.78	0.680			
	非常熟练	2452	4.05	0.754			
安全行为及隐私保护	非常不熟练	685	3.82	0.951	101.593	0.000	0.043
	不熟练	559	3.73	0.751			
	一般	2918	3.74	0.714			
	比较熟练	2511	3.87	0.695			
	非常熟练	2452	4.13	0.777			

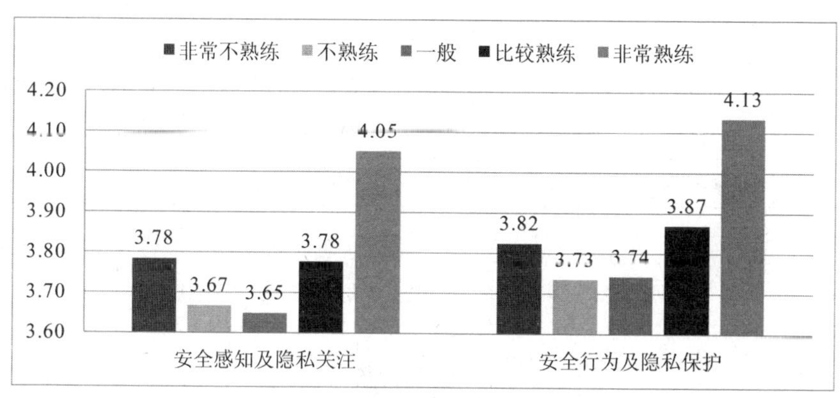

图 2-72　网络技能熟练度——网络安全与隐私保护能力维度（5 分制）

（6）对于网络价值认知和行为能力维度，网络技能熟练度对网络规范认知、网络暴力认知和网络行为规范指标均有显著影响（Sig. <0.001），且不同网络技能熟练度青少年的网络规范认知差异更大。网络技能非常熟练的青少年在网络规范认知方面表现最好，网络技能不熟练的青少年在网络暴力认知和网络行为规范方面表现最好（见表 2-79、图 2-73）。

表 2-79 网络技能熟练度——网络价值认知和行为能力维度差异检验

指标	网络技能熟练度	N	Mean	SD	F	Sig.	偏 η^2
网络规范认知	非常不熟练	685	3. 77	1. 014	75. 994	0. 000	0. 032
	不熟练	559	3. 71	0. 850			
	一般	2918	3. 67	0. 785			
	比较熟练	2511	3. 83	0. 762			
	非常熟练	2452	4. 05	0. 858			
网络暴力认知	非常不熟练	685	4. 11	1. 076	5. 129	0. 000	0. 002
	不熟练	559	4. 23	0. 879			
	一般	2918	4. 18	0. 853			
	比较熟练	2511	4. 21	0. 836			
	非常熟练	2452	4. 11	1. 095			
网络行为规范	非常不熟练	685	3. 79	1. 047	12. 293	0. 000	0. 005
	不熟练	559	3. 93	0. 847			
	一般	2918	3. 83	0. 792			
	比较熟练	2511	3. 79	0. 811			
	非常熟练	2452	3. 69	1. 098			

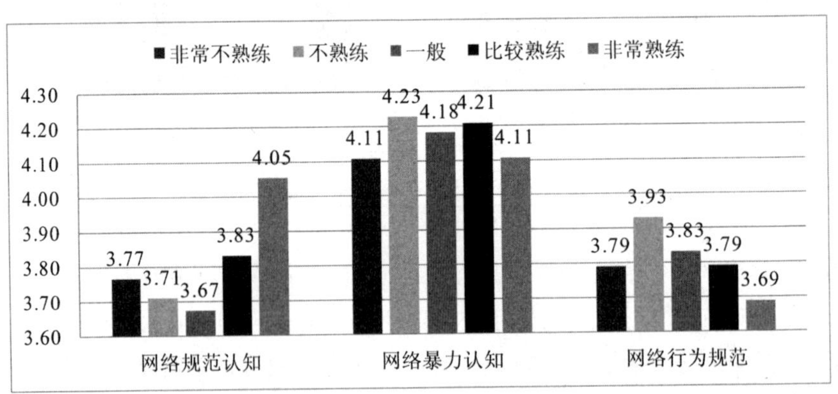

图 2-73 网络技能熟练度——网络价值认知和行为能力维度（5 分制）

（三）家庭影响因素分析

1. 父亲学历

（1）对于上网注意力管理能力维度，父亲学历对网络使用认知和网络行为控制有显著影响（Sig. <0.001），且对网络使用认知的影响更大。父亲学历越高，青少年的网络使用认知和网络行为控制表现越好（见表 2-80、图 2-74）。

表 2-80 父亲学历——上网注意力管理能力维度差异检验

指标	父亲学历	N	Mean	SD	F	Sig.	偏 η^2
网络使用认知	小学	831	3.56	0.677	44.230	0.000	0.028
	初中	2618	3.71	0.703			
	高中/中专/技校	2349	3.84	0.706			
	大专	1264	3.88	0.719			
	本科	1655	3.92	0.759			
	硕士及以上	327	4.07	0.853			
网络行为控制	小学	831	3.26	0.749	15.497	0.000	0.010
	初中	2618	3.33	0.786			
	高中/中专/技校	2349	3.44	0.824			
	大专	1264	3.45	0.812			
	本科	1655	3.48	0.846			
	硕士及以上	327	3.59	0.950			

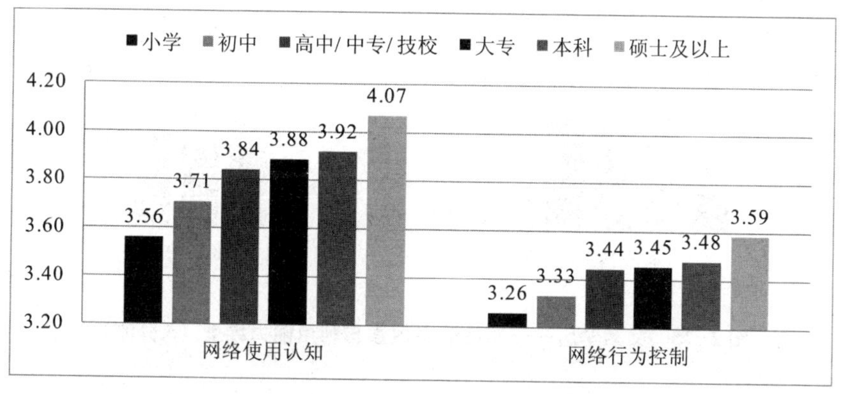

图 2-74 父亲学历——上网注意力管理能力维度（5 分制）

（2）对于网络信息搜索与利用能力维度，父亲学历对信息搜索与分辨和信息保存与利用指标均有显著影响（Sig. <0.001）。父亲学历越高，青少年在信息搜索与分辨和信息保存与利用方面表现越好（见表2-81、图2-75）。

表2-81 父亲学历——网络信息搜索与利用能力维度差异检验

指标	父亲学历	N	Mean	SD	F	Sig.	偏 η^2
信息搜索与分辨	小学	831	3.37	0.692	48.543	0.000	0.031
	初中	2618	3.57	0.728			
	高中/中专/技校	2349	3.72	0.761			
	大专	1264	3.75	0.764			
	本科	1655	3.79	0.800			
	硕士及以上	327	3.94	0.874			
信息保存与利用	小学	831	3.24	0.698	41.570	0.000	0.027
	初中	2618	3.39	0.728			
	高中/中专/技校	2349	3.55	0.761			
	大专	1264	3.55	0.769			
	本科	1655	3.61	0.808			
	硕士及以上	327	3.75	0.886			

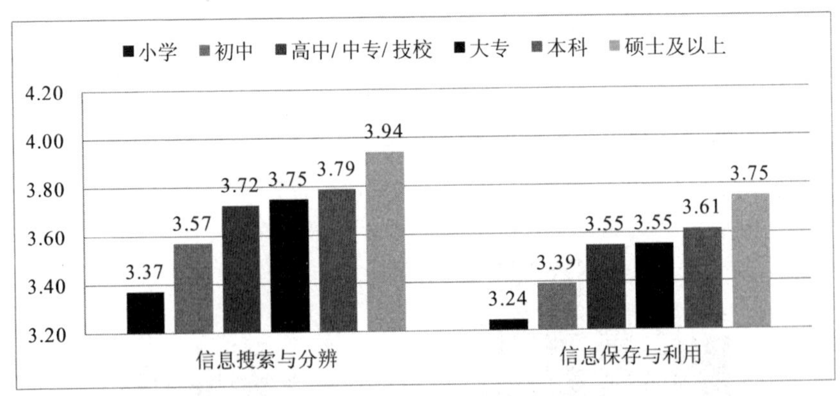

图2-75 父亲学历——网络信息搜索与利用能力维度（5分制）

（3）对于网络信息分析与评价能力维度，父亲学历对信息的辨析和批判以及对网络的主动认知和行动指标均有显著影响（Sig. <0.01），且对信息的辨析和批判指标影响更大。父亲学历越高，青少年对信息的辨析和批判表现越好，但对网络的主动认知和行动表现越差（见表 2-82、图 2-76）。

表 2-82 父亲学历——网络信息分析与评价能力维度差异检验

指标	父亲学历	N	Mean	SD	F	Sig.	偏 η^2
对信息的辨析和批判	小学	831	3.40	0.704	36.031	0.000	0.023
	初中	2618	3.55	0.717			
	高中/中专/技校	2349	3.66	0.728			
	大专	1264	3.68	0.750			
	本科	1655	3.74	0.773			
	硕士及以上	327	3.90	0.828			
对网络的主动认知和行动	小学	831	3.30	0.720	3.125	0.005	0.002
	初中	2618	3.26	0.716			
	高中/中专/技校	2349	3.24	0.781			
	大专	1264	3.24	0.758			
	本科	1655	3.21	0.779			
	硕士及以上	327	3.18	0.941			

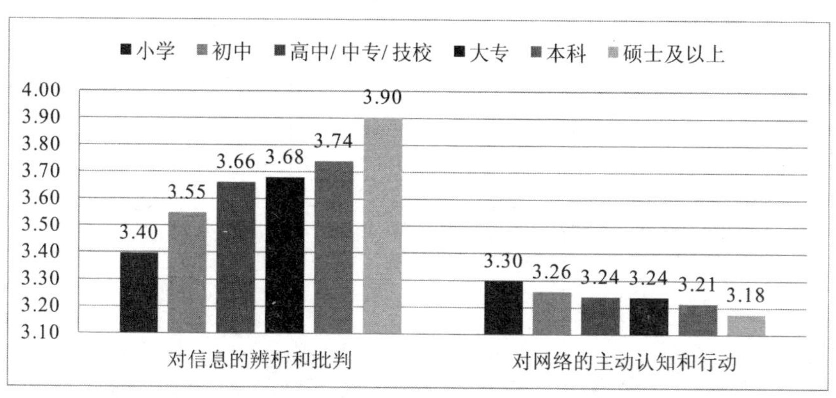

图 2-76 父亲学历——网络信息分析与评价能力维度（5 分制）

（4）对于网络印象管理能力维度，父亲学历对利用社交媒体迎合他人、进行社交互动和自我宣传指标均有显著影响（Sig. <0.001）。父亲学历越高，三个指标的表现越好（见表2-83、图2-77）。

表2-83 父亲学历——网络印象管理能力维度差异检验

指标	父亲学历	N	Mean	SD	F	Sig.	偏 η^2
迎合他人	小学	831	2.70	0.854	8.731	0.000	0.006
	初中	2618	2.78	0.891			
	高中/中专/技校	2349	2.87	0.914			
	大专	1264	2.82	0.928			
	本科	1655	2.89	0.972			
	硕士及以上	327	3.02	1.085			
社交互动	小学	831	3.07	0.787	10.467	0.000	0.007
	初中	2618	3.16	0.822			
	高中/中专/技校	2349	3.24	0.848			
	大专	1264	3.25	0.860			
	本科	1655	3.27	0.885			
	硕士及以上	327	3.39	1.010			
自我宣传	小学	831	2.90	0.859	13.793	0.000	0.009
	初中	2618	2.96	0.904			
	高中/中专/技校	2349	3.08	0.923			
	大专	1264	3.08	0.954			
	本科	1655	3.14	0.972			
	硕士及以上	327	3.22	1.033			

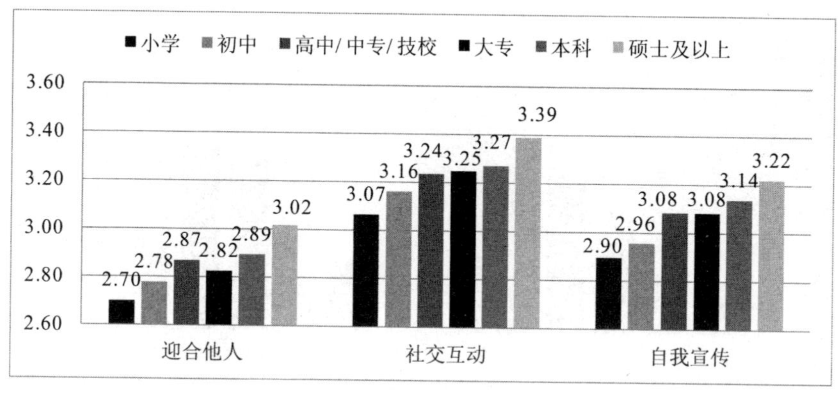

图 2-77 父亲学历——网络印象管理能力维度（5 分制）

（5）对于网络安全与隐私保护能力维度，父亲学历对安全感知及隐私关注和安全行为及隐私保护指标均有显著影响（Sig. <0.001）。父亲学历越高，青少年的安全感知及隐私关注和安全行为及隐私保护表现越好（见表 2-84、图 2-78）。

表 2-84 父亲学历——网络安全与隐私保护能力维度差异检验

指标	父亲学历	N	Mean	SD	F	Sig.	偏 η^2
安全感知及隐私关注	小学	831	3.58	0.737	30.188	0.000	0.019
	初中	2618	3.74	0.711			
	高中/中专/技校	2349	3.82	0.731			
	大专	1264	3.89	0.711			
	本科	1655	3.91	0.758			
	硕士及以上	327	3.97	0.824			
安全行为及隐私保护	小学	831	3.67	0.745	25.569	0.000	0.017
	初中	2618	3.82	0.741			
	高中/中专/技校	2349	3.93	0.758			
	大专	1264	3.95	0.741			
	本科	1655	3.98	0.784			
	硕士及以上	327	4.03	0.851			

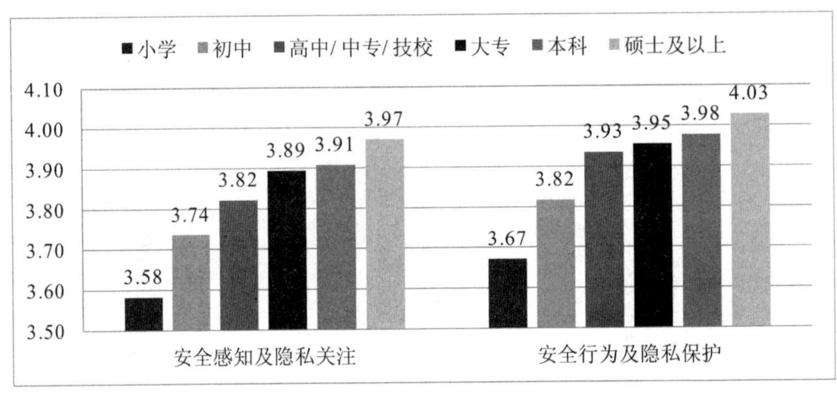

图 2-78 父亲学历——网络安全与隐私保护能力维度（5 分制）

（6）对于网络价值认知和行为能力维度，父亲学历对网络规范认知、网络暴力认知和网络行为规范指标均有显著影响（Sig. <0.001）。父亲学历较高的青少年三个指标方面表现相对更好，而父亲学历为硕士及以上的青少年的网络暴力认知和网络行为规范表现明显较差（见表 2-85、图 2-79）。

表 2-85 父亲学历——网络价值认知和行为能力维度差异检验

指标	父亲学历	N	Mean	SD	F	Sig.	偏 η^2
网络规范认知	小学	831	3. 60	0. 809	24. 521	0. 000	0. 016
	初中	2618	3. 75	0. 821			
	高中/中专/技校	2349	3. 86	0. 822			
	大专	1264	3. 92	0. 808			
	本科	1655	3. 93	0. 843			
	硕士及以上	327	3. 97	0. 973			
网络暴力认知	小学	831	4. 04	0. 950	5. 463	0. 000	0. 004
	初中	2618	4. 15	0. 923			
	高中/中专/技校	2349	4. 20	0. 924			
	大专	1264	4. 21	0. 912			
	本科	1655	4. 21	0. 949			
	硕士及以上	327	4. 05	1. 156			

续表

指标	父亲学历	N	Mean	SD	F	Sig.	偏 η^2
网络行为规范	小学	831	3.68	0.888	4.121	0.000	0.003
	初中	2618	3.77	0.883			
	高中/中专/技校	2349	3.81	0.906			
	大专	1264	3.81	0.909			
	本科	1655	3.84	0.939			
	硕士及以上	327	3.70	1.124			

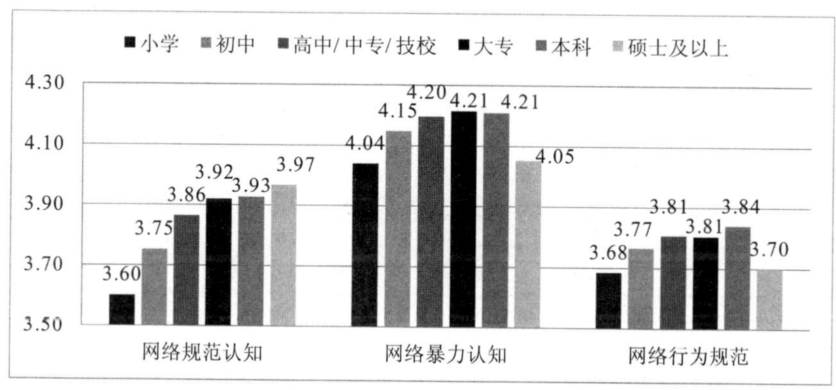

图 2-79　父亲学历——网络价值认知和行为能力维度（5 分制）

2. 母亲学历

（1）对于上网注意力管理能力维度，母亲学历对网络使用认知和网络行为控制指标有显著影响（Sig. <0.001）。母亲学历越高，青少年的网络使用认知和网络行为控制表现越好（见表 2-86、图 2-80）。

表 2-86　母亲学历——上网注意力管理能力维度差异检验

指标	母亲学历	N	Mean	SD	F	Sig.	偏 η^2
网络使用认知	小学	1228	3.56	0.669	55.230	0.000	0.035
	初中	2608	3.73	0.705			
	高中/中专/技校	2175	3.84	0.719			
	大专	1244	3.88	0.729			
	本科	1488	3.96	0.744			
	硕士及以上	263	4.12	0.858			
网络行为控制	小学	1228	3.23	0.757	20.176	0.000	0.013
	初中	2608	3.37	0.789			
	高中/中专/技校	2175	3.44	0.807			
	大专	1244	3.47	0.845			
	本科	1488	3.49	0.858			
	硕士及以上	263	3.62	0.966			

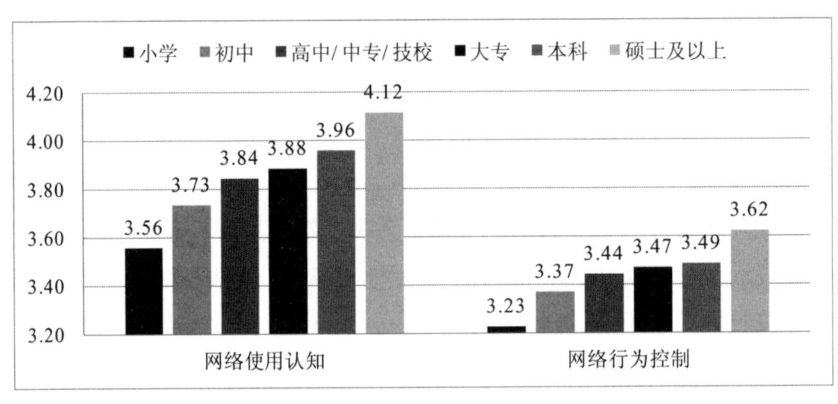

图 2-80　母亲学历——上网注意力管理能力维度（5 分制）

（2）对于网络信息搜索与利用能力维度，母亲学历对信息搜索与分辨和信息保存与利用指标均有显著影响（Sig. <0.001）。母亲学历越高，青少年的信息搜索与分辨和信息保存与利用能力越强（见表 2-87、图 2-81）。

表 2-87 母亲学历——网络信息搜索与利用能力维度差异检验

指标	母亲学历	N	Mean	SD	F	Sig.	偏 η^2
信息搜索与分辨	小学	1228	3.40	0.696	56.763	0.000	0.036
	初中	2608	3.60	0.742			
	高中/中专/技校	2175	3.72	0.747			
	大专	1244	3.76	0.788			
	本科	1488	3.83	0.792			
	硕士及以上	263	3.98	0.873			
信息保存与利用	小学	1228	3.27	0.681	49.737	0.000	0.032
	初中	2608	3.41	0.745			
	高中/中专/技校	2175	3.55	0.749			
	大专	1244	3.57	0.792			
	本科	1488	3.65	0.809			
	硕士及以上	263	3.83	0.876			

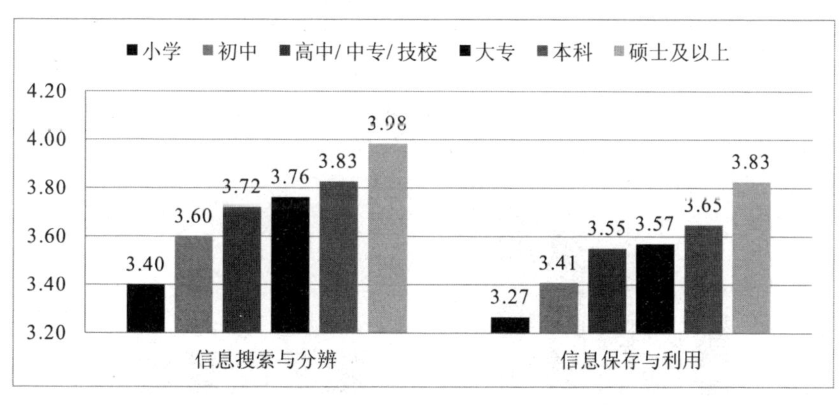

图 2-81 母亲学历——网络信息搜索与利用能力维度（5 分制）

（3）对于网络信息分析与评价能力维度，母亲学历对信息的辨析和批判以及对网络的主动认知和行动指标均有显著影响（Sig. <0.001），且对信息的辨析和批判指标影响更大。母亲学历越高，青少年对信息的辨析和批判表现越好；母亲学历较低的青少年，对网络的主动认知和行动表现相对更好（见表 2-88、

图 2-82）。

表 2-88　母亲学历——网络信息分析与评价能力维度差异检验

指标	母亲学历	N	Mean	SD	F	Sig.	偏 η^2
对信息的辨析和批判	小学	1228	3.40	0.720	45.605	0.000	0.029
	初中	2608	3.56	0.724			
	高中/中专/技校	2175	3.66	0.723			
	大专	1244	3.72	0.746			
	本科	1488	3.78	0.761			
	硕士及以上	263	3.92	0.846			
对网络的主动认知和行动	小学	1228	3.27	0.710	4.427	0.000	0.003
	初中	2608	3.27	0.730			
	高中/中专/技校	2175	3.22	0.765			
	大专	1244	3.26	0.765			
	本科	1488	3.23	0.803			
	硕士及以上	263	3.06	0.960			

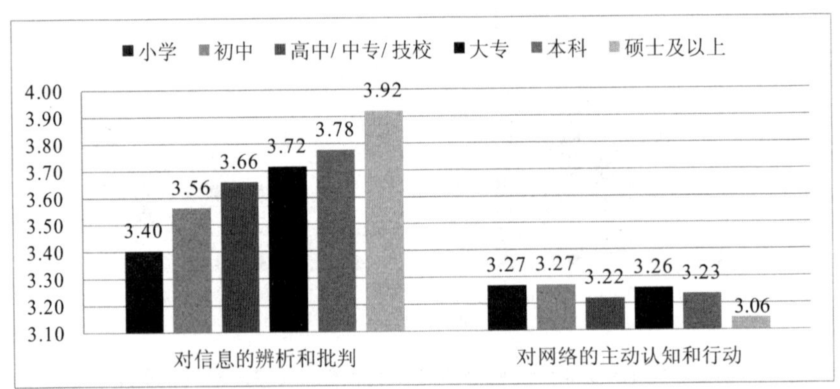

图 2-82　母亲学历——网络信息分析与评价能力维度（5 分制）

（4）对于网络印象管理能力维度，母亲学历对利用社交媒体迎合他人、进行社交互动和自我宣传指标均有显著影响（Sig. <0.001）。母亲学历较高的青少年三个指标的表现更好（见表 2-89、图 2-83）。

表 2-89　母亲学历——网络印象管理能力维度差异检验

指标	母亲学历	N	Mean	SD	F	Sig.	偏 η^2
迎合他人	小学	1228	2.68	0.859	14.559	0.000	0.009
	初中	2608	2.78	0.896			
	高中/中专/技校	2175	2.90	0.927			
	大专	1244	2.83	0.921			
	本科	1488	2.90	0.976			
	硕士及以上	263	3.13	1.081			
社交互动	小学	1228	3.07	0.783	14.826	0.000	0.010
	初中	2608	3.17	0.825			
	高中/中专/技校	2175	3.27	0.845			
	大专	1244	3.23	0.878			
	本科	1488	3.29	0.896			
	硕士及以上	263	3.44	1.012			
自我宣传	小学	1228	2.89	0.862	16.576	0.000	0.011
	初中	2608	2.97	0.908			
	高中/中专/技校	2175	3.10	0.923			
	大专	1244	3.11	0.952			
	本科	1488	3.15	0.980			
	硕士及以上	263	3.24	1.090			

（5）对于网络安全与隐私保护能力维度，母亲学历对安全感知及隐私关注和安全行为及隐私保护指标均有显著影响（Sig. <0.001）。母亲学历越高，青少年的安全感知及隐私关注和安全行为及隐私保护表现越好（见表 2-90、图 2-84）。

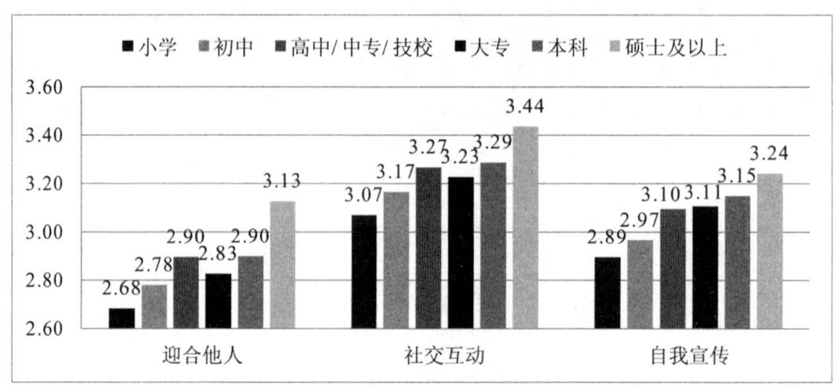

图 2-83　母亲学历——网络印象管理能力维度（5 分制）

表 2-90　母亲学历——网络安全与隐私保护能力维度差异检验

指标	母亲学历	N	Mean	SD	F	Sig.	偏 η^2
安全感知及隐私关注	小学	1228	3. 63	0. 732	38. 628	0. 000	0. 025
	初中	2608	3. 73	0. 716			
	高中/中专/技校	2175	3. 83	0. 727			
	大专	1244	3. 89	0. 726			
	本科	1488	3. 95	0. 737			
	硕士及以上	263	4. 03	0. 844			
安全行为及隐私保护	小学	1228	3. 69	0. 740	31. 695	0. 000	0. 020
	初中	2608	3. 84	0. 753			
	高中/中专/技校	2175	3. 93	0. 746			
	大专	1244	3. 97	0. 748			
	本科	1488	4. 01	0. 771			
	硕士及以上	263	4. 03	0. 889			

（6）对于网络价值认知和行为能力维度，母亲学历对网络规范认知、网络暴力认知和网络行为规范指标均有显著影响（Sig. <0. 001）。母亲学历越高的青少年网络规范认知表现越好；母亲学历为硕士及以上的青少年网络暴力认知和网络行为规范表现明显较差（见表 2-91、图 2-85）。

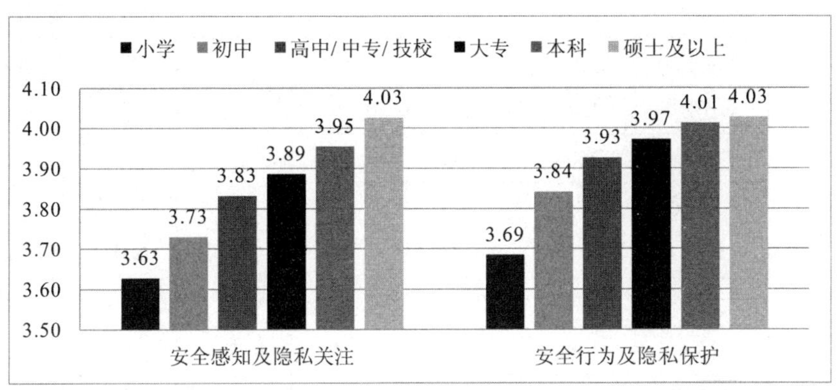

图 2-84　母亲学历——网络安全与隐私保护能力维度（5 分制）

表 2-91　母亲学历——网络价值认知和行为能力维度差异检验

指标	母亲学历	N	Mean	SD	F	Sig.	偏 η^2
网络规范认知	小学	1228	3.63	0.835	29.925	0.000	0.019
	初中	2608	3.76	0.820			
	高中/中专/技校	2175	3.87	0.805			
	大专	1244	3.91	0.828			
	本科	1488	3.97	0.835			
	硕士及以上	263	4.01	0.977			
网络暴力认知	小学	1228	4.08	0.915	6.282	0.000	0.004
	初中	2608	4.17	0.914			
	高中/中专/技校	2175	4.16	0.949			
	大专	1244	4.22	0.931			
	本科	1488	4.24	0.938			
	硕士及以上	263	4.01	1.187			

续表

指标	母亲学历	N	Mean	SD	F	Sig.	偏 η^2
网络行为规范	小学	1228	3. 72	0. 860	7. 229	0. 000	0. 005
	初中	2608	3. 80	0. 885			
	高中/中专/技校	2175	3. 76	0. 914			
	大专	1244	3. 84	0. 916			
	本科	1488	3. 86	0. 949			
	硕士及以上	263	3. 60	1. 169			

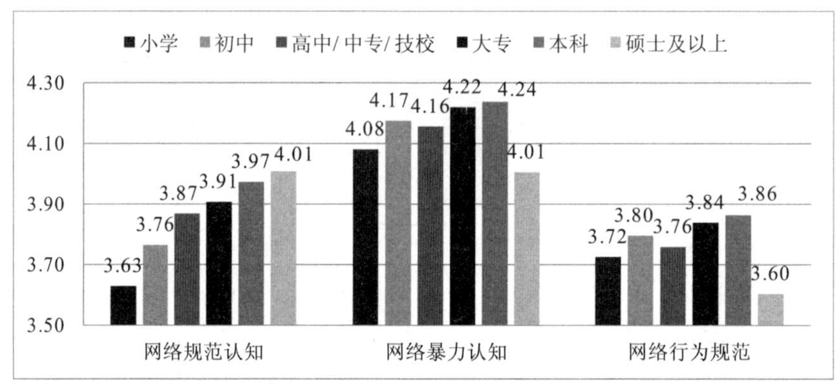

图 2-85　母亲学历——网络价值认知和行为能力维度（5 分制）

3. 家庭收入

（1）对于上网注意力管理能力维度，家庭收入对网络使用认知、网络情感控制和网络行为控制指标均有显著影响（Sig. <0. 001），且对网络使用认知指标的影响更大。家庭收入越高的青少年，三个指标表现越好（见表 2-92、图 2-86）。

表 2-92　家庭收入——上网注意力管理能力维度差异检验

指标	家庭收入	N	Mean	SD	F	Sig.	偏 η^2
网络使用认知	低等水平	594	3. 51	0. 825	80. 968	0. 000	0. 034
	中等偏下	1612	3. 64	0. 696			
	中等水平	5126	3. 82	0. 702			
	中等偏上	1584	3. 99	0. 731			
	高收入水平	209	4. 11	0. 882			

续表

指标	家庭收入	N	Mean	SD	F	Sig.	偏 η^2
网络情感控制	低等水平	594	3.41	0.896	8.980	0.000	0.004
	中等偏下	1612	3.45	0.850			
	中等水平	5126	3.54	0.861			
	中等偏上	1584	3.55	0.943			
	高收入水平	209	3.30	1.185			
网络行为控制	低等水平	594	3.27	0.874	18.733	0.000	0.008
	中等偏下	1612	3.33	0.758			
	中等水平	5126	3.40	0.801			
	中等偏上	1584	3.53	0.870			
	高收入水平	209	3.59	0.989			

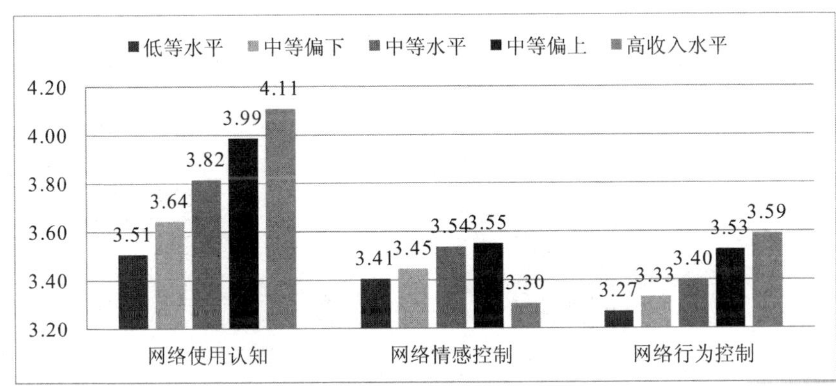

图 2-86 家庭收入——上网注意力管理能力维度（5 分制）

（2）对于网络信息搜索与利用能力维度，家庭收入对信息搜索与分辨和信息保存与利用指标均有显著影响（Sig. <0.001）。家庭收入越高的青少年信息搜索与分辨和信息保存与利用表现越好（见表 2-93、图 2-87）。

表 2-93　家庭收入——网络信息搜索与利用能力维度差异检验

指标	家庭收入	N	Mean	SD	F	Sig.	偏 η^2
信息搜索与分辨	低等水平	594	3. 38	0. 837	79. 273	0. 000	0. 034
	中等偏下	1612	3. 50	0. 714			
	中等水平	5126	3. 68	0. 742			
	中等偏上	1584	3. 86	0. 795			
	高收入水平	209	4. 02	0. 923			
信息保存与利用	低等水平	594	3. 26	0. 841	63. 730	0. 000	0. 027
	中等偏下	1612	3. 35	0. 711			
	中等水平	5126	3. 49	0. 744			
	中等偏上	1584	3. 68	0. 806			
	高收入水平	209	3. 85	0. 956			

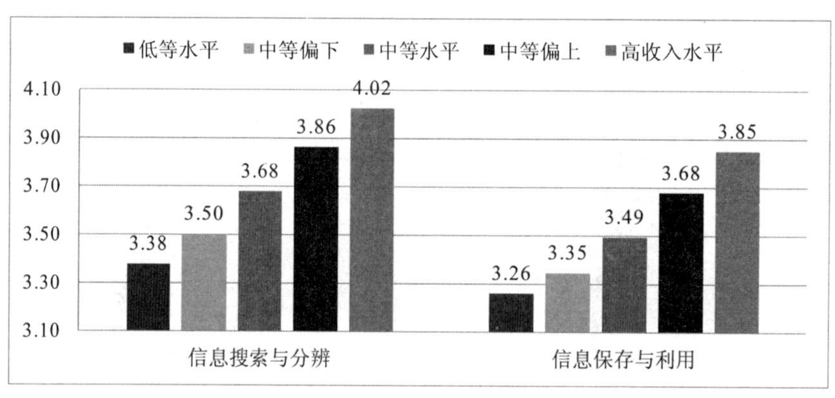

图 2-87　家庭收入——网络信息搜索与利用能力维度（5 分制）

（3）对于网络信息分析与评价能力维度，家庭收入对信息的辨析和批判以及对网络的主动认知和行动指标均有显著影响（Sig. <0. 001）。家庭收入越高的青少年对信息的辨析和批判表现越好，家庭收入为高收入水平的青少年对网络的主动认知和行动表现明显较差（见表 2-94、图 2-88）。

表 2-94 家庭收入——网络信息分析与评价能力维度差异检验

指标	家庭收入	N	Mean	SD	F	Sig.	偏 η^2
对信息的辨析和批判	低等水平	594	3.36	0.868	53.544	0.000	0.023
	中等偏下	1612	3.54	0.703			
	中等水平	5126	3.62	0.724			
	中等偏上	1584	3.78	0.759			
	高收入水平	209	3.96	0.865			
对网络的主动认知和行动	低等水平	594	3.26	0.785	9.643	0.000	0.004
	中等偏下	1612	3.24	0.710			
	中等水平	5126	3.27	0.742			
	中等偏上	1584	3.22	0.806			
	高收入水平	209	2.94	1.052			

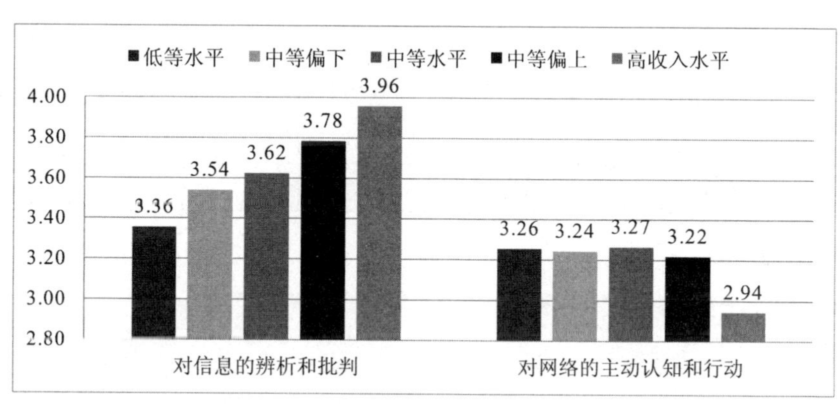

图 2-88 家庭收入——网络信息分析与评价能力维度（5 分制）

（4）对于网络印象管理能力维度，家庭收入对利用社交媒体迎合他人、进行社交互动和自我宣传指标均有显著影响（Sig. <0.001）。家庭收入越高的青少年，三个指标表现越好（见表 2-95、图 2-89）。

表 2-95　家庭收入——网络印象管理能力维度差异检验

指标	家庭收入	N	Mean	SD	F	Sig.	偏 η^2
迎合他人	低等水平	594	2.73	0.947	17.996	0.000	0.008
	中等偏下	1612	2.76	0.888			
	中等水平	5126	2.82	0.891			
	中等偏上	1584	2.91	1.009			
	高收入水平	209	3.25	1.134			
社交互动	低等水平	594	3.05	0.863	24.843	0.000	0.011
	中等偏下	1612	3.12	0.815			
	中等水平	5126	3.21	0.822			
	中等偏上	1584	3.33	0.932			
	高收入水平	209	3.55	1.056			
自我宣传	低等水平	594	2.87	0.942	29.714	0.000	0.013
	中等偏下	1612	2.93	0.895			
	中等水平	5126	3.04	0.913			
	中等偏上	1584	3.19	0.982			
	高收入水平	209	3.41	1.105			

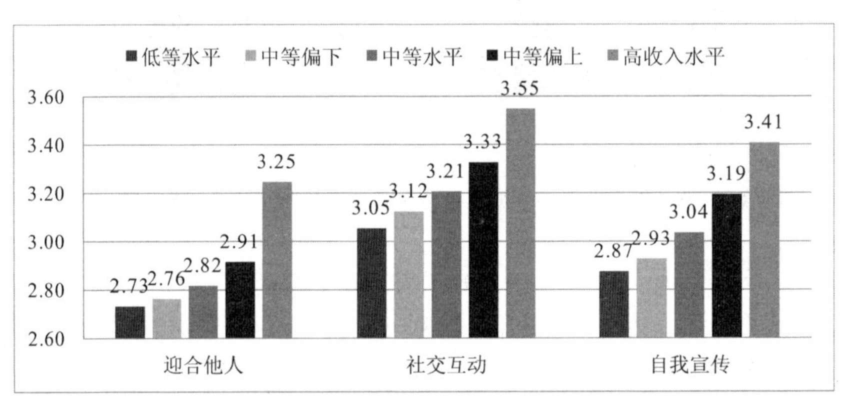

图 2-89　家庭收入——网络印象管理能力维度（5 分制）

（5）对于网络安全与隐私保护能力维度，家庭收入对安全感知及隐私关注和安全行为及隐私保护指标均有显著影响（Sig. <0.001）。家庭收入越高的青少年在安全感知及隐私关注和安全行为及隐私保护方面表现也越好（见表 2-96、

图 2-90）。

表 2-96 家庭收入——网络安全与隐私保护能力维度差异检验

指标	家庭收入	N	Mean	SD	F	Sig.	偏 η^2
安全感知及隐私关注	低等水平	594	3.60	0.859	27.477	0.000	0.012
	中等偏下	1612	3.72	0.701			
	中等水平	5126	3.81	0.717			
	中等偏上	1584	3.90	0.762			
	高收入水平	209	4.03	0.863			
安全行为及隐私保护	低等水平	594	3.72	0.850	24.933	0.000	0.011
	中等偏下	1612	3.79	0.719			
	中等水平	5126	3.90	0.746			
	中等偏上	1584	3.99	0.787			
	高收入水平	209	4.09	0.939			

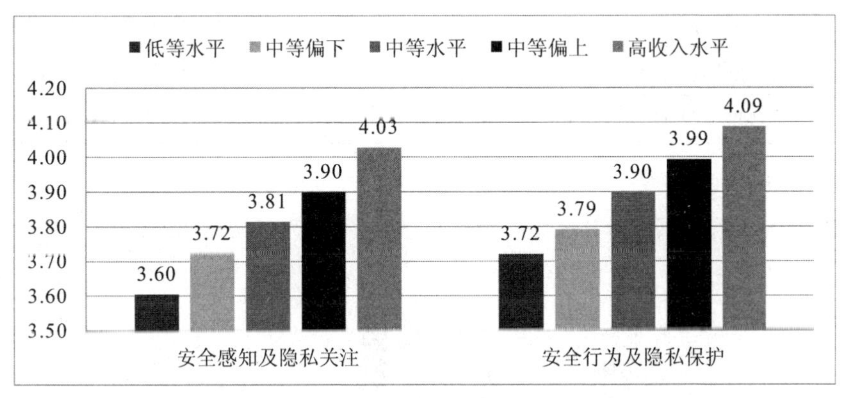

图 2-90 家庭收入——网络安全与隐私保护能力维度（5 分制）

（6）对于网络价值认知和行为能力维度，家庭收入对网络规范认知、网络暴力认知和网络行为规范指标均有显著影响（Sig. <0.001）。家庭收入越高的青少年网络规范认知表现越好，家庭收入中等水平的青少年网络暴力认知和网络行为规范表现最好（见表 2-97、图 2-91）。

表 2-97　家庭收入——网络价值认知和行为能力维度差异检验

指标	家庭收入	N	Mean	SD	F	Sig.	偏 η^2
网络规范认知	低等水平	594	3.56	0.908	31.462	0.000	0.014
	中等偏下	1612	3.73	0.805			
	中等水平	5126	3.85	0.807			
	中等偏上	1584	3.93	0.883			
	高收入水平	209	4.06	0.939			
网络暴力认知	低等水平	594	3.99	1.015	23.375	0.000	0.010
	中等偏下	1612	4.10	0.929			
	中等水平	5126	4.23	0.891			
	中等偏上	1584	4.15	0.996			
	高收入水平	209	3.74	1.274			
网络行为规范	低等水平	594	3.66	0.950	19.493	0.000	0.008
	中等偏下	1612	3.76	0.874			
	中等水平	5126	3.83	0.876			
	中等偏上	1584	3.76	0.989			
	高收入水平	209	3.33	1.240			

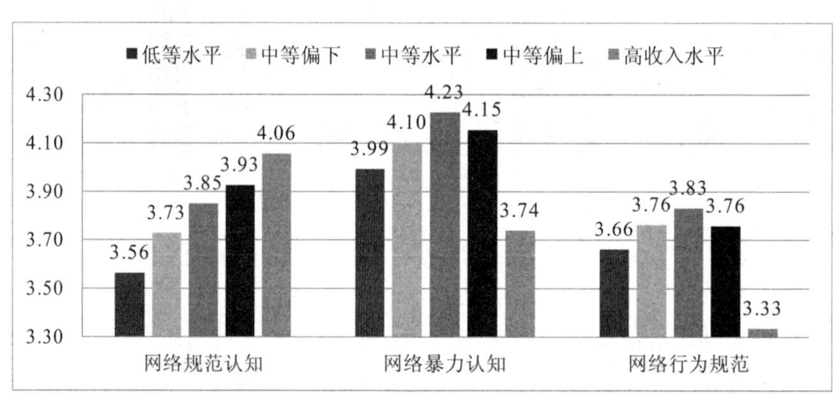

图 2-91　家庭收入——网络价值认知和行为能力维度（5 分制）

4. 与父母讨论网络内容的频率

（1）对于上网注意力管理能力维度，与父母讨论网络内容的频率对网络使用认知、网络情感控制和网络行为控制指标均有显著影响（Sig. <0.001）。与父

母讨论网络内容越频繁的青少年，网络使用认知和网络行为控制表现越好，有时与父母讨论的青少年网络情感控制表现最好（见表 2-98、图 2-92）。

表 2-98 与父母讨论网络内容的频率——上网注意力管理能力维度差异检验

指标	与父母讨论网络内容的频率	N	Mean	SD	F	Sig.	偏 η^2
网络使用认知	几乎不	1600	3.63	0.768	104.135	0.000	0.022
	有时	5591	3.79	0.681			
	经常	1934	3.98	0.802			
网络情感控制	几乎不	1600	3.47	0.903	12.914	0.000	0.003
	有时	5591	3.55	0.827			
	经常	1934	3.44	1.024			
网络行为控制	几乎不	1600	3.26	0.864	67.932	0.000	0.015
	有时	5591	3.39	0.757			
	经常	1934	3.57	0.919			

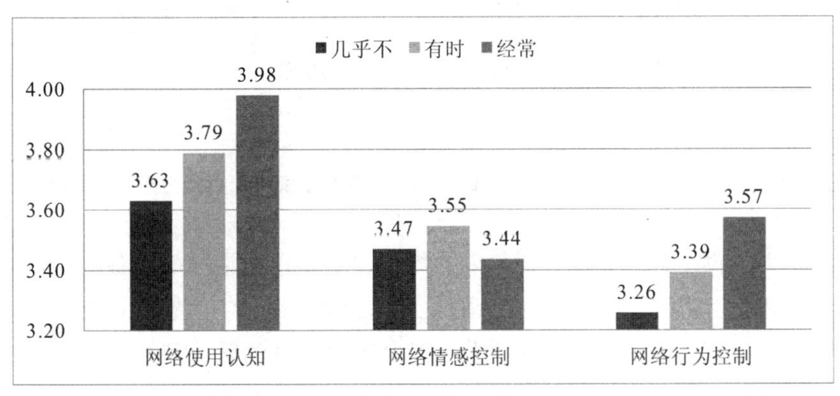

图 2-92 与父母讨论网络内容的频率——上网注意力管理能力维度（5 分制）

（2）对于网络信息搜索与利用能力维度，与父母讨论网络内容的频率对信息搜索与分辨和信息保存与利用指标均有显著影响（Sig. <0.001）。与父母讨论网络内容越频繁，青少年信息搜索与分辨和信息保存与利用能力水平明显更高（见表 2-99、图 2-93）。

表 2-99　与父母讨论网络内容的频率——网络信息搜索与利用能力维度差异检验

指标	与父母讨论网络内容的频率	N	Mean	SD	F	Sig.	偏 η^2
信息搜索与分辨	几乎不	1600	3.49	0.812	124.740	0.000	0.027
	有时	5591	3.64	0.717			
	经常	1934	3.89	0.834			
信息保存与利用	几乎不	1600	3.27	0.805	200.210	0.000	0.042
	有时	5591	3.46	0.713			
	经常	1934	3.77	0.829			

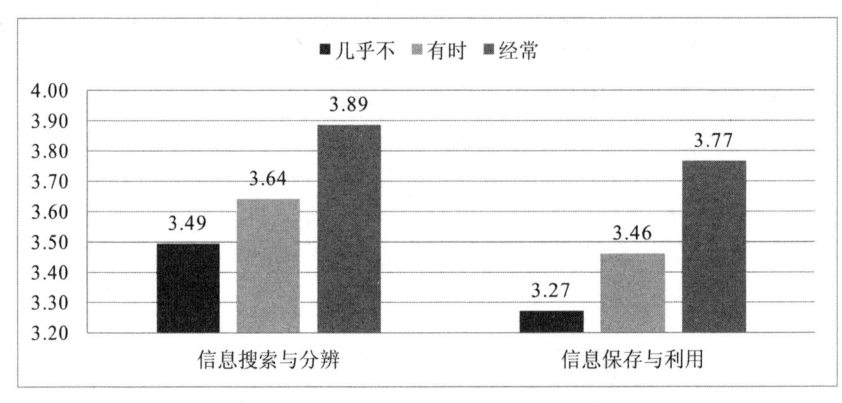

图 2-93　与父母讨论网络内容的频率——网络信息搜索与利用能力维度（5 分制）

（3）对于网络信息分析与评价能力维度，与父母讨论网络内容的频率对信息的辨析和批判以及对网络的主动认知和行动指标均有显著影响（Sig. < 0.001）。与父母讨论网络内容越频繁，青少年对信息的辨析和批判表现明显更好，但对网络的主动认知和行动表现越差（见表 2-100、图 2-94）。

表 2-100　与父母讨论网络内容频率——网络信息分析与评价能力维度差异检验

指标	与父母讨论网络内容的频率	N	Mean	SD	F	Sig.	偏 η^2
对信息的辨析和批判	几乎不	1600	3. 45	0. 803	141. 011	0. 000	0. 030
	有时	5591	3. 60	0. 691			
	经常	1934	3. 85	0. 805			
对网络的主动认知和行动	几乎不	1600	3. 36	0. 769	78. 142	0. 000	0. 017
	有时	5591	3. 28	0. 694			
	经常	1934	3. 06	0. 896			

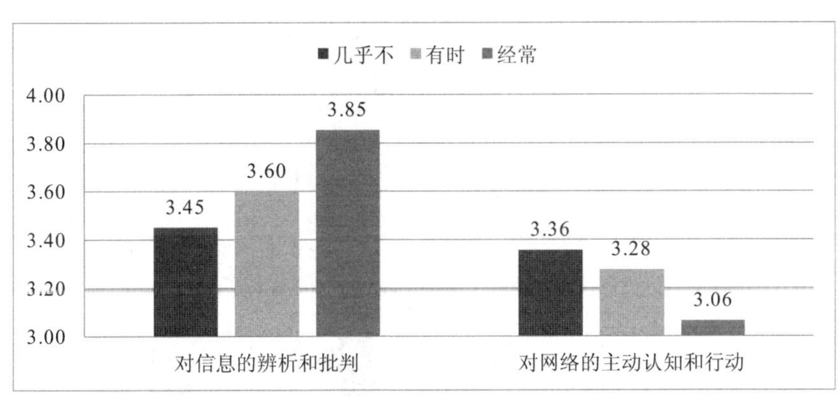

图 2-94　与父母讨论网络内容的频率——网络信息分析与评价能力维度（5 分制）

（4）对于网络印象管理能力维度，与父母讨论网络内容的频率对迎合他人、社交互动和自我宣传指标均有显著影响（Sig. <0. 001）。与父母讨论网络内容越频繁的青少年，三个指标表现越好（见表 2-101、图 2-95）。

表 2-101　与父母讨论网络内容的频率——网络印象管理能力维度差异检验

指标	与父母讨论网络内容的频率	N	Mean	SD	F	Sig.	偏 η^2
迎合他人	几乎不	1600	2. 69	0. 965	49. 420	0. 000	0. 011
	有时	5591	2. 81	0. 868			
	经常	1934	2. 99	1. 024			
社交互动	几乎不	1600	3. 04	0. 879	94. 830	0. 000	0. 020
	有时	5591	3. 19	0. 799			
	经常	1934	3. 42	0. 942			
自我宣传	几乎不	1600	2. 79	1. 004	142. 940	0. 000	0. 030
	有时	5591	3. 02	0. 872			
	经常	1934	3. 31	0. 981			

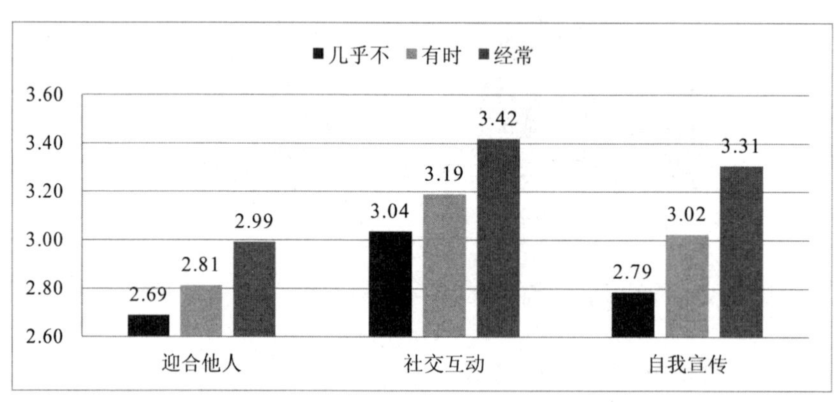

图 2-95　与父母讨论网络内容的频率——网络印象管理能力维度（5 分制）

（5）对于网络安全与隐私保护能力维度，与父母讨论网络内容的频率对安全感知及隐私关注、安全行为及隐私保护指标均有显著影响（Sig. <0. 001）。与父母讨论网络内容越频繁的青少年，安全感知及隐私关注、安全行为及隐私保护表现越好（见表 2-102、图 2-96）。

表 2-102 与父母讨论网络内容频率——网络安全与隐私保护能力维度差异检验

指标	与父母讨论网络内容的频率	N	Mean	SD	F	Sig.	偏 η^2
安全感知及隐私关注	几乎不	1600	3.70	0.797	42.924	0.000	0.009
	有时	5591	3.79	0.696			
	经常	1934	3.92	0.798			
安全行为及隐私保护	几乎不	1600	3.76	0.818	46.843	0.000	0.010
	有时	5591	3.88	0.721			
	经常	1934	4.01	0.822			

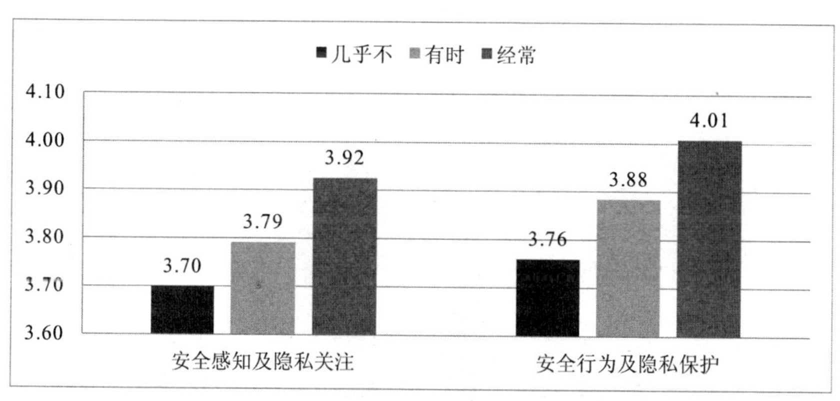

图 2-96 与父母讨论网络内容的频率——网络安全与隐私保护能力维度（5 分制）

（6）对于网络价值认知和行为能力维度，与父母讨论网络内容的频率对网络规范认知、网络暴力认知和网络行为规范指标均有显著影响（Sig. <0.001）。与父母讨论网络内容越频繁的青少年，网络规范认知表现越好；经常与父母讨论网络内容的青少年，网络暴力认知和网络行为规范表现最差（见表 2-103、图 2-97）。

表 2-103 与父母讨论网络内容频率——网络价值认知和行为能力维度差异检验

指标	与父母讨论网络内容的频率	N	Mean	SD	F	Sig.	偏 η^2
网络规范认知	几乎不	1600	3.75	0.884	15.271	0.000	0.003
	有时	5591	3.82	0.795			
	经常	1934	3.91	0.902			
网络暴力认知	几乎不	1600	4.20	0.925	28.005	0.000	0.006
	有时	5591	4.21	0.883			
	经常	1934	4.02	1.088			
网络行为规范	几乎不	1600	3.81	0.907	13.205	0.000	0.003
	有时	5591	3.81	0.859			
	经常	1934	3.69	1.059			

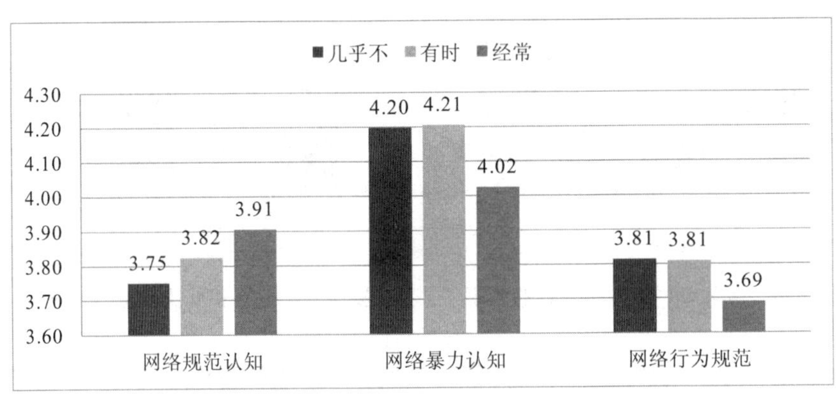

图 2-97 与父母讨论网络内容的频率——网络价值认知和行为能力维度（5 分制）

5. 与父母的亲密程度

（1）对于上网注意力管理能力维度，与父母的亲密程度对网络使用认知、网络情感控制和网络行为控制指标均有显著影响（Sig. <0.001）。与父母关系越亲密的青少年，三个指标表现越好（见表 2-104、图 2-98）。

表 2-104 与父母的亲密程度——上网注意力管理能力维度差异检验

指标	与父母的亲密程度	N	Mean	SD	F	Sig.	偏 η^2
网络使用认知	不亲密	218	3.55	0.984	208.192	0.000	0.044
	一般	3458	3.62	0.674			
	非常亲密	5449	3.93	0.728			
网络情感控制	不亲密	218	3.06	1.035	123.220	0.000	0.026
	一般	3458	3.36	0.820			
	非常亲密	5449	3.62	0.902			
网络行为控制	不亲密	218	3.09	1.059	129.471	0.000	0.028
	一般	3458	3.25	0.750			
	非常亲密	5449	3.52	0.831			

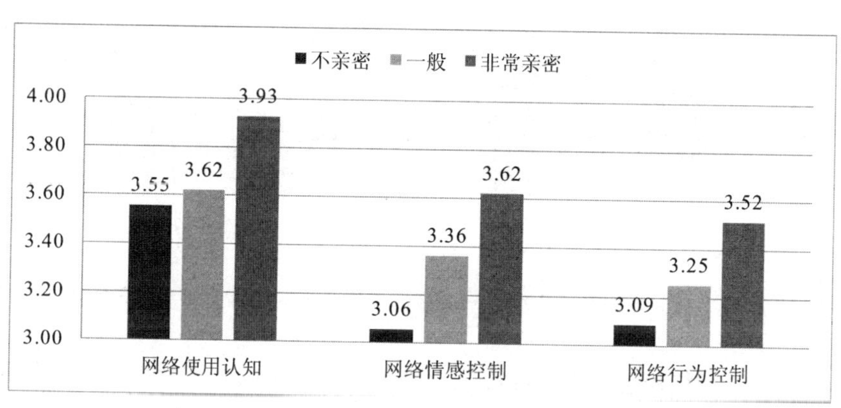

图 2-98 与父母的亲密程度——上网注意力管理能力维度（5 分制）

（2）对于网络信息搜索与利用能力维度，与父母的亲密程度对信息搜索与分辨和信息保存与利用指标均有显著影响（Sig. <0.001）。与父母非常亲密的青少年，信息搜索与分辨和信息保存与利用能力水平明显更高（见表 2-105、图 2-99）。

表 2-105　与父母的亲密程度——网络信息搜索与利用能力维度差异检验

指标	与父母的亲密程度	N	Mean	SD	F	Sig.	偏 η^2
信息搜索与分辨	不亲密	218	3.57	1.029	76.144	0.000	0.016
	一般	3458	3.55	0.717			
	非常亲密	5449	3.75	0.781			
信息保存与利用	不亲密	218	3.44	1.002	48.325	0.000	0.010
	一般	3458	3.39	0.710			
	非常亲密	5449	3.56	0.792			

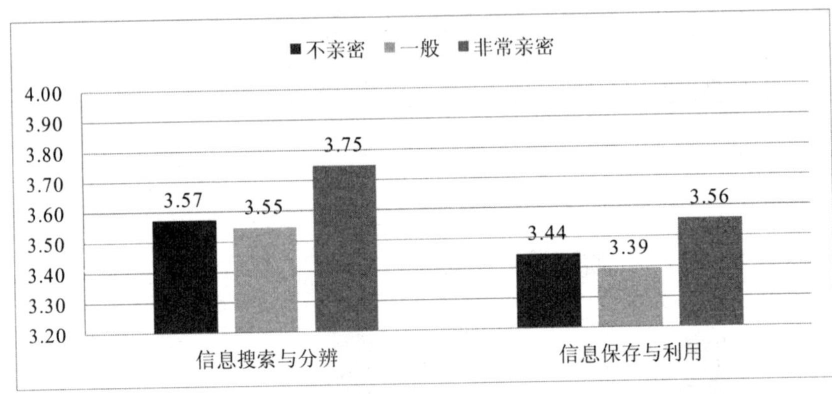

图 2-99　与父母的亲密程度——网络信息搜索与利用能力维度（5 分制）

（3）对于网络信息分析与评价能力维度，与父母的亲密程度对信息的辨析和批判指标有显著影响（Sig. <0.001）。与父母非常亲密的青少年，对信息的辨析和批判表现明显更好（见表 2-106、图 2-100）。

表 2-106　与父母的亲密程度——网络信息分析与评价能力维度差异检验

指标	与父母的亲密程度	N	Mean	SD	F	Sig.	偏 η^2
对信息的辨析和批判	不亲密	218	3.56	1.005	77.318	0.000	0.017
	一般	3458	3.51	0.702			
	非常亲密	5449	3.71	0.755			

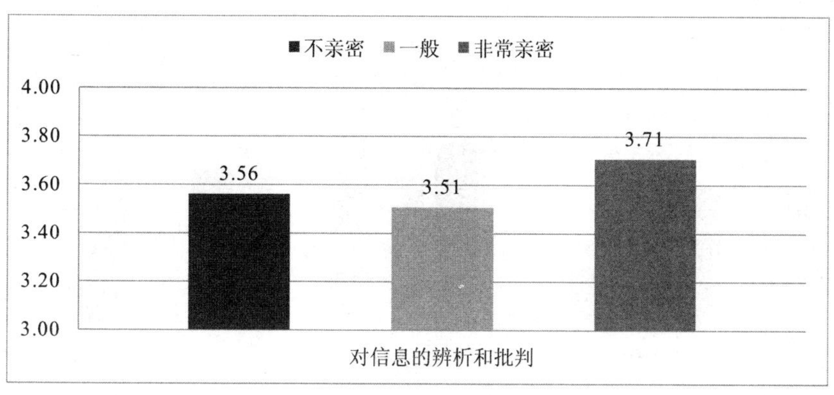

图 2-100 与父母的亲密程度——网络信息分析与评价能力维度（5 分制）

（4）对于网络印象管理能力维度，与父母的亲密程度对迎合他人、社交互动和自我宣传指标均有显著影响（Sig. <0.05）。与父母不亲密的青少年，在迎合他人和自我宣传方面表现更好；与父母非常亲密的青少年，社交互动表现更好（见表 2-107、图 2-101）。

表 2-107 与父母的亲密程度——网络印象管理能力维度差异检验

指标	与父母的亲密程度	N	Mean	SD	F	Sig.	偏 η^2
迎合他人	不亲密	218	3.08	1.126	9.407	0.000	0.002
	一般	3458	2.84	0.857			
	非常亲密	5449	2.81	0.956			
社交互动	不亲密	218	3.23	1.108	12.001	0.000	0.003
	一般	3458	3.15	0.779			
	非常亲密	5449	3.25	0.885			
自我宣传	不亲密	218	3.14	1.183	4.141	0.016	0.001
	一般	3458	3.01	0.880			
	非常亲密	5449	3.06	0.956			

（5）对于网络安全与隐私保护能力维度，与父母的亲密程度对安全感知及隐私关注、安全行为及隐私保护指标均有显著影响（Sig. <0.001）。与父母非常亲密的青少年在安全感知及隐私关注和安全行为及隐私保护方面表现更好（见表 2-108、图 2-102）。

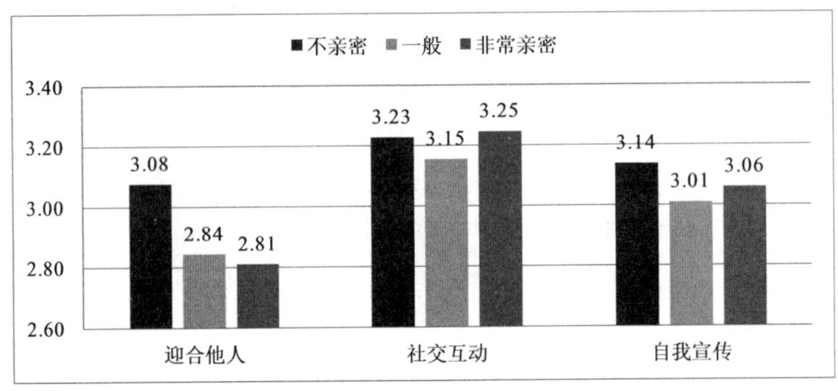

图 2-101 与父母的亲密程度——网络印象管理能力维度（5 分制）

表 2-108 与父母的亲密程度——网络安全与隐私保护能力维度差异检验

指标	与父母的亲密程度	N	Mean	SD	F	Sig.	偏 η^2
安全感知及隐私关注	不亲密	218	3.73	0.976	54.662	0.000	0.012
	一般	3458	3.70	0.708			
	非常亲密	5449	3.87	0.742			
安全行为及隐私保护	不亲密	218	3.70	0.925	89.458	0.000	0.019
	一般	3458	3.76	0.735			
	非常亲密	5449	3.97	0.764			

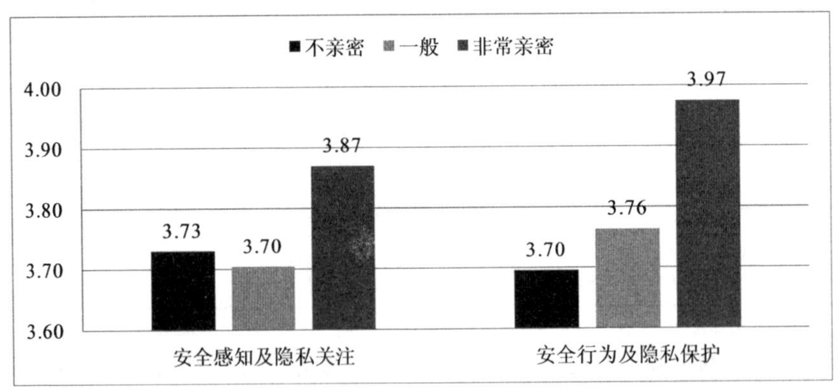

图 2-102 与父母的亲密程度——网络安全与隐私保护能力维度（5 分制）

（6）对于网络价值认知和行为能力维度，与父母的亲密程度对网络规范认知、网络暴力认知和网络行为规范指标均有显著影响（Sig. <0.001）。与父母越亲密的青少年，三个指标表现越好（见表2-109、图2-103）。

表2-109　与父母的亲密程度——网络价值认知和行为能力维度差异检验

指标	与父母的亲密程度	N	Mean	SD	F	Sig.	偏 η^2
网络规范认知	不亲密	218	3.73	1.000	48.801	0.000	0.011
	一般	3458	3.72	0.810			
	非常亲密	5449	3.90	0.838			
网络暴力认知	不亲密	218	3.77	1.138	36.639	0.000	0.008
	一般	3458	4.10	0.901			
	非常亲密	5449	4.22	0.949			
网络行为规范	不亲密	218	3.45	1.052	35.863	0.000	0.008
	一般	3458	3.72	0.853			
	非常亲密	5449	3.84	0.940			

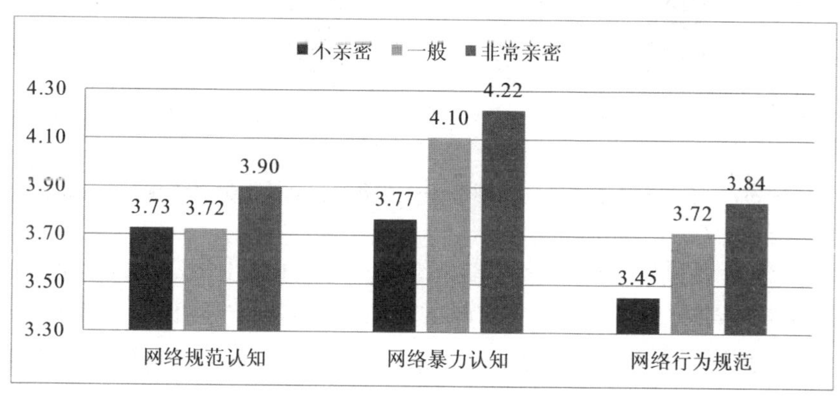

图2-103　与父母的亲密程度——网络价值认知和行为能力维度（5分制）

6. 父母干预上网活动的频率

（1）对于上网注意力管理能力维度，父母干预上网活动的频率对网络使用认知和网络情感控制指标有显著影响（Sig. <0.001）。父母干预上网活动的频率越低，青少年网络使用认知和网络情感控制表现越好（见表2-110、图2-104）。

表 2-110 父母干预上网活动的频率——上网注意力管理能力维度差异检验

指标	父母干预上网活动的频率	N	Mean	SD	F	Sig.	偏 η^2
网络使用认知	几乎没有	1422	3.93	0.784	30.068	0.000	0.007
	偶尔	5142	3.79	0.695			
	经常	2561	3.75	0.765			
网络情感控制	几乎没有	1422	3.60	0.949	51.110	0.000	0.011
	偶尔	5142	3.56	0.833			
	经常	2561	3.36	0.937			

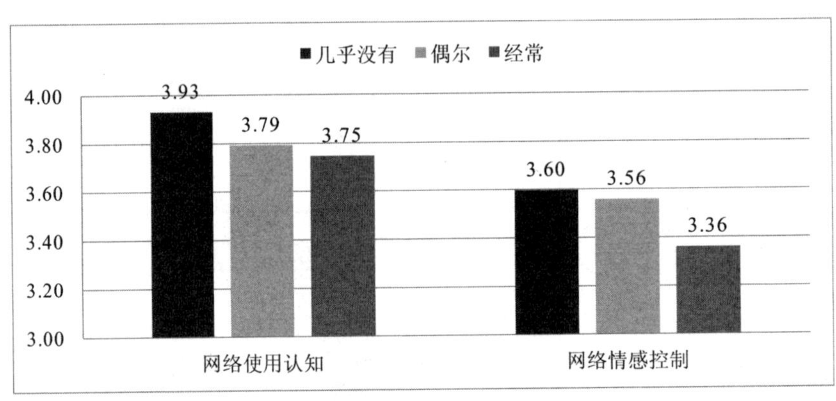

图 2-104 父母干预上网活动的频率——上网注意力管理能力维度（5 分制）

（2）对于网络信息搜索与利用能力维度，父母干预上网活动的频率对信息搜索与分辨和信息保存与利用指标均有显著影响（Sig. <0.001）。父母干预上网活动的频率越低，青少年信息搜索与分辨和信息保存与利用表现越好（见表 2-111、图 2-105）。

表 2-111　父母干预上网活动的频率——网络信息搜索与利用能力维度差异检验

指标	父母干预上网活动的频率	N	Mean	SD	F	Sig.	偏 η^2
信息搜索与分辨	几乎没有	1422	3.82	0.833	32.598	0.000	0.007
	偶尔	5142	3.64	0.731			
	经常	2561	3.63	0.801			
信息保存与利用	几乎没有	1422	3.63	0.841	26.487	0.000	0.006
	偶尔	5142	3.48	0.728			
	经常	2561	3.45	0.810			

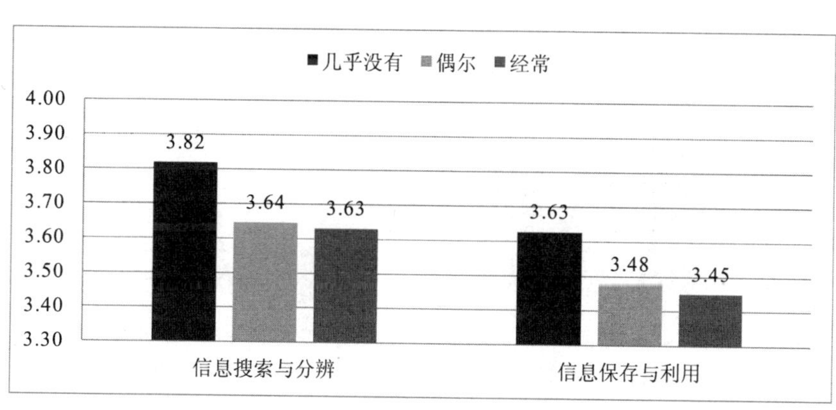

图 2-105　父母干预上网活动的频率——网络信息搜索与利用能力维度（5 分制）

（3）对于网络信息分析与评价能力维度，父母干预上网活动的频率对信息的辨析和批判、对网络的主动认知和行动指标均有显著影响（Sig. <0.001）。父母干预上网活动的频率越低，青少年对信息的辨析和批判、对网络的主动认知和行动表现越好（见表 2-112、图 2-106）。

表 2-112 父母干预上网活动的频率——网络信息分析与评价能力维度差异检验

指标	父母干预上网活动的频率	N	Mean	SD	F	Sig.	偏 η^2
对信息的辨析和批判	几乎没有	1422	3.73	0.815	16.827	0.000	0.004
	偶尔	5142	3.61	0.710			
	经常	2561	3.61	0.779			
对网络的主动认知和行动	几乎没有	1422	3.33	0.843	23.850	0.000	0.005
	偶尔	5142	3.26	0.720			
	经常	2561	3.17	0.784			

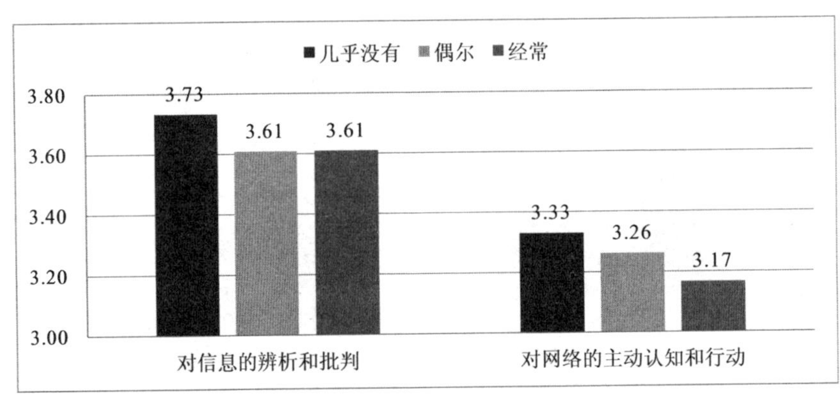

图 2-106 父母干预上网活动的频率——网络信息分析与评价能力维度（5 分制）

（4）父母干预上网活动的频率对网络印象管理能力各指标无显著影响。

（5）对于网络安全与隐私保护能力维度，父母干预上网活动的频率对安全感知及隐私关注、安全行为及隐私保护指标均有显著影响（Sig. <0.001）。父母几乎不干预上网活动的青少年，其在安全感知及隐私关注和安全行为及隐私保护方面反而表现得更好（见表 2-113、图 2-107）。

表 2-113 父母干预上网活动的频率——网络安全与隐私保护能力维度差异检验

指标	父母干预上网活动的频率	N	Mean	SD	F	Sig.	偏 η^2
安全感知及隐私关注	几乎没有	1422	3.91	0.761	24.214	0.000	0.005
	偶尔	5142	3.76	0.719			
	经常	2561	3.83	0.763			
安全行为及隐私保护	几乎没有	1422	3.97	0.785	9.102	0.000	0.002
	偶尔	5142	3.87	0.745			
	经常	2561	3.88	0.791			

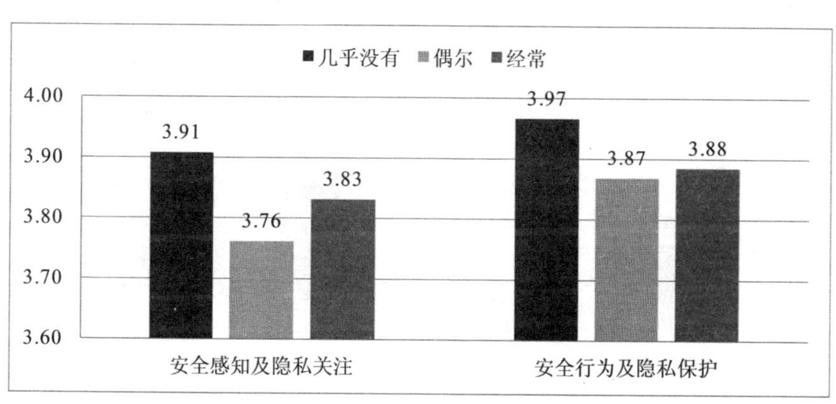

图 2-107 父母干预上网活动的频率——网络安全与隐私保护能力维度（5 分制）

（6）对于网络价值认知和行为能力维度，父母干预上网活动的频率对网络规范认知和网络暴力认知指标有显著影响（Sig. <0.01）。父母几乎不干预上网活动的青少年，网络规范认知和网络暴力认知表现更好（见表 2-114、图 2-108）。

表 2-114　父母干预上网活动的频率——网络价值认知和行为能力维度差异检验

指标	父母干预上网活动的频率	N	Mean	SD	F	Sig.	偏 η^2
网络规范认知	几乎没有	1422	3.94	0.885	16.546	0.000	0.004
	偶尔	5142	3.81	0.811			
	经常	2561	3.80	0.851			
网络暴力认知	几乎没有	1422	4.22	0.968	5.041	0.006	0.001
	偶尔	5142	4.17	0.909			
	经常	2561	4.13	0.982			

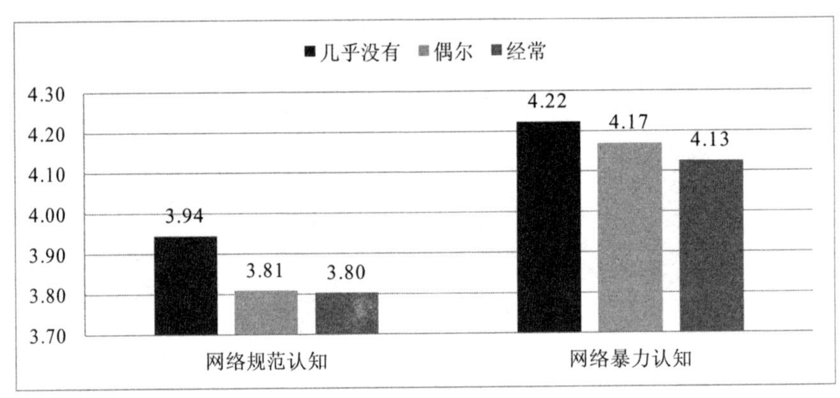

图 2-108　父母干预上网活动的频率——网络价值认知和行为能力维度（5 分制）

（四）学校影响因素分析

1. 学校是否开设课程

（1）对于上网注意力管理能力维度，学校是否开设多媒体网络课程对青少年网络使用认知、网络情感控制和网络行为控制三个指标均有显著影响（Sig. < 0.001）。学校开设了相关课程的青少年网络使用认知、网络情感控制和网络行为控制水平明显更高（见表 2-115、图 2-109）。

表 2-115 学校是否开设课程——上网注意力管理能力维度差异检验

指标	学校是否开设课程	N	Mean	SD	F	Sig.	偏 η^2
网络使用认知	是	7661	3.83	0.719	95.619	0.000	0.010
	否	1464	3.63	0.776			
网络情感控制	是	7661	3.53	0.886	19.054	0.000	0.002
	否	1464	3.42	0.885			
网络行为控制	是	7661	3.43	0.814	55.440	0.000	0.006
	否	1464	3.26	0.830			

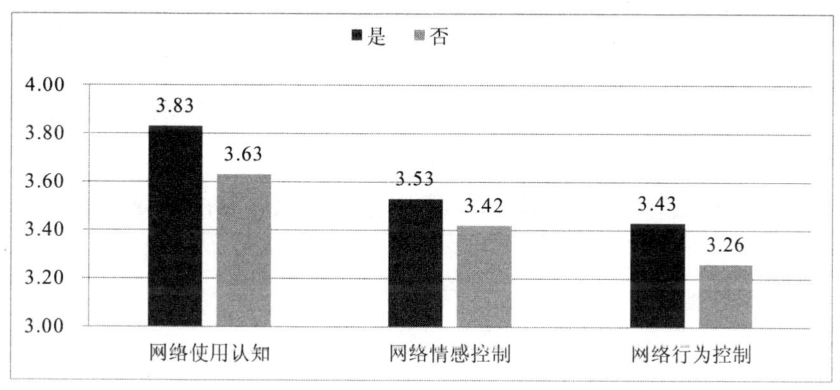

图 2-109 学校是否开设课程——上网注意力管理能力维度（5 分制）

（2）对于网络信息搜索与利用能力维度，学校是否开设多媒体网络课程对青少年信息搜索与分辨和信息保存与利用指标均有显著影响（Sig. <0.001）。学校开设了相关课程的青少年信息搜索与分辨和信息保存与利用能力水平明显更高（见表 2-116、图 2-110）。

表 2-116 学校是否开设课程——网络信息搜索与利用能力维度差异检验

指标	学校是否开设课程	N	Mean	SD	F	Sig.	偏 η^2
信息搜索与分辨	是	7661	3.70	0.759	98.960	0.000	0.011
	否	1464	3.49	0.803			
信息保存与利用	是	7661	3.52	0.764	74.444	0.000	0.008
	否	1464	3.33	0.795			

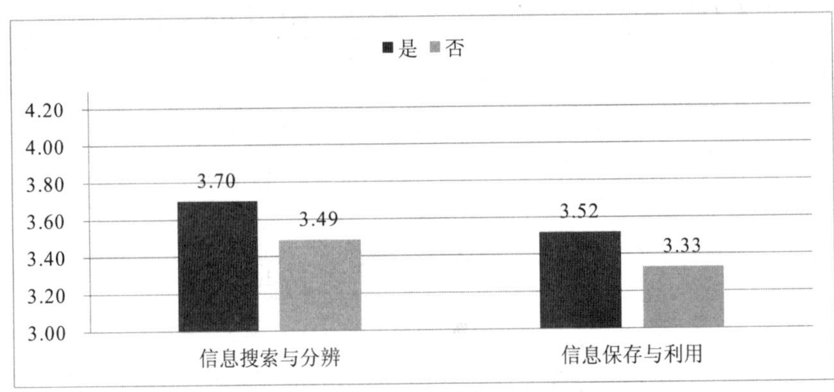

图 2-110　学校是否开设课程——网络信息搜索与利用能力维度（5 分制）

（3）对于网络信息分析与评价能力维度，学校是否开设多媒体网络课程对青少年信息辨析和批判指标有显著影响（Sig. <0.001）。学校开设了相关课程的青少年对信息的辨析和批判能力水平明显更高（见表 2-117、图 2-111）。

表 2-117　学校是否开设课程——网络信息分析与评价能力维度差异检验

指标	学校是否开设课程	N	Mean	SD	F	Sig.	偏 η^2
对信息的辨析和批判	是	7661	3.66	0.734	74.157	0.000	0.008
	否	1464	3.47	0.801			

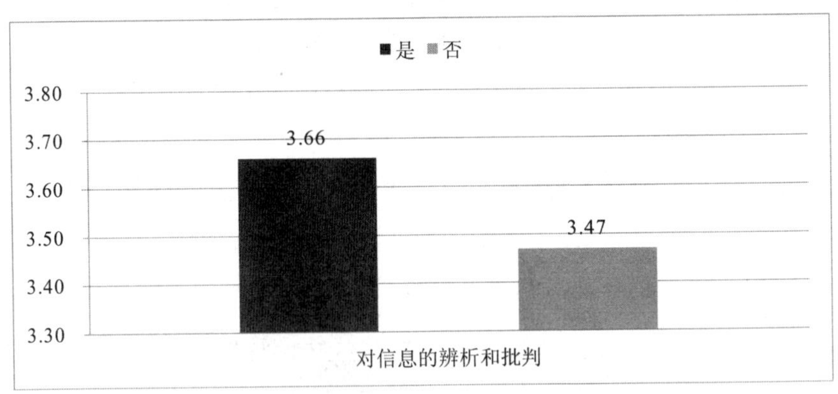

图 2-111　学校是否开设课程——网络信息分析与评价能力维度（5 分制）

（4）对于网络印象管理能力维度，学校是否开设多媒体网络课程对青少年利用社交媒体迎合他人、进行社交互动和自我宣传指标均有显著影响（Sig. < 0.05）。学校开设了相关课程的青少年三个指标表现明显更好（见表 2-118、图 2-112）。

表 2-118　学校是否开设课程——网络印象管理能力维度差异检验

指标	学校是否开设课程	N	Mean	SD	F	Sig.	偏 η^2
迎合他人	是	7661	2.84	0.924	5.347	0.021	0.001
	否	1464	2.78	0.933			
社交互动	是	7661	3.23	0.851	23.455	0.000	0.003
	否	1464	3.11	0.865			
自我宣传	是	7661	3.05	0.929	5.370	0.021	0.001
	否	1464	2.99	0.964			

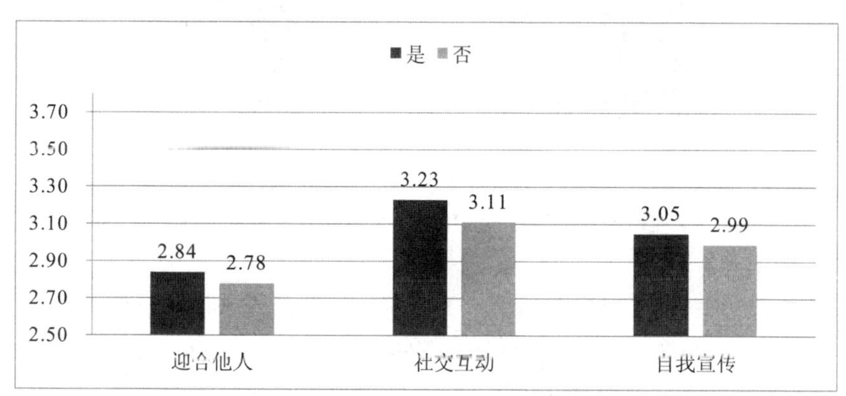

图 2-112　学校是否开设课程——网络印象管理能力维度（5 分制）

（5）对于网络安全与隐私保护能力维度，学校是否开设多媒体网络课程对青少年安全感知及隐私关注、安全行为及隐私保护指标均有显著影响（Sig. < 0.001）。学校开设了相关课程的青少年安全感知及隐私关注和安全行为及隐私保护水平明显更高（见表 2-119、图 2-113）。

表 2-119　学校是否开设课程——网络安全与隐私保护能力维度差异检验

指标	学校是否开设课程	N	Mean	SD	F	Sig.	偏 η^2
安全感知及隐私关注	是	7661	3.83	0.726	63.202	0.000	0.007
	否	1464	3.66	0.796			
安全行为及隐私保护	是	7661	3.92	0.750	107.042	0.000	0.012
	否	1464	3.70	0.813			

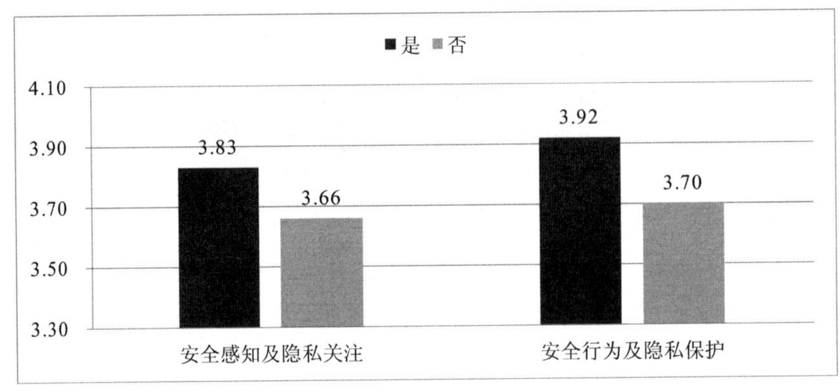

图 2-113　学校是否开设课程——网络安全与隐私保护能力维度（5 分制）

（6）对于网络价值认知和行为能力维度，学校是否开设多媒体网络课程对青少年网络规范认知、网络暴力认知和网络行为规范指标均有显著影响（$Sig. < 0.001$）。学校开设了相关课程的青少年三个指标都表现更好（见表 2-120、图 2-114）。

表 2-120　学校是否开设课程——网络价值认知和行为能力维度差异检验

指标	学校是否开设课程	N	Mean	SD	F	Sig.	偏 η^2
网络规范认知	是	7661	3.86	0.821	85.263	0.000	0.009
	否	1464	3.64	0.887			
网络暴力认知	是	7661	4.19	0.931	38.692	0.000	0.004
	否	1464	4.03	0.973			

续表

指标	学校是否开设课程	N	Mean	SD	F	Sig.	偏 η^2
网络行为规范	是	7661	3.80	0.913	18.359	0.000	0.002
	否	1464	3.69	0.918			

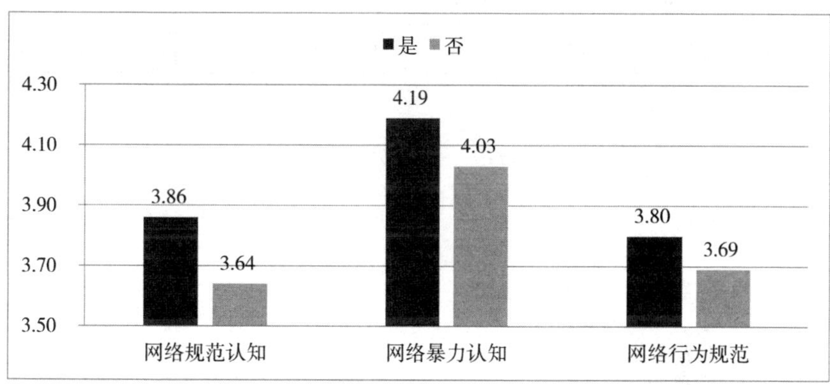

图 2-114 学校是否开设课程——网络价值认知和行为能力维度（5 分制）

2. 课程收获程度

（1）对于上网注意力管理能力维度，课程收获程度对网络使用认知、网络情感控制和网络行为控制指标均有显著影响（Sig. <0.001）。课程收获越大的青少年，三个指标表现越好（见表 2-121、图 2-115）。

表 2-121 课程收获程度——上网注意力管理能力维度差异检验

指标	课程收获程度	N	Mean	SD	F	Sig.	偏 η^2
网络使用认知	几乎没有收获	317	3.63	0.826	249.641	0.000	0.061
	有些收获	3921	3.68	0.654			
	收获很大	3423	4.03	0.730			
网络情感控制	几乎没有收获	317	3.32	0.924	27.541	0.000	0.007
	有些收获	3921	3.48	0.792			
	收获很大	3423	3.60	0.973			

续表

指标	课程收获程度	N	Mean	SD	F	Sig.	偏 η^2
网络行为控制	几乎没有收获	317	3. 11	0. 891	203. 873	0. 000	0. 051
	有些收获	3921	3. 28	0. 724			
	收获很大	3423	3. 63	0. 856			

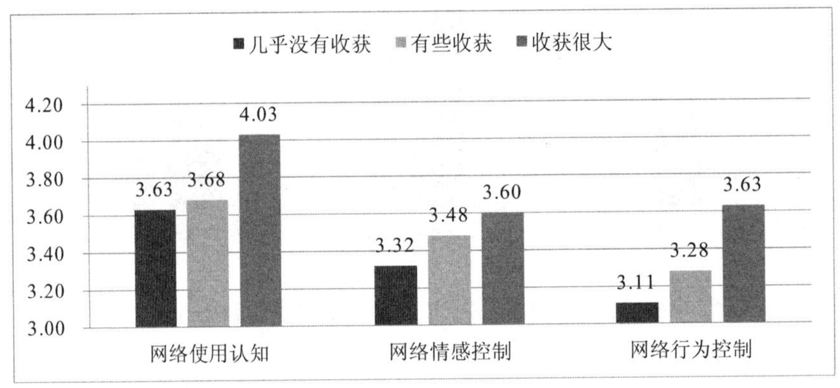

图 2-115　课程收获程度——上网注意力管理能力维度（5 分制）

（2）对于网络信息搜索与利用能力维度，课程收获程度对信息搜索与分辨和信息保存与利用指标均有显著影响（Sig. <0. 001）。课程收获很大的青少年信息搜索与分辨和信息保存与利用表现明显更好（见表 2-122、图 2-116）。

表 2-122　课程收获程度——网络信息搜索与利用能力维度差异检验

指标	课程收获程度	N	Mean	SD	F	Sig.	偏 η^2
信息搜索与分辨	几乎没有收获	317	3. 63	0. 829	195. 857	0. 000	0. 049
	有些收获	3921	3. 55	0. 694			
	收获很大	3423	3. 89	0. 783			

续表

指标	课程收获程度	N	Mean	SD	F	Sig.	偏 η^2
信息保存与利用	几乎没有收获	317	3. 50	0. 797	148. 123	0. 000	0. 037
	有些收获	3921	3. 38	0. 687			
	收获很大	3423	3. 69	0. 811			

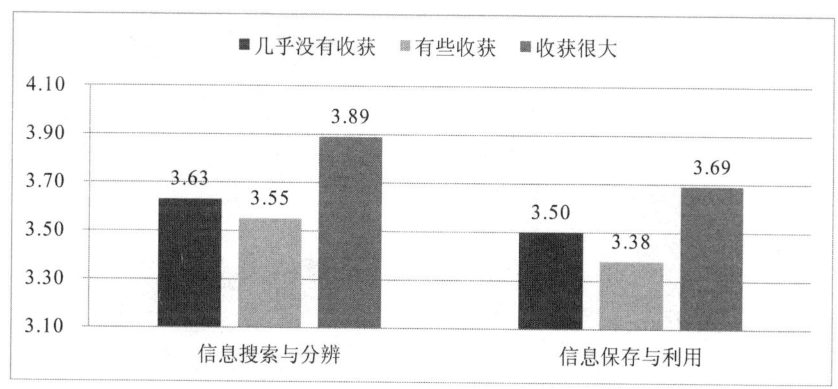

图 2-116　课程收获程度——网络信息搜索与利用能力维度（5 分制）

（3）对于网络信息分析与评价能力维度，课程收获程度对信息的辨析和批判、对网络的主动认知和行动指标均有显著影响（Sig. <0. 001）。课程收获很大的青少年对信息的辨析和批判表现更好，对网络的主动认知和行动的表现相对较差（见表 2-123、图 2-117）。

表 2-123　课程收获程度——网络信息分析与评价能力维度差异检验

指标	课程收获程度	N	Mean	SD	F	Sig.	偏 η^2
对信息的辨析和批判	几乎没有收获	317	3. 61	0. 805	159. 643	0. 000	0. 040
	有些收获	3921	3. 52	0. 669			
	收获很大	3423	3. 82	0. 766			

续表

指标	课程收获程度	N	Mean	SD	F	Sig.	偏 η^2
对网络的主动认知和行动	几乎没有收获	317	3.28	0.851	14.418	0.000	0.004
	有些收获	3921	3.29	0.672			
	收获很大	3423	3.20	0.846			

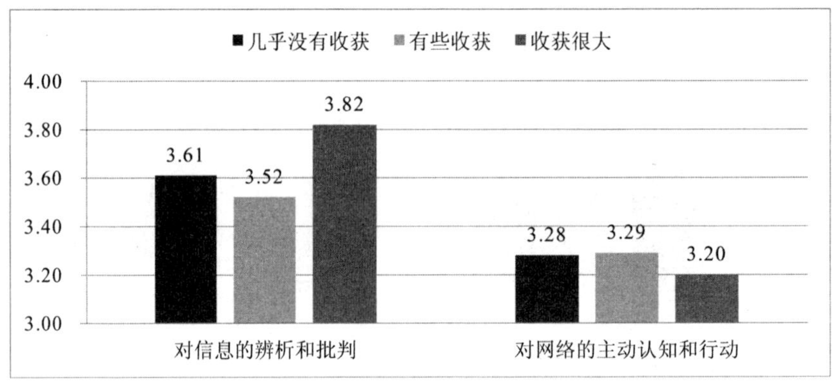

图 2-117 课程收获程度——网络信息分析与评价能力维度（5 分制）

（4）对于网络印象管理能力维度，课程收获程度对迎合他人、社交互动和自我宣传指标均有显著影响（Sig. <0.05）。课程收获很大的青少年社交互动和自我宣传表现更好，几乎没有收获的青少年迎合他人表现更好（见表 2-124、图 2-118）。

表 2-124 课程收获程度——网络印象管理能力维度差异检验

指标	课程收获程度	N	Mean	SD	F	Sig.	偏 η^2
迎合他人	几乎没有收获	317	2.92	1.016	3.653	0.026	0.001
	有些收获	3921	2.81	0.831			
	收获很大	3423	2.86	1.011			

续表

指标	课程收获程度	N	Mean	SD	F	Sig.	偏 η^2
社交互动	几乎没有收获	317	3.13	0.992	50.955	0.000	0.013
	有些收获	3921	3.14	0.764			
	收获很大	3423	3.34	0.916			
自我宣传	几乎没有收获	317	3.03	1.054	17.342	0.000	0.005
	有些收获	3921	2.99	0.864			
	收获很大	3423	3.12	0.982			

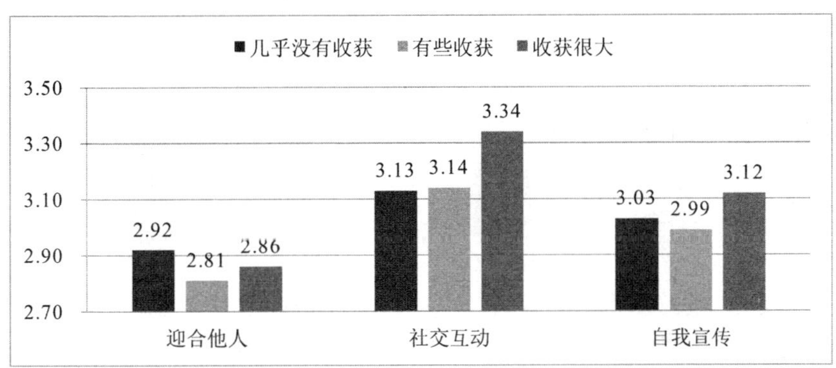

图 2-118 课程收获程度——网络印象管理能力维度（5 分制）

（5）对于网络安全与隐私保护能力维度，课程收获程度对安全感知及隐私关注、安全行为及隐私保护指标均有显著影响（Sig. <0.001）。课程收获很大的青少年安全感知及隐私关注和安全行为及隐私保护表现明显更好（见表 2-125、图 2-119）。

表 2-125　课程收获程度——网络安全与隐私保护能力维度差异检验

指标	课程收获程度	N	Mean	SD	F	Sig.	偏 η^2
安全感知及隐私关注	几乎没有收获	317	3.83	0.802	89.531	0.000	0.023
	有些收获	3921	3.73	0.693			
	收获很大	3423	3.95	0.737			
安全行为及隐私保护	几乎没有收获	317	3.75	0.830	124.154	0.000	0.031
	有些收获	3921	3.81	0.710			
	收获很大	3423	4.07	0.761			

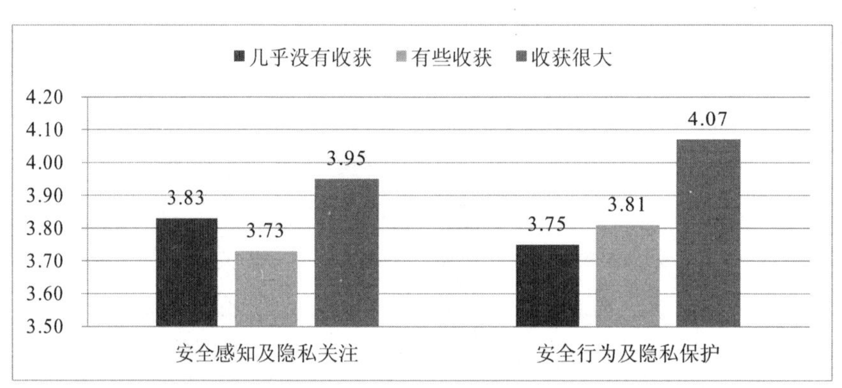

图 2-119　课程收获程度——网络安全与隐私保护能力维度（5 分制）

（6）对于网络价值认知和行为能力维度，课程收获程度对网络规范认知、网络暴力认知和网络行为规范指标均有显著影响（Sig. <0.001）。课程收获很大的青少年三个指标表现明显更好（见表 2-126、图 2-120）。

表 2-126 课程收获程度——网络价值认知和行为能力维度差异检验

指标	课程收获程度	N	Mean	SD	F	Sig.	偏 η^2
网络规范认知	几乎没有收获	317	3.87	0.801	55.309	0.000	0.014
	有些收获	3921	3.77	0.785			
	收获很大	3423	3.97	0.850			
网络暴力认知	几乎没有收获	317	3.96	1.067	12.641	0.000	0.003
	有些收获	3921	4.18	0.864			
	收获很大	3423	4.23	0.986			
网络行为规范	几乎没有收获	317	3.55	1.019	29.071	0.000	0.008
	有些收获	3921	3.76	0.830			
	收获很大	3423	3.88	0.982			

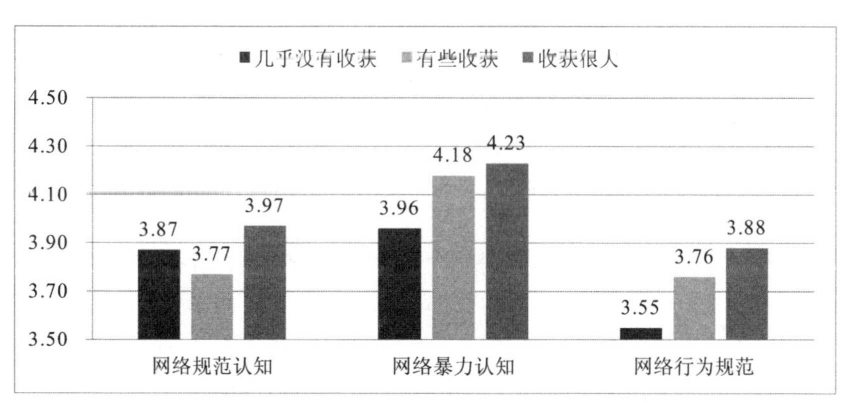

图 2-120 课程收获程度——网络价值认知和行为能力维度（5 分制）

3. 与同学讨论网络内容频率

（1）与同学讨论网络内容频率对上网注意力管理能力各维度无显著影响。

（2）对于网络信息搜索与利用能力维度，与同学讨论网络内容频率对信息搜索与分辨和信息保存与利用指标均有显著影响（Sig. <0.001）。与同学讨论网络内容越频繁的青少年，信息搜索与分辨和信息保存与利用表现越好（见表 2-

127、图 2-121）。

表 2-127　与同学讨论网络内容频率——网络信息搜索与利用能力维度差异检验

指标	与同学讨论网络内容频率	N	Mean	SD	F	Sig.	偏 η^2
信息搜索与分辨	几乎不	451	3. 37	0. 904	221. 749	0. 000	0. 046
	有时	4554	3. 54	0. 699			
	经常	4120	3. 85	0. 790			
信息保存与利用	几乎不	451	3. 06	0. 874	351. 823	0. 000	0. 072
	有时	4554	3. 34	0. 685			
	经常	4120	3. 71	0. 789			

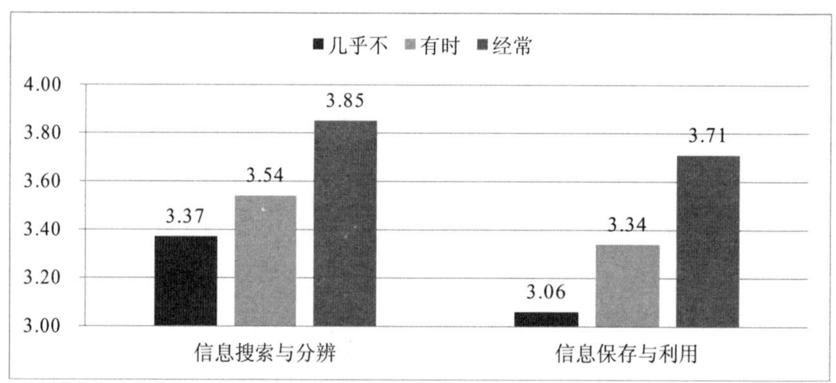

图 2-121　与同学讨论网络内容频率——网络信息搜索与利用能力维度（5 分制）

（3）对于网络信息分析与评价能力维度，与同学讨论网络内容频率对信息的辨析和批判、对网络的主动认知和行动指标均有显著影响（Sig. <0. 001）。与同学讨论网络内容越频繁的青少年，对信息的辨析和批判表现越好，对网络的主动认知和行动表现越差（见表 2-128、图 2-122）。

表 2-128 与同学讨论网络内容频率——网络信息分析与评价能力维度差异检验

指标	与同学讨论网络内容频率	N	Mean	SD	F	Sig.	偏 η^2
对信息的辨析和批判	几乎不	451	3. 28	0. 913	192. 459	0. 000	0. 040
	有时	4554	3. 52	0. 677			
	经常	4120	3. 78	0. 770			
对网络的主动认知和行动	几乎不	451	3. 42	0. 850	84. 755	0. 000	0. 018
	有时	4554	3. 33	0. 658			
	经常	4120	3. 13	0. 837			

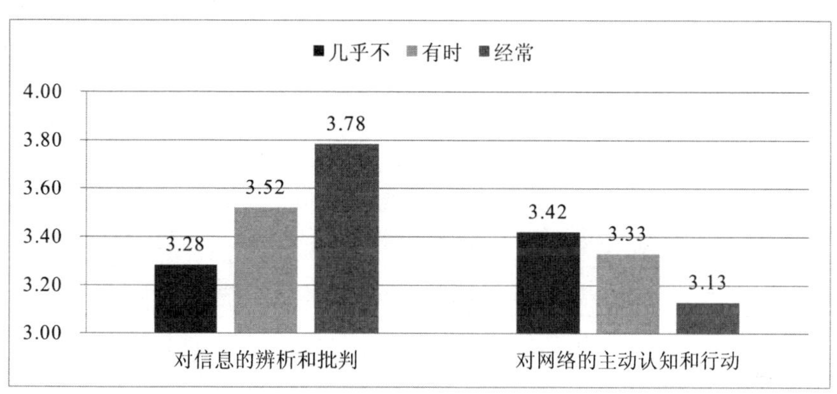

图 2-122 与同学讨论网络内容频率——网络信息分析与评价能力维度（5 分制）

（4）对于网络印象管理能力维度，与同学讨论网络内容频率对迎合他人、社交互动和自我宣传指标均有显著影响（Sig. <0. 001）。与同学讨论网络内容越频繁的青少年，三个指标表现越好（见表 2-129、图 2-123）。

表 2-129 与同学讨论网络内容频率——网络印象管理能力维度差异检验

指标	与同学讨论网络内容频率	N	Mean	SD	F	Sig.	偏 η^2
迎合他人	几乎不	451	2. 41	1. 002	190. 826	0. 000	0. 040
	有时	4554	2. 70	0. 835			
	经常	4120	3. 02	0. 970			

续表

指标	与同学讨论网络内容频率	N	Mean	SD	F	Sig.	偏 η^2
社交互动	几乎不	451	2.75	0.970	243.138	0.000	0.051
	有时	4554	3.08	0.763			
	经常	4120	3.41	0.887			
自我宣传	几乎不	451	2.48	1.015	277.986	0.000	0.057
	有时	4554	2.89	0.854			
	经常	4120	3.27	0.952			

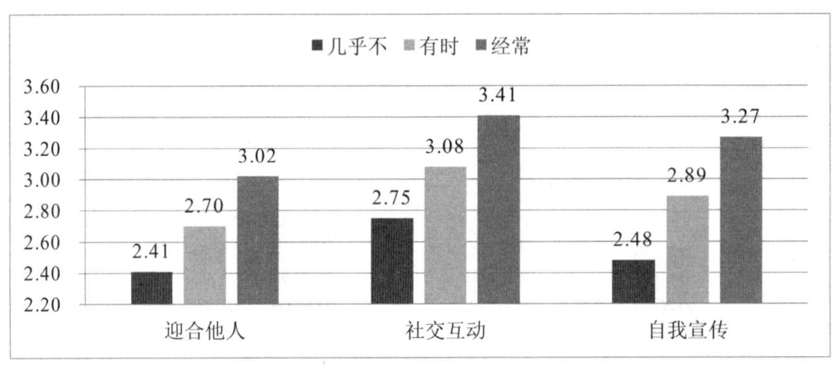

图 2-123 与同学讨论网络内容频率——网络印象管理能力维度（5 分制）

（5）对于网络安全与隐私保护能力维度，与同学讨论网络内容频率对安全感知及隐私关注、安全行为及隐私保护指标均有显著影响（Sig. <0.001）。与同学讨论网络内容越频繁的青少年，在安全感知及隐私关注和安全行为及隐私保护方面表现也越好（见表 2-130、图 2-124）。

表 2-130 与同学讨论网络内容频率——网络安全与隐私保护能力维度差异检验

指标	与同学讨论网络内容频率	N	Mean	SD	F	Sig.	偏 η^2
安全感知及隐私关注	几乎不	451	3.62	0.906	86.904	0.000	0.019
	有时	4554	3.72	0.692			
	经常	4120	3.91	0.756			
安全行为及隐私保护	几乎不	451	3.69	0.916	54.767	0.000	0.012
	有时	4554	3.83	0.724			
	经常	4120	3.97	0.781			

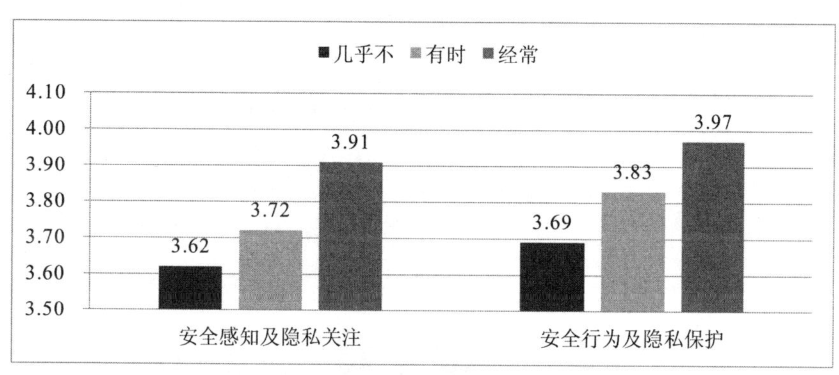

图 2-124 与同学讨论网络内容频率——网络安全与隐私保护能力维度（5 分制）

（6）对于网络价值认知和行为能力维度，与同学讨论网络内容频率对网络规范认知、网络暴力认知和网络行为规范指标均有显著影响（Sig. <0.001）。经常与同学讨论网络内容的青少年，网络规范认知表现更好，网络行为规范表现更差；有时与同学讨论网络内容的青少年，网络暴力认知表现更好（见表 2-131、图 2-125）。

表 2-131　与同学讨论网络内容频率——网络价值认知和行为能力维度差异检验

指标	与同学讨论网络内容频率	N	Mean	SD	F	Sig.	偏 η^2
网络规范认知	几乎不	451	3. 56	0. 986	55. 306	0. 000	0. 012
	有时	4554	3. 77	0. 798			
	经常	4120	3. 92	0. 848			
网络暴力认知	几乎不	451	4. 13	1. 008	37. 599	0. 000	0. 008
	有时	4554	4. 25	0. 837			
	经常	4120	4. 08	1. 028			
网络行为规范	几乎不	451	3. 87	0. 967	63. 104	0. 000	0. 014
	有时	4554	3. 88	0. 818			
	经常	4120	3. 67	0. 993			

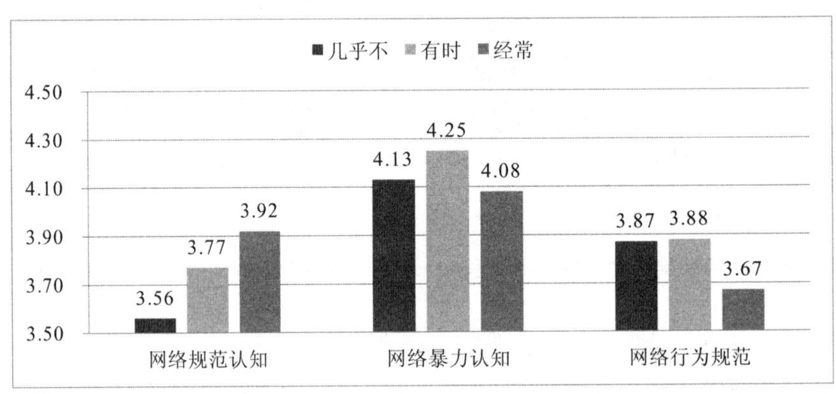

图 2-125　与同学讨论网络内容频率——网络价值认知和行为能力维度（5 分制）

4. 学校有无设备管理规定

（1）对于上网注意力管理能力维度，学校有无设备管理规定对网络使用认知、网络情感控制和网络行为控制指标均有显著影响（Sig. <0. 05）。学校有设备管理规定的青少年网络使用认知、网络情感控制和网络行为控制能力都更强（见表 2-132、图 2-126）。

表 2-132　学校有无设备规定——上网注意力管理能力维度差异检验

指标	学校有无设备规定	N	Mean	SD	F	Sig.	偏 η^2
网络使用认知	是	8285	3.82	0.723	58.112	0.000	0.006
	否	840	3.62	0.792			
网络情感控制	是	8285	3.51	0.886	4.044	0.044	0.000
	否	840	3.45	0.890			
网络行为控制	是	8285	3.42	0.809	48.683	0.000	0.005
	否	840	3.22	0.883			

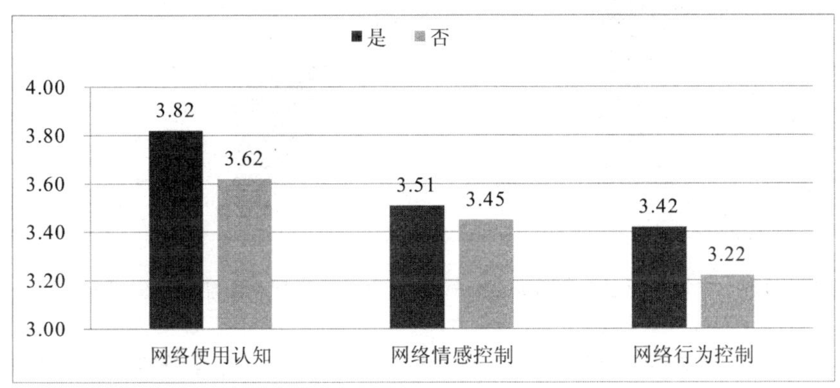

图 2-126　学校有无设备规定——上网注意力管理能力维度（5 分制）

（2）对于网络信息搜索与利用能力维度，学校有无设备管理规定对信息搜索与分辨和信息保存与利用指标均有显著影响（Sig. <0.001）。学校有设备管理规定的青少年信息搜索与分辨和信息保存与利用能力更强（见表 2-133、图 2-127）。

表 2-133　学校有无设备管理规定——网络信息搜索与利用能力维度差异检验

指标	学校有无设备管理规定	N	Mean	SD	F	Sig.	偏 η^2
信息搜索与分辨	是	8285	3.68	0.764	40.829	0.000	0.004
	否	840	3.51	0.820			

续表

指标	学校有无设备管理规定	N	Mean	SD	F	Sig.	偏 η^2
信息保存与利用	是	8285	3.51	0.765	36.703	0.000	0.004
	否	840	3.34	0.823			

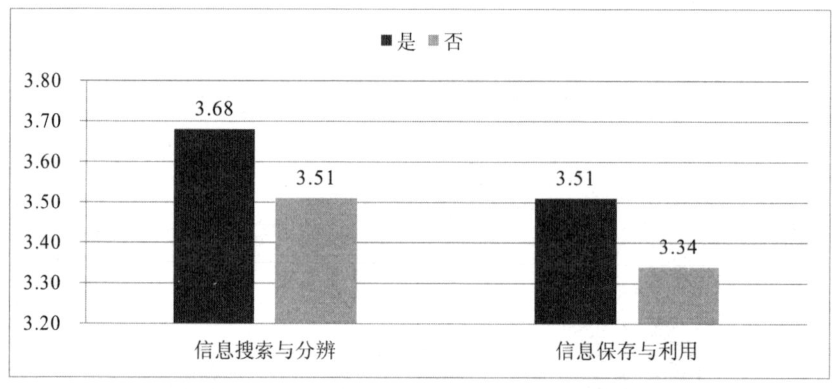

图 2-127　学校有无设备管理规定——网络信息搜索与利用能力维度（5 分制）

（3）对于网络信息分析与评价能力维度，学校有无设备管理规定对信息的辨析和批判指标有显著影响（Sig. <0.001）。学校有设备管理规定的青少年对信息的辨析和批判能力水平明显更高（见表 2-134、图 2-128）。

表 2-134　学校有无设备管理规定——网络信息分析与评价能力维度差异检验

指标	学校有无设备规定	N	Mean	SD	F	Sig.	偏 η^2
对信息的辨析和批判	是	8285	3.65	0.740	59.589	0.000	0.006
	否	840	3.44	0.806			

（4）学校有无设备管理规定对网络印象管理能力维度各指标无显著影响。

（5）对于网络安全与隐私保护能力维度，学校有无设备管理规定对安全感知及隐私关注和安全行为及隐私保护指标均有显著影响（Sig. <0.001）。学校有设备管理规定的青少年安全感知及隐私关注和安全行为及隐私保护能力水平明显更高（见表 2-135、图 2-129）。

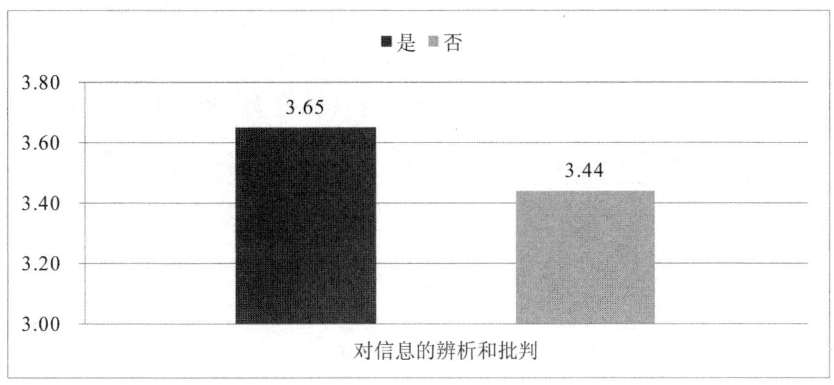

图 2-128　学校有无设备管理规定——网络信息分析与评价能力维度（5 分制）

表 2-135　学校有无设备管理规定——网络安全与隐私保护能力维度差异检验

指标	学校有无设备管理规定	N	Mean	SD	F	Sig.	偏 η^2
安全感知及隐私关注	是	8285	3. 83	0. 729	77. 585	0. 000	0. 008
	否	840	3. 59	0. 810			
安全行为及隐私保护	是	8285	3. 91	0. 757	67. 449	0. 000	0. 007
	否	840	3. 68	0. 810			

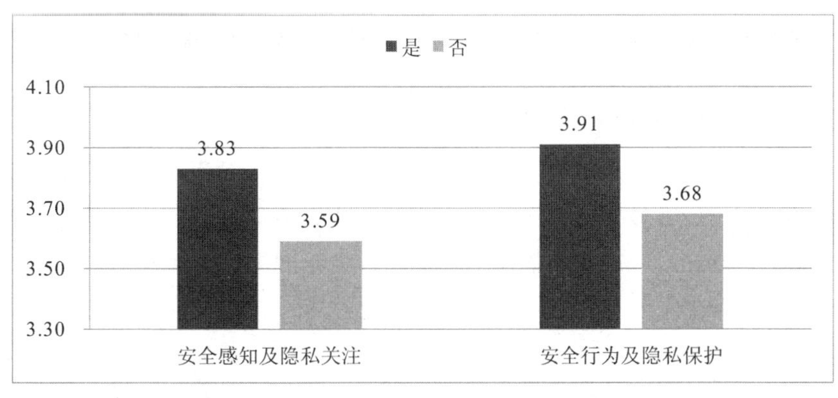

图 2-129　学校有无设备管理规定——网络安全与隐私保护能力维度（5 分制）

（6）对于网络价值认知和行为能力维度，学校有无设备管理规定对网络规范认知、网络暴力认知和网络行为规范指标均有显著影响（Sig. <0.001）。学校有设备管理规定的青少年三方面表现明显更好（见表 2-136、图 2-130）。

表 2-136　学校有无设备规定——网络价值认知和行为能力维度差异检验

指标	学校有无设备规定	N	Mean	SD	F	Sig.	偏 η^2
网络规范认知	是	8285	3.85	0.826	51.382	0.000	0.006
	否	840	3.63	0.900			
网络暴力认知	是	8285	4.18	0.933	24.734	0.000	0.003
	否	840	4.01	0.997			
网络行为规范	是	8285	3.80	0.911	20.155	0.000	0.002
	否	840	3.65	0.939			

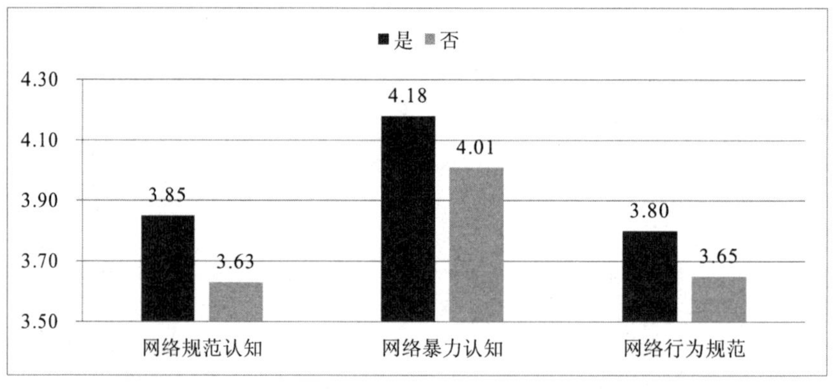

图 2-130　学校有无设备规定——网络价值认知和行为能力维度（5 分制）

5. 上课使用手机频率

（1）对于上网注意力管理能力维度，上课使用手机频率对网络使用认知和网络情感控制指标有显著影响（Sig. <0.01）。上课有时候使用手机的青少年网络使用认知表现相对较差，经常使用手机的青少年网络情感控制明显较差（见表 2-137、图 2-131）。

表 2-137 上课使用手机频率——上网注意力管理能力维度差异检验

指标	上课使用手机频率	N	Mean	SD	F	Sig.	偏 η^2
网络使用认知	从未使用	6993	3. 81	0. 720	3. 973	0. 008	0. 001
	不经常使用	742	3. 77	0. 719			
	有时候使用	913	3. 73	0. 740			
	经常使用	477	3. 79	0. 884			
网络情感控制	从未使用	6993	3. 55	0. 862	48. 358	0. 000	0. 016
	不经常使用	742	3. 48	0. 904			
	有时候使用	913	3. 48	0. 892			
	经常使用	477	3. 05	1. 053			

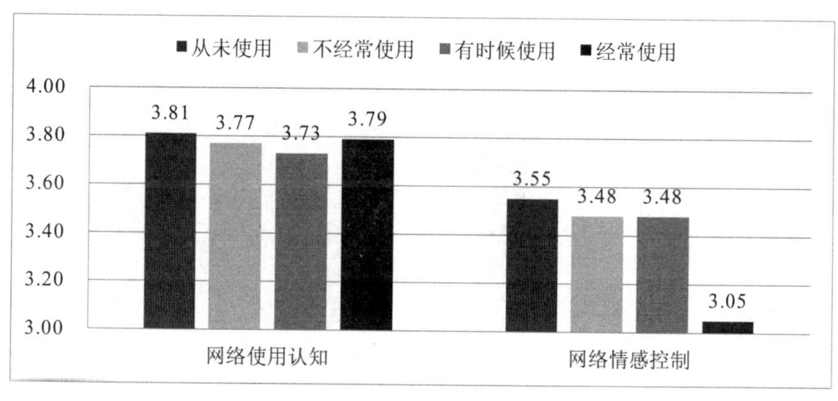

图 2-131 上课使用手机频率——上网注意力管理能力维度（5 分制）

（2）对于网络信息搜索与利用能力维度，上课使用手机频率对信息搜索与分辨和信息保存与利用指标均有显著影响（Sig. <0. 05）。上课使用手机频率高的青少年信息搜索与分辨和信息保存与利用表现相对更好（见表 2-138、图 2-132）。

表 2-138 上课使用手机频率——网络信息搜索与利用能力维度差异检验

指标	上课使用手机频率	N	Mean	SD	F	Sig.	偏 η^2
信息搜索与分辨	从未使用	6993	3.67	0.759	3.288	0.020	0.001
	不经常使用	742	3.61	0.757			
	有时候使用	913	3.65	0.776			
	经常使用	477	3.75	0.926			
信息保存与利用	从未使用	6993	3.48	0.761	9.996	0.000	0.003
	不经常使用	742	3.48	0.745			
	有时候使用	913	3.52	0.763			
	经常使用	477	3.67	0.947			

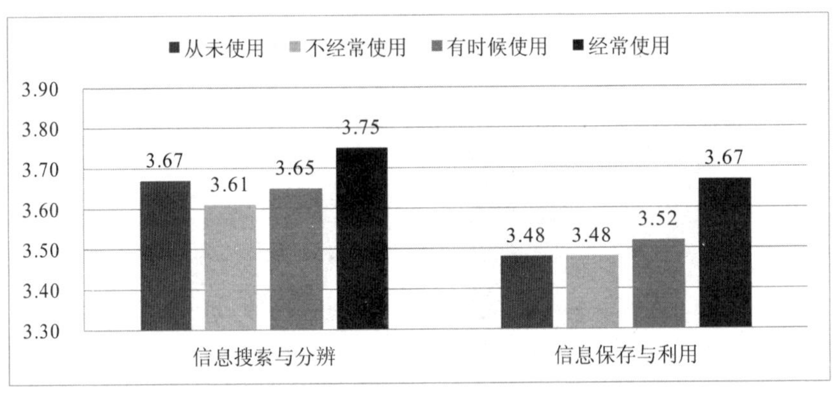

图 2-132 上课使用手机频率——网络信息搜索与利用能力维度（5 分制）

（3）对于网络信息分析与评价能力维度，上课使用手机频率对信息的辨析和批判、对网络的主动认知和行动指标均有显著影响（Sig. <0.05）。上课经常使用手机的青少年对信息的辨析和批判表现更好，对网络的主动认知和行动表现较差（见表 2-139、图 2-133）。

表 2-139 上课使用手机频率——网络信息分析与评价能力维度差异检验

指标	上课使用手机频率	N	Mean	SD	F	Sig.	偏 η^2
对信息的辨析和批判	从未使用	6993	3.63	0.736	3.272	0.020	0.001
	不经常使用	742	3.57	0.738			
	有时候使用	913	3.60	0.745			
	经常使用	477	3.69	0.923			
对网络的主动认知和行动	从未使用	6993	3.28	0.730	32.984	0.000	0.011
	不经常使用	742	3.22	0.750			
	有时候使用	913	3.17	0.792			
	经常使用	477	2.94	1.032			

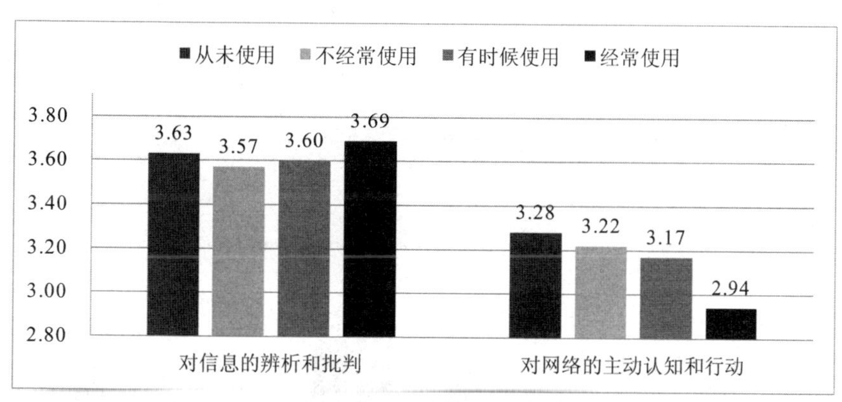

图 2-133 上课使用手机频率——网络信息分析与评价能力维度（5 分制）

（4）对于网络印象管理能力维度，上课使用手机频率对迎合他人、社交互动和自我宣传三个指标均有显著影响（Sig. <0.001）。上课经常使用手机的青少年三个指标表现都更好（见表 2-140、图 2-134）。

表 2-140　上课使用手机频率——网络印象管理能力维度差异检验

指标	上课使用手机频率	N	Mean	SD	F	Sig.	偏 η^2
迎合他人	从未使用	6993	2.80	0.911	19.586	0.000	0.006
	不经常使用	742	2.84	0.911			
	有时候使用	913	2.86	0.909			
	经常使用	477	3.13	1.119			
社交互动	从未使用	6993	3.20	0.843	8.697	0.000	0.003
	不经常使用	742	3.17	0.836			
	有时候使用	913	3.27	0.848			
	经常使用	477	3.38	1.018			
自我宣传	从未使用	6993	3.02	0.927	14.005	0.000	0.005
	不经常使用	742	3.04	0.914			
	有时候使用	913	3.06	0.907			
	经常使用	477	3.31	1.079			

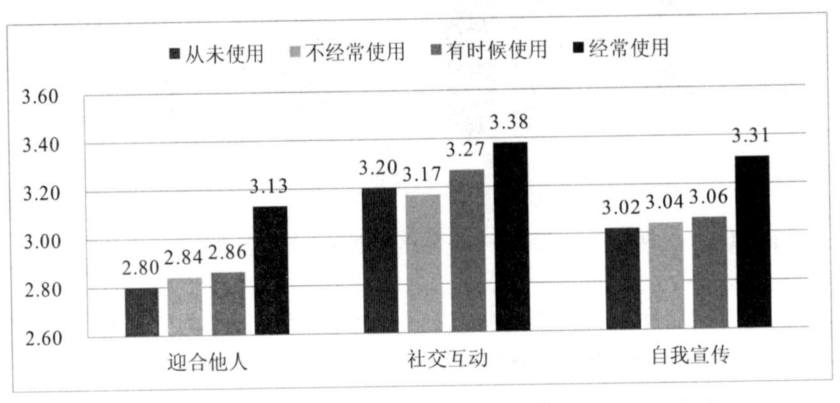

图 2-134　上课使用手机频率——网络印象管理能力维度（5 分制）

（5）对于网络安全与隐私保护能力维度，上课使用手机频率对安全感知及隐私关注和安全行为及隐私保护指标均有显著影响（Sig. <0.001）。上课从未使用手机的青少年安全感知及隐私关注和安全行为及隐私保护明显更好（见表 2-141、图 2-135）。

表 2-141 上课使用手机频率——网络安全与隐私保护能力维度差异检验

指标	上课使用手机频率	N	Mean	SD	F	Sig.	偏 η^2
安全感知及隐私关注	从未使用	6993	3.82	0.726	6.957	0.000	0.002
	不经常使用	742	3.74	0.748			
	有时候使用	913	3.72	0.753			
	经常使用	477	3.80	0.881			
安全行为及隐私保护	从未使用	6993	3.91	0.752	7.418	0.000	0.002
	不经常使用	742	3.79	0.761			
	有时候使用	913	3.83	0.773			
	经常使用	477	3.85	0.914			

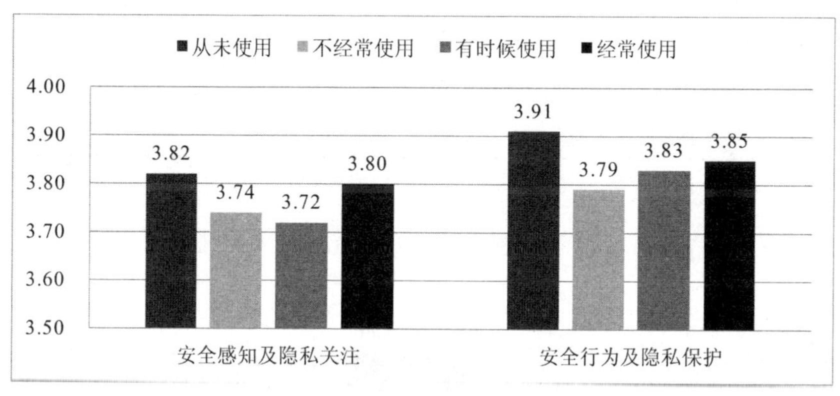

图 2-135 上课使用手机频率——网络安全与隐私保护能力维度（5 分制）

（6）对于网络价值认知和行为能力维度，上课使用手机频率对网络规范认知、网络暴力认知和网络行为规范指标均有显著影响（Sig. <0.001）。上课从未使用手机的青少年三个指标表现均更好（见表 2-142、图 2-136）。

表 2-142　上课使用手机频率——网络价值认知和行为能力维度差异检验

指标	上课使用手机频率	N	Mean	SD	F	Sig.	偏 η^2
网络规范认知	从未使用	6993	3.85	0.821	7.100	0.000	0.002
	不经常使用	742	3.74	0.834			
	有时候使用	913	3.75	0.859			
	经常使用	477	3.79	0.974			
网络暴力认知	从未使用	6993	4.23	0.888	67.163	0.000	0.022
	不经常使用	742	4.04	0.959			
	有时候使用	913	4.06	1.024			
	经常使用	477	3.65	1.245			
网络行为规范	从未使用	6993	3.83	0.879	45.117	0.000	0.015
	不经常使用	742	3.74	0.908			
	有时候使用	913	3.74	0.966			
	经常使用	477	3.34	1.169			

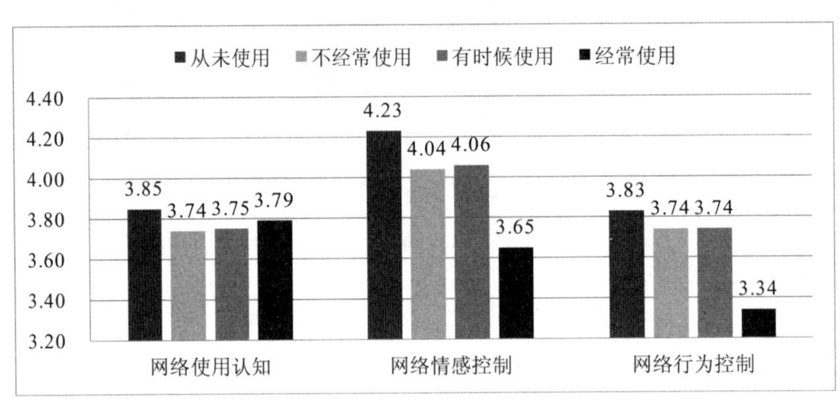

图 2-136　上课使用手机频率——网络价值认知和行为能力维度（5 分制）

第三章

青少年网络效能感、数字压力现状及对网络素养的影响分析

一、青少年网络效能感现状及对网络素养的影响分析

网络效能感（Internet Self Efficacy）脱胎于自我效能感（Perceived self-efficacy or sense of self-efficacy），自我效能感最早是美国心理学家 Bandura. A 提出的概念，是指人们对自己能力的主观信念。人会对完成某项任务的能力程度产生主观判断（蔡荣，2012），能够影响人们的行为选择、人们对任务的努力程度以及思维模式和情感反应（张鼎昆、俐洛、凌文辁，1998）。在 1998 年 Marakas 等学者就提出在计算机效能感的研究中涉及更多特定领域的测量和探索①，网络效能感是自我效能感在网络特定领域中的特殊运用，主要指个人在使用网络完成某一任务的信念和主观判断，比如个体对于自身进行网络信息搜索、网络学习等方面的判断。网络效能感的水平高低会影响网络用户的网络使用表现、网络态度、网络使用意向等方面。

近年来，网络素养与效能感的相关研究开始增多，Abdur Razzaq 等（2018）在研究中发现学生的网络素养与自我效能存在相关关系②，Lm，Choi Hyung 等（2020）在老年人数字信息素养与生活满意度的自我效能感中介效应研究中发现，数字信息素养与自我效能感呈正相关，较高的数字信息素养对自我效能感有正向影响③。Yinghui Huang 等（2021）在初中生网络素养量表的研究中加入了初中生的网络效能感的相关测量，研究表明个体网络使用自我效能程度与网

① George M. Marakas，Mun Y. Yi，Richard D. Johnson. The Multilevel and Multifaceted Character of Computer Self-Efficacy：Toward Clarification of the Construct and an Integrative Framework for Research ［J］. Information Systems Research，1998，9（2）.

② Abdur Razzaq，Yulia Tri Samiha，Muhammad Anshari. Smartphone Habits and Behaviors in Supporting Students Self-Efficacy ［J］. International Journal of Emerging Technologies in Learning（iJET），2018，13（2）.

③ The Mediating Effect of Self-efficacy between the Elderly' s Digital Information Literacy and Life Satisfaction.

络素养水平正相关①，上述研究表明，网络素养会对网络效能感产生影响，且在网络效能感水平及其影响因素之间可能会起到一定的中介作用，但随着互联网的发展，触网年龄的下降，网络素养对于中学生网络效能感的影响程度以及中介效应的相关分析还需进一步实证。

2000 年 Matthew S. Eastin 认为网络特定行为的研究和维度不适用于网络效能感的测量②，应当将指标偏向于网络整体使用，他编撰了新的网络效能感量表，对应为对于网络相关知识掌握、网络问题处理、网络信息搜索、寻求网络帮助的能力感和自信感，将测试重点集中于使用网络能力的自我评价。2003 年 Janice Hinson 等针对中小学生网络效能感做了研究，编撰了针对中小学生的量表，从自我效能感的四大信息源出发，构建了个人自我效能、与他人的使用比较、使用网络时的生理状态，以及他人对自己使用网络的社会反馈四个因子与三元交互理论相对应，反映了个人、环境、行为三者之间的关系。

2005 年刘小燕选取前人问卷中的题项，结合我国的研究背景，采用了个人层面的网络能力感、环境层面的把握感，以及行为层面的努力感三个维度的自我效能感评价框架对大学生的网络效能感水平进行了影响因素分析和影响效果探究，能力感是指个人网络使用的自我效能感知，把握感是指在网络环境下与他人能力的比较评估，而努力感则是对于自身能否通过行为能力来提升网络水平③。2011 年谢幼如从 Bandura 的三元交互作用理论和网络自我学习效能感的结构出发，编撰了大学生网络学习自我效能感问卷，分为个体本身的“能力感”、个体自身的“努力感”、个体对环境的“环境感”以及个体对行为的“控制感”四个维度，并采用刘小燕编撰的网络效能感量表进行测量，探索明显正相关的关系④。

网络效能感有一般领域和特殊领域之分，一般领域的网络效能感研究是针对个体综合使用网络的能力进行测量研究，而特殊领域的网络效能感研究则是从某一具体的网络使用情景来进行测量。二者具有不同的理论结构，前者是自我感知的网络使用能力，需要通过综合各种网络运用而形成判断，后者则针对特定任务表现。早期关于网络效能感的测量主要围绕一般领域进行，多通过三

① Huang Yinghui, Liu Hui, Wang Weijun, Dong Rouchun, Tang Yun. The Junior Students' Internet Literacy Scale: Measure Development and Validation [J]. International Journal of Environmental Research and Public Health, 2021, 18 (19).

② Matthew S. Eastin, Robert LaRose. Internet Self - Efficacy and the Psychology of the Digital Divide [J]. Journal of Computer - Mediated Communication, 2000, 6 (1).

③ 刘小燕. 上海大学生网络自我效能的实证研究 [D]. 上海师范大学, 2005.

④ 谢幼如，刘春华，朱静静，尹睿. 大学生网络学习自我效能感的结构、影响因素及培养策略研究 [J]. 电化教育研究，2011 (10): 30-34.

元交互理论，从环境、个人、行为的关系出发讨论量表的维度构建，由于量表内容主观性较强，且测量领域较为聚焦于某领域内，所以也限制了量表的应用领域。近年来学者将目光投放在网络效能感的特殊领域应用，或者将网络效能感置于不同的研究主体与研究语境之中，网络效能感的测量也逐渐向不同领域进行倾斜，针对具体的研究任务和研究主题来编撰相应的量表，如网络社交自我效能感量表（杨晓晓，2016）、网络教学效能感的测量（詹鋆，2021）等。

本课题参考相关研究，确定考量“网络效能感”的问题量表如下：

· 我对自己使用网络的能力很自信（网络能力感）
· 当我在网上查找资料的时候，我很快能够从众多信息中找到我所需要的东西（网络能力感）
· 在网上下载各类有用资源对我来说很容易（网络能力感）
· 当我上网碰到难题时，我自信可以在网上寻找到相关信息，自己将它们解决（网络能力感）
· 我上网时可以保护自己的电脑免受病毒或其他方面的侵害（网络能力感）
· 我知道许多有用的网站地址（网络能力感）
· 我熟悉整个网络的使用环境（网络能力感）
· 我自信能够迅速高效率地找到我需要的资料（网络能力感）
· 学习使用网络对我来说很容易（网络能力感）
· 我自信我可以非常熟练地使用网络各项基本功能，如浏览网站、收发邮件、在微博等社交平台发言等（网络能力感）
· 我善于从以前的上网经历中总结经验（网络能力感）
· 我自信能够在上网时保护好自己的个人信息（网络能力感）
· 我经常帮助同学解决他们碰到的网络问题（环境把握感）
· 相比其他多数同学，我相信我的网络技术更好一些（环境把握感）
· 经常有很多人来向我请教上网的问题（环境把握感）
· 我自信我知道的网络知识比其他同学要更多（环境把握感）
· 我同学认为我是一个网络高手（环境把握感）
· 相比于其他同学，我对于网络信息的了解和判断能力更好（环境把握感）
· 我对于网络发展有很强的好奇心，能在较短的时间里掌握最新的网络技术（行为努力感）

· 在课余时间，我会花精力通过各种渠道学习网络相关知识来提高我的上网技能（行为努力感）
· 只要自己努力学习，相比于其他一般的同学，我自信我的网络技术会更好（行为努力感）
· 我会及时将网络软件更新到最新版本（行为努力感）
· 我会及时了解网络信息安全知识，对网络使用环境进行保护（行为努力感）

（一）网络效能感得分情况

在青少年网络素养调查的研究方法和样本构成上，我们还对青少年网络效能感进行调查。

1. 网络效能感信效度检验

网络效能感的克隆巴赫 Alpha 系数为 0.966，大于 0.7，信度较好（见表 3-1）。巴特利特球形度检验的显著性为 0.000，小于 0.05，因而可以认为相关系数的矩阵与单位矩阵有显著性差异；KMO 的值为 0.974，大于 0.6，原有的变量具有较好的研究效度（见表 3-2）。网络效能感三个主成分累积方差贡献率为 70.634%，能较好地反映网络效能感情况（见表 3-3）。

表 3-1　网络效能感可靠性分析

维度	克隆巴赫 Alpha	项数
网络效能感	0.966	23

表 3-2　网络效能感 KMO 和巴特利特检验

KMO 和巴特利特检验		
KMO 取样适切性量数		0.974
巴特利特球形度检验	近似卡方	182856.596
	自由度	253
	显著性	0.000

表 3-3 网络效能感主成分分析

总方差解释						
主成分	初始特征值			提取载荷平方和		
	总计	方差百分比	累积%	总计	方差百分比	累积%
1	13.205	57.412	57.412	13.205	57.412	57.412
2	2.180	9.476	66.888	2.180	9.476	66.888
3	0.862	3.746	70.634	0.862	3.746	70.634

2. 网络效能感及各维度得分情况

青少年网络效能感总体得分为3.21分，略高于五级量表的中间值3分，整体水平一般。分维度而言，“网络能力感”得分为3.56分，高于五级量表的中间值3分，在子维度的得分情况中表现较为突出，青少年使用网络进行网络信息和资料的获取、搜集、下载能力的信心和自我感知较强；“环境把握感”得分为2.87分，低于五级量表的中间值3分，青少年在与其他同学网络能力的对比感知上表现较薄弱；“行为努力感”得分为3.19分，略高于五级量表的中间值3分，青少年在自我驱动下学习网络知识、提升网络使用环境和保护等级等能力和水平的表现一般（见表3-4）。

表 3-4 青少年网络效能感指标体系得分

维度/指标	得分（5分制）
网络效能感	3.21
网络能力感	3.56
环境把握感	2.87
行为努力感	3.19

3. 不同人群网络效能感得分情况

本研究从个人、家庭和学校三个层面出发，探究相关因素对网络效能感的影响，得出如下结论：在个人层面，不同性别、年级、成绩、户口、地区、上网时长、网络技能熟练度的青少年网络效能感会存在显著差异；在家庭层面，父母学历、家庭收入、与父母讨论网络内容频率、与父母的亲密程度、父母干预上网活动的频率不同，青少年网络效能感会存在显著差异；在学校层面，学校开设网络课程情况、网络课程收获度、与同学讨论网络内容频率、学校移动设备使用规定情况、课上使用手机频率不同，青少年网络效能感也会存在显著差异。

（1）个人属性

不同性别下，青少年网络效能感存在显著的差异，男生的网络效能感明显高于女生（见表3-5、图3-1）。

表3-5　性别——网络效能感差异检验

性别	N	Mean	SD	F	Sig.	偏 η^2
男	4608	3.34	0.828	270.578	0.000	0.029
女	4517	3.07	0.725			

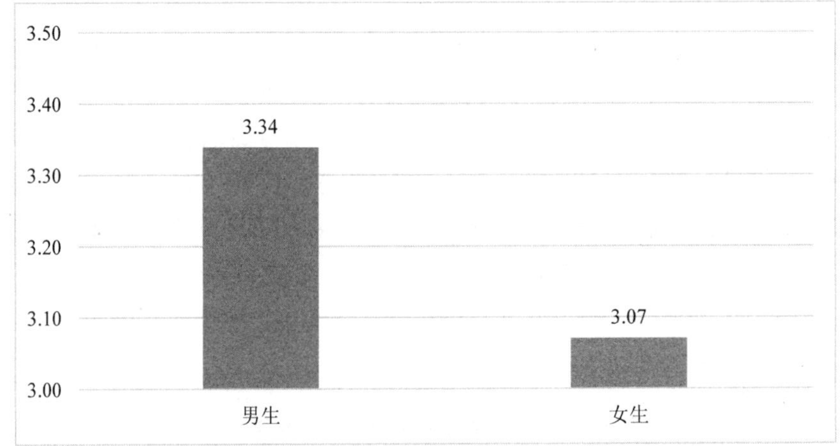

图3-1　不同性别青少年网络效能感

不同年级背景下，青少年网络效能感存在显著的差异，且随着年级的升高，青少年网络效能感的整体水平呈上升趋势，但高一年级学生的网络效能感明显低于除初一年级以外的其他年级学生（见表3-6、图3-2）。

表3-6　年级——网络效能感差异检验

年级	N	Mean	SD	F	Sig.	偏 η^2
初一	1961	3.06	0.829	22.005	0.000	0.012
初二	1866	3.21	0.768			
初三	1813	3.25	0.782			
高一	1470	3.20	0.763			
高二	1219	3.30	0.777			
高三	796	3.34	0.776			

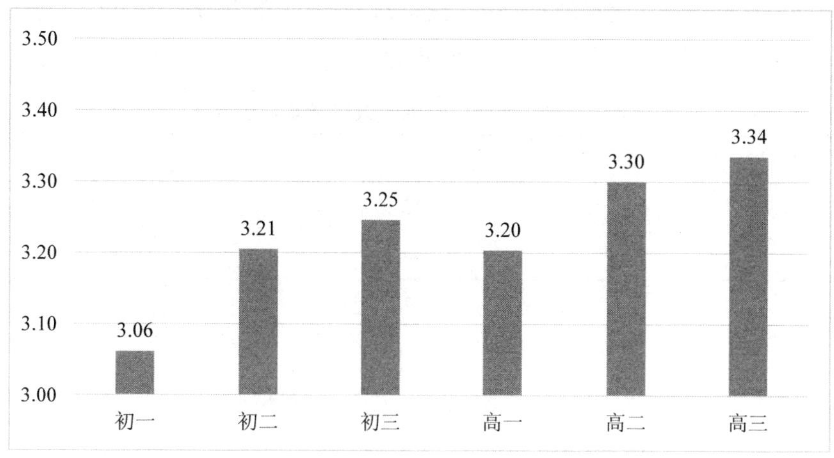

图 3-2 不同年级青少年网络效能感

不同成绩情况下，青少年网络效能感会产生显著的差异，学习成绩越优秀，青少年网络效能感越高（见表 3-7、图 3-3）。

表 3-7 成绩——网络效能感差异检验

成绩	N	Mean	SD	F	Sig.	偏 η^2
优秀	2375	3. 40	0. 834	102. 178	0. 000	0. 022
中等	5315	3. 15	0. 746			
下游	1435	3. 10	0. 820			

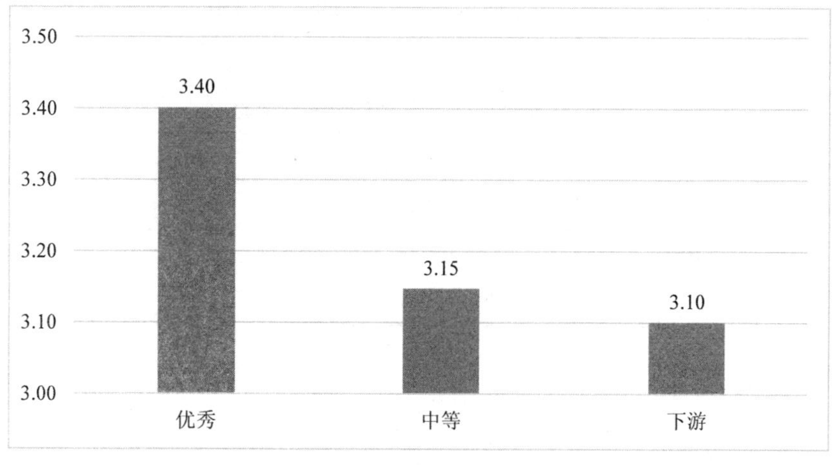

图 3-3 不同成绩青少年网络效能感

不同户口背景下，青少年网络效能感会存在显著的差异，城市户口的青少年网络效能感相对较高（见表 3-8、图 3-4）。

表 3-8　户口类型——网络效能感差异检验

户口类型	N	Mean	SD	F	Sig.	偏 η^2
城市户口	4925	3. 32	0. 816	243. 220	0. 000	0. 026
农村户口	4200	3. 07	0. 734			

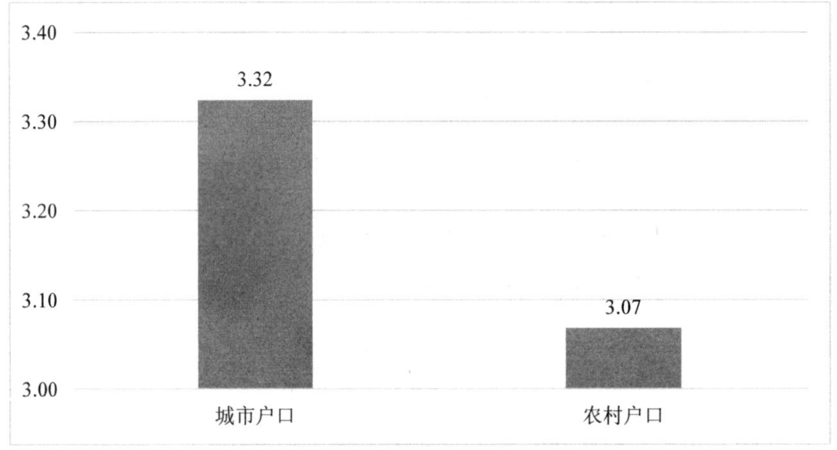

图 3-4　不同户口类型青少年网络效能感

不同地区背景下，青少年网络效能感会产生显著的差异，其中，东部地区的青少年网络效能感最高，中部地区次之，西部地区最低（见表 3-9、图 3-5）。

表 3-9　地区——网络效能感差异检验

地区	N	Mean	SD	F	Sig.	偏 η^2
东部	3063	3. 34	0. 840	71. 644	0. 000	0. 015
中部	2105	3. 17	0. 735			
西部	3957	3. 12	0. 764			

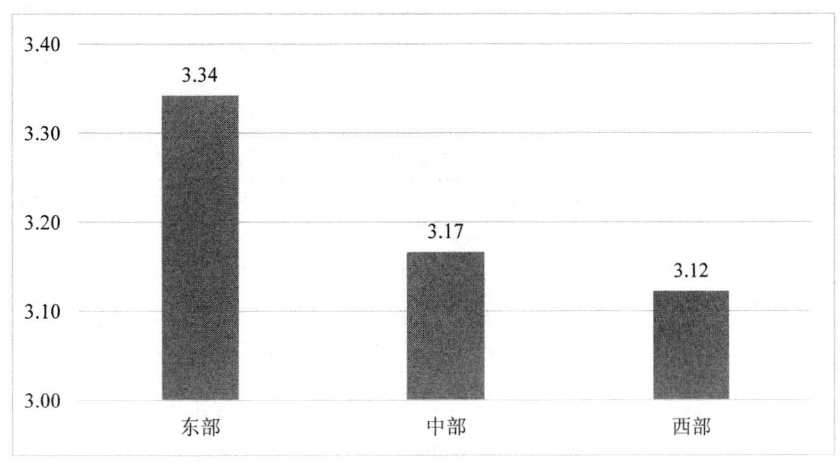

图 3-5 不同地区青少年网络效能感

上网时长不同，青少年网络效能感水平会产生显著的差异，随着上网时间的增加，青少年网络效能感逐渐增高（见表 3-10、图 3-6）。

表 3-10 上网时长——网络效能感差异检验

上网时长	N	Mean	SD	F	Sig.	偏 η^2
1 小时以下	3758	3. 13	0. 807	30. 661	0. 000	0. 010
1—3 小时	3800	3. 23	0. 736			
3—5 小时	969	3. 27	0. 785			
5 小时以上	598	3. 43	0. 946			

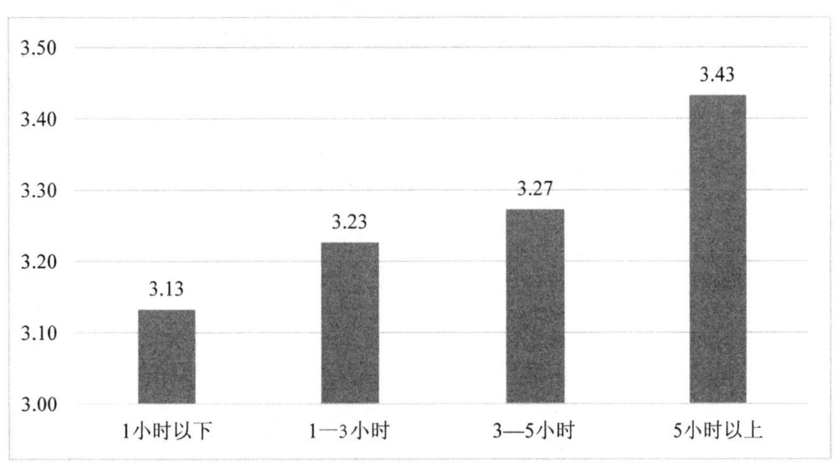

图 3-6 不同上网时长青少年网络效能感

不同网络技能熟练程度下，青少年网络效能感会产生明显的差异，网络技能非常熟练的青少年网络效能感最高，网络技能不熟练的青少年网络效能感最低（见表 3-11、图 3-7）。

表 3-11　网络技能熟练度——网络效能感差异检验

网络技能熟练度	N	Mean	SD	F	Sig.	偏 η^2
非常不熟练	685	3.04	1.033	446.730	0.000	0.164
不熟练	559	2.82	0.724			
一般	2918	2.92	0.612			
比较熟练	2511	3.19	0.607			
非常熟练	2452	3.70	0.838			

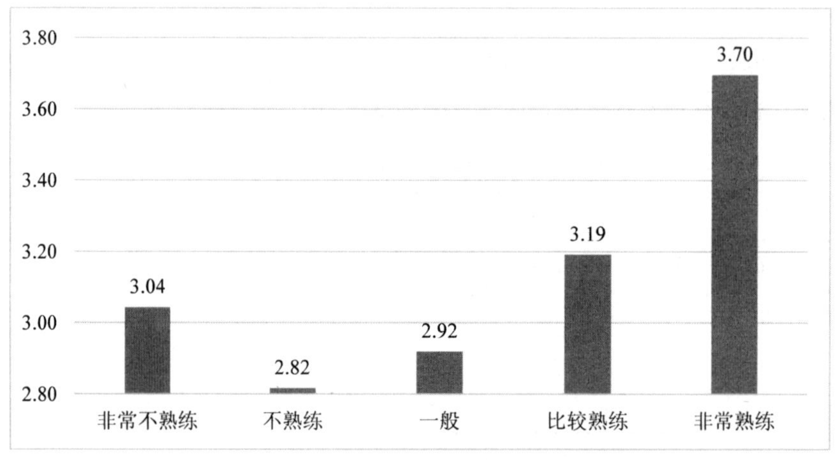

图 3-7　不同网络技能熟练度青少年网络效能感

（2）家庭属性

父亲学历背景不同，青少年网络效能感会存在显著的差异，父亲的学历越高，青少年网络效能感越高（见表 3-12、图 3-8）。

表 3-12 父亲学历——网络效能感差异检验

父亲学历	N	Mean	SD	F	Sig.	偏 η^2
小学	831	2.95	0.681	49.855	0.000	0.032
初中	2618	3.09	0.731			
高中/中专/技校	2349	3.26	0.783			
大专	1264	3.28	0.784			
本科	1655	3.34	0.841			
硕士及以上	327	3.55	0.941			

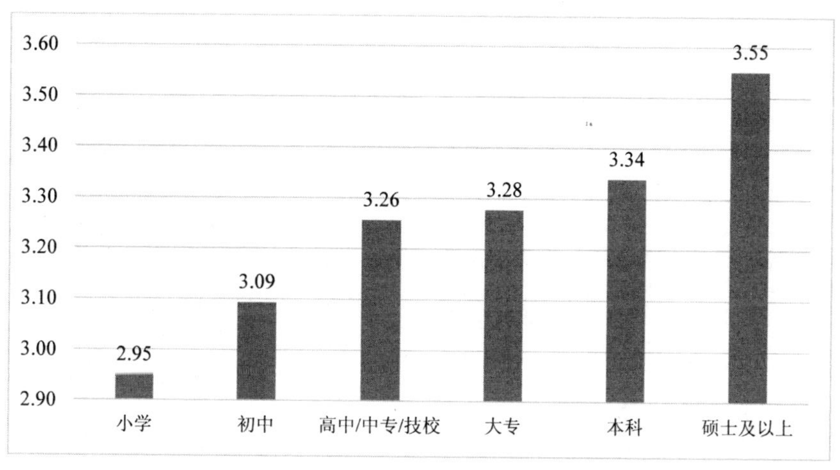

图 3-8 不同父亲学历青少年网络效能感

母亲学历背景不同，青少年网络效能感会存在显著的差异，母亲的学历越高，青少年网络效能感越高（见表 3-13、图 3-9）。

表 3-13　母亲学历——网络效能感差异检验

母亲学历	N	Mean	SD	F	Sig.	偏 η^2
小学	1228	2.96	0.707	59.655	0.000	0.038
初中	2608	3.11	0.739			
高中/中专/技校	2175	3.27	0.772			
大专	1244	3.29	0.815			
本科	1488	3.37	0.820			
硕士及以上	263	3.63	0.988			

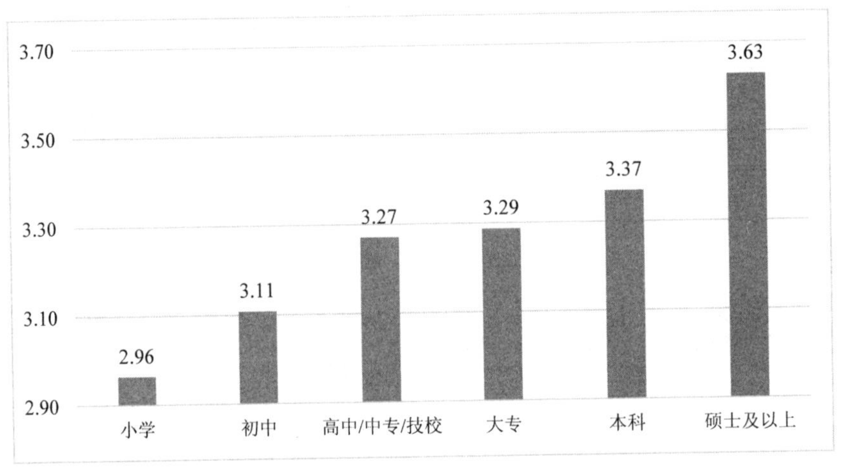

图 3-9　不同母亲学历青少年网络效能感

家庭收入情况不同，青少年网络效能感会存在显著的差异，家庭收入越高的青少年网络效能感越高（见表 3-14、图 3-10）。

表 3-14　家庭收入——网络效能感差异检验

家庭收入	N	Mean	SD	F	Sig.	偏 η^2
低等水平	594	2.97	0.855	97.507	0.000	0.041
中等偏下	1612	3.03	0.740			
中等水平	5126	3.20	0.754			
中等偏上	1584	3.43	0.802			
高收入水平	209	3.78	1.016			

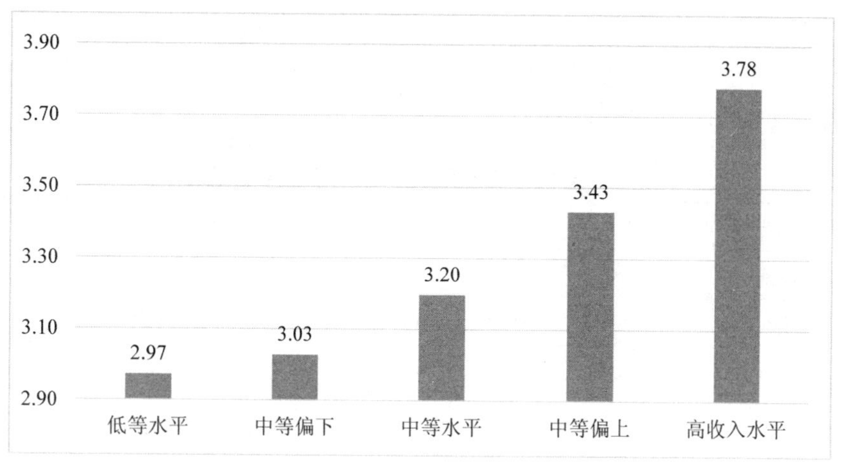

图 3-10 不同家庭收入青少年网络效能感

与父母讨论网络内容频率不同，青少年网络效能感会存在显著的差异，与父母讨论网络内容越频繁的青少年网络效能感越高（见表 3-15、图 3-11）。

表 3-15 与父母讨论网络内容频率——网络效能感差异检验

与父母讨论网络内容频率	N	Mean	SD	F	Sig.	偏 η^2
几乎不	1600	2.97	0.828	250.362	0.000	0.052
有时	5591	3.16	0.718			
经常	1934	3.53	0.856			

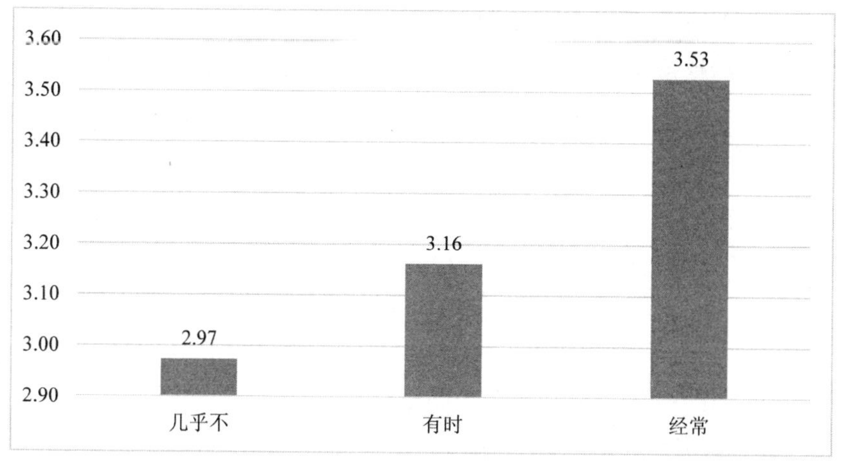

图 3-11 与父母讨论网络内容不同频率下青少年网络效能感

与父母的关系亲密程度不同，青少年的网络效能感会产生显著的差异，与父母关系一般的青少年网络效能感最低，与父母关系不亲密的青少年网络效能感最高（见表 3-16、图 3-12）。

表 3-16　与父母亲密度——网络效能感差异检验

与父母亲密度	N	Mean	SD	F	Sig.	偏 η^2
不亲密	218	3.28	1.042	34.869	0.000	0.008
一般	3458	3.12	0.731			
非常亲密	5449	3.26	0.809			

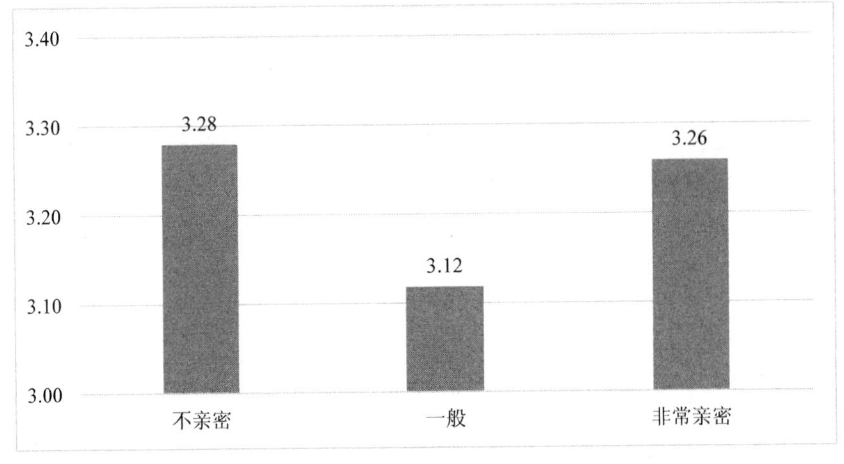

图 3-12　与父母亲密度不同情况下青少年网络效能感

父母干预上网活动频率不同，青少年的网络效能感会产生显著的差异，父母干预上网活动越频繁，青少年网络效能感越低（见表 3-17、图 3-13）。

表 3-17　父母干预上网活动频率——网络效能感差异检验

父母干预上网活动频率	N	Mean	SD	F	Sig.	偏 η^2
几乎没有	1422	3.32	0.867	19.977	0.000	0.004
偶尔	5142	3.20	0.735			
经常	2561	3.16	0.844			

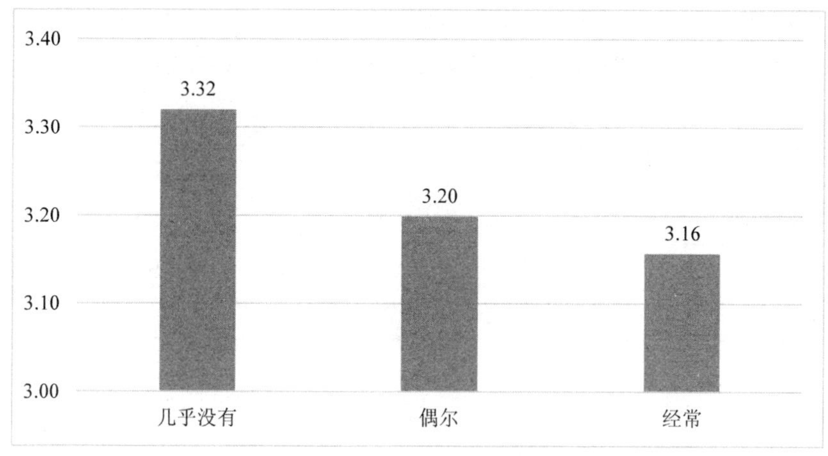

图 3-13 不同父母干预上网活动频率青少年网络效能感

(3) 学校属性

学校网络课程开设情况的不同，青少年网络效能感会产生显著的差异，学校开设网络课程的青少年，其网络效能感明显高于学校不开设网络课程的青少年（见表 3-18、图 3-14）。

表 3-18 学校开设网络课程与否——网络效能感差异检验

学校开设网络课程与否	N	Mean	SD	F	Sig.	偏 η^2
是	7661	3.23	0.779	51.023	0.000	0.006
否	1464	3.07	0.831			

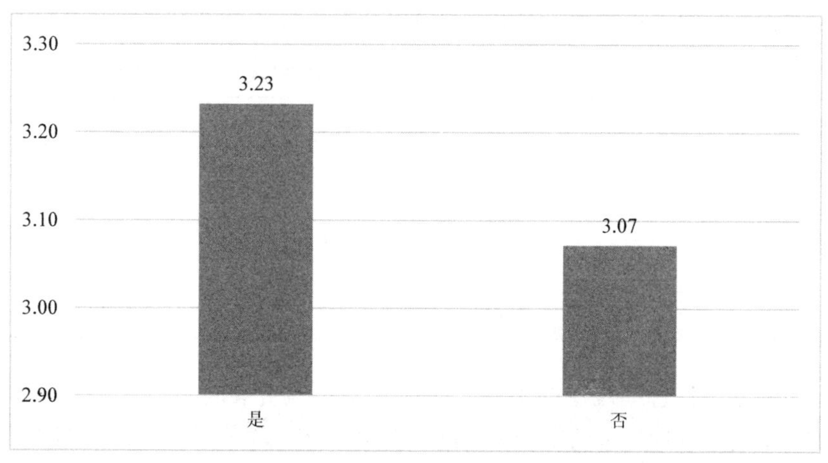

图 3-14 学校开设网络课程不同情况下青少年网络效能感

网络课程收获程度不同，青少年网络效能感水平会产生显著的差异，网络课程收获很大的青少年网络效能感最高（见表3-19、图3-15）。

表 3-19 课程收获程度——网络效能感差异检验

课程收获程度	N	Mean	SD	F	Sig.	偏 η^2
几乎没有收获	317	3.17	0.899	200.966	0.000	0.050
有些收获	3921	3.07	0.691			
收获很大	3423	3.42	0.819			

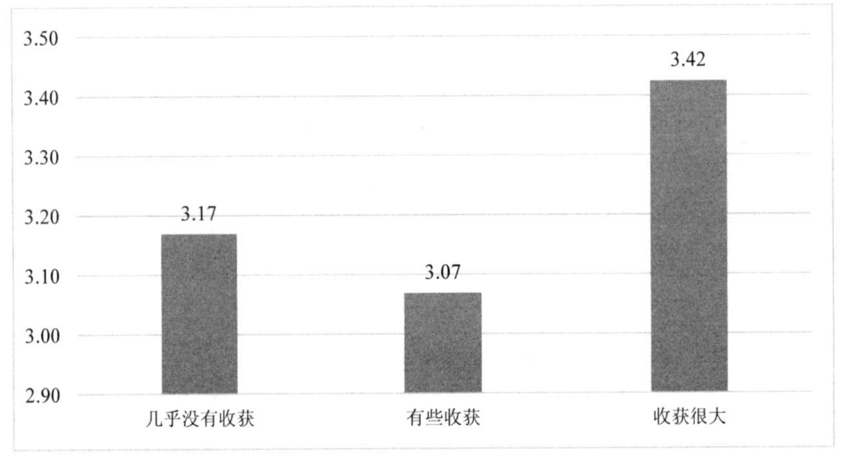

图 3-15 不同课程收获程度青少年网络效能感

与同学讨论网络内容频率不同，青少年的网络效能感会存在显著的差异，与同学讨论网络内容越频繁，青少年网络效能感越高（见表3-20、图3-16）。

表 3-20 与同学讨论网络内容频率——网络效能感差异检验

与同学讨论网络内容频率	N	Mean	SD	F	Sig.	偏 η^2
几乎不	451	2.69	0.871	460.392	0.000	0.092
有时	4554	3.03	0.679			
经常	4120	3.46	0.815			

学校移动设备管理规定的不同，会使青少年网络效能感产生显著的差异，学校有移动设备管理规定的青少年网络效能感相对更高（见表3-21、图3-17）。

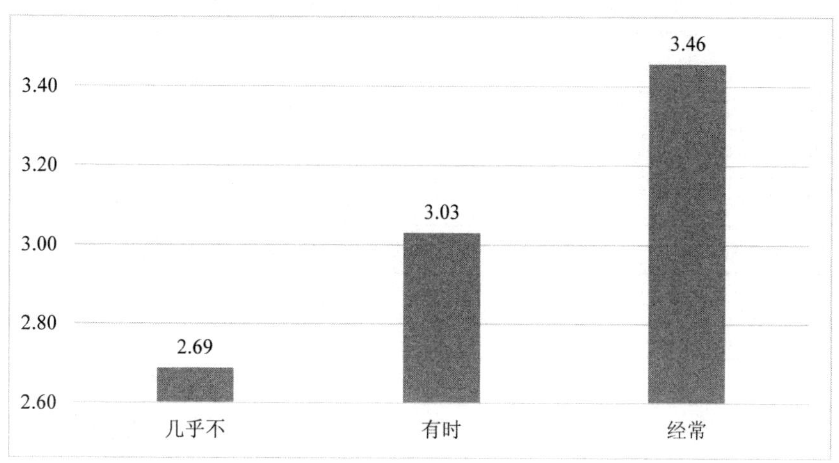

图 3-16 与同学讨论网络内容不同频率青少年网络效能感

表 3-21 学校有无设备管理——网络效能感差异检验

学校有无设备管理	N	Mean	SD	F	Sig.	偏 η^2
是	8285	3. 22	0. 787	23. 684	0. 000	0. 003
否	840	3. 08	0. 810			

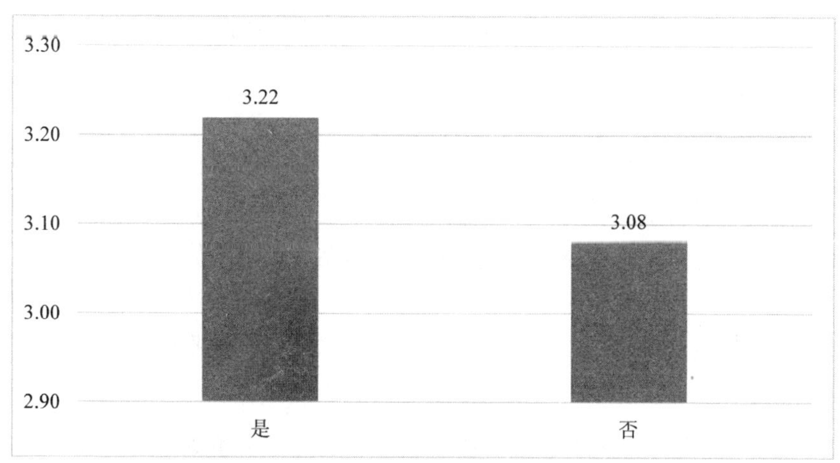

图 3-17 学校不同设备管理情况下青少年网络效能感

上课使用手机的频率不同，青少年的网络效能感会存在显著的差异，上课使用手机的频率越高，青少年网络效能感越高（见表 3-22、图 3-18）。

表 3-22　上课使用手机频率——网络效能感差异检验

上课使用手机频率	N	Mean	SD	F	Sig.	偏 η^2
从未使用	6993	3. 18	0. 779	34. 388	0. 000	0. 011
不经常使用	742	3. 19	0. 758			
有时候使用	913	3. 28	0. 761			
经常使用	477	3. 54	0. 952			

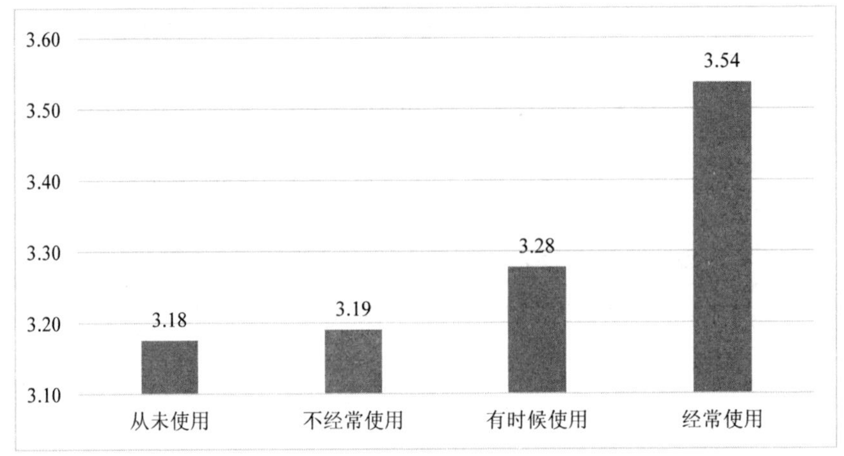

图 3-18　上课使用手机不同频率青少年网络效能感

（二）网络效能感对网络素养的影响分析

网络效能感对网络素养有显著的正向影响（Sig. <0. 001），网络效能感每增加 1 个单位，网络素养增加 0. 548（见表 3-23）。分维度而言，除网络价值认知和行为能力外，网络效能感对上网注意力管理能力、网络信息搜索与利用能力、网络信息分析与评价能力、网络印象管理能力、网络安全与隐私保护能力都有显著的正向影响。其中，网络效能感对网络信息搜索与利用能力的影响最大，对网络信息分析与评价能力的影响最小（见表 3-24、图 3-19）。

表 3-23　网络效能感对网络素养的回归模型

网络效能感			
因变量	标准化系数	调整后的 R^2	Sig.
网络素养	0. 548***	30. 1%	0. 000

表 3-24 网络效能感对六个维度的回归模型

网络效能感			
因变量	标准化系数	调整后的 R^2	Sig.
上网注意力管理能力	0.293***	8.6%	0.000
网络信息搜索与利用能力	0.709***	50.2%	0.000
网络信息分析与评价能力	0.208***	4.3%	0.000
网络印象管理能力	0.474***	22.5%	0.000
网络安全与隐私保护能力	0.406***	16.5%	0.000
网络价值认知和行为能力	-0.010	0.0%	0.358

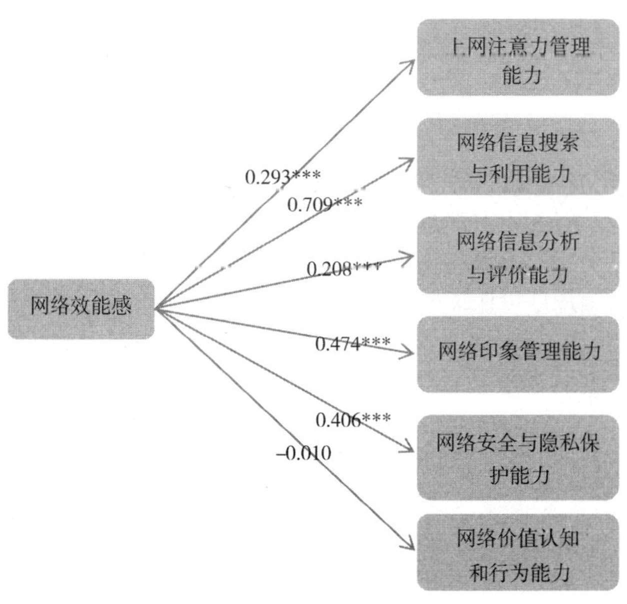

图 3-19 网络效能感对网络素养六个维度的影响分析

二、青少年数字压力现状及对网络素养的影响分析

“压力”一词最早源于物理学，是指施加在物体上的力量。心理学对压力的早期研究深受物理学的影响。压力的刺激学说认为压力是外界环境对个体的一种刺激，把压力看作是外界环境刺激引起的个体身心的紧张和恐惧情绪。随着压力研究的深入，人们不再静态地看待压力，而是从系统、动态的过程去分析和认识心理压力，将压力看作一个动态情境。压力既不是个体的产物，也不是环境的产物，压力的产生是一定环境刺激与个体环境所可能产生威胁的评价两者相互结合的产物，是个体和环境交互作用的结果。①

数字压力的一般概念可以追溯至20世纪80年代。在这一时期，学者们采用了各种术语来反映伴随计算机使用而来的焦虑，包括“技术压力”“技术恐惧症”“网络恐惧症”“计算机焦虑”和“计算机压力”等。伴随Web 2.0的兴起和智能手机设备的广泛使用，信息和计算机技术使用的普遍性和模式逐渐改变。技术压力这一概念已不再适用于高速信息化的网络新时代，数字压力概念应运而生。Hefner和Vorderer（2016）将数字压力定义为“由强烈且可能几乎永久使用的信息和通信技术引起的主观反应”，在智能手机上接收到的大量新信息或通知可以被视为压力源。② Hall、Steele等（2020）指出，数字压力是对特定刺激（如信息通知）或刺激类别（如数字媒体）的一种主观生理、情感或行为反应。同时，他们梳理相关文献，将数字压力划分为四个组成维度，包括可得性压力（Availability stress）、认可焦虑（Approval anxiety）、错失恐惧（Fear of missing out）和信息过载（Connection overload）。③

可得性压力是数字压力最常见的组成部分之一，与移动设备用户的可用性需求有关，是指用户对于他人期待线上消息得到回应而产生的（社交）压力。当下，社交平台和移动媒体提供了几乎持续不断的社交渠道，“永久在线、永久连接”成为网民重要的生活方式。Fox和Moreland（2015）开展了一项针对大学

① 中共北京市委组织部，首都社会经济发展研究所. 压力管理策略［M］. 北京：北京日报报业集团同心出版社，2009.

② Hefner, D., & Vorderer, P. Digital stress: Permanent connectedness and multitasking. In L. Reinecke, & M. B. Oliver (Eds.), The Routledge handbook of media use and well-being: International perspectives on theory and research on positive media effects［M］. 2017. (pp. 237-249, Chapter xviii, 465Pages).

③ Steele, R. G., Hall, J. A., & Christofferson, J. L. Conceptualizing digital stress in adolescents and young adults: Toward the development of an empirically based model［J］. Clinical Child and Family Psychology Review, 2020, 23 (1): 15-26.

生的定性研究，研究报告指出，Facebook 用户认为“无论何时何地与朋友保持联系”是一个重要的压力源。①

数字压力的第二个组成部分是认可焦虑，是指由于他人对自己网络发布照片、信息和个人数字足迹反应的不确定性而产生的焦虑。Hall 等（2014）表示，数字媒体为用户提供了广泛的机会，使他们能够创造一种战略性的、受控制的、积极的自我印象。当下存在着一种巨大的社会压力，要求人们构建一个令人满意的且具有吸引力的形象，同时通过选择性地展示自己来获得社会认可②。Morin-Major 等（2016）认为，认可焦虑反映了一个人为了保持积极的自我表现而编辑自己数字资料的程度。③

错失恐惧是指自己在网络中得知他人参与有奖励的经历（自己缺席）而引起的痛苦，是数字压力的一个重要组成部分，也是近年来学界探究网络负面影响的重要维度。Przybylski 等（2013）提出，错失恐惧是指当个体在其缺席的事件中未能获得想知道的经历时所产生的一种广泛存在的焦虑心理，主要表现为渴望持续了解他人正在做什么。④ Hall（2018）进一步指出，数字媒体不仅是社会交流互动发生的场所，也是用户了解现实中其他人生活的手段。所以，错失恐惧应该既包括从在线交流中知道的朋友有益经历产生的压力，也包括从网络新闻宣传或报道中知道的他人有益经历而产生的压力。⑤

在数字压力研究中，信息过载是指过量网络信息涌入所导致的疲劳、无所适从、麻木以及焦虑等压力表现。与数字压力的前三个维度相比，信息过载没有表现出显著的社会性，即不是个人在网络与他人交往过程中感受到的压力，

---

① Fox, J., & Moreland, J. J. The dark side of social networking sies: An exploration of the relational and psychological stressors associated with Facebook use and afordances [J]. Computers in Human Behavior, 2015, 45 (11), 168-176.

② Hall, J. A., Pennington, N., & Lueders, A. Impression creation and formation on Facebook: A lens model approach [J]. New Media & Society, 2014, 16, 958-982.

③ Morin-Major, J. K., Marin, M. -F., Durand, N., Wan, N., Juster, R. -P., & Lupien, S. J. Facebook behaviors associated with diurnal cortisol in adolescents: Is befriending stressful? [J]. Psychoneuroendocrinology, 2016, 63, 238-246.

④ Przybylski, A. K., Murayama, K., DeHaan, C. R., & Gladwell, V. Motivational, emotional, and behavioral correlates of fear of missing out [J]. Computers in Human Behavior. 2013. 29 (4), 1841-1848.

⑤ Hall, J. A. When is social media use social interaction? Defining mediated social interaction [J]. New Media & Society, 2018, 20 (1), 162-179.

而更多是由个人接收到过量的信息内容引起的压力（Hall、Steele 等，2020）①。虽然产生压力的过载内容往往具有社交性质，但这些信息的过量呈现往往是平台和智能终端设置的产物，而非仅仅由于他人发送频率过高（Halfmann & Rieger，2019）②。

在数字压力原有四个维度划分基础上，Hall、Steele 等（2021）通过测量实验修正细化，开发了一种新的五维度数字压力测量方法。在新的测量方法中，他们指出，错失恐惧这一维度并不统一，其中还包含有衡量在线警惕的因素（例如："我经常查看手机的信息/通知"）。因此，他们在原有四个维度的基础上，加入了在线警惕（Online vigilance）维度，表示用户需要时刻关注网络信息而导致的压力，这一维度在概念上与当前关于在线警惕的文献一致③。

Reinecke 等（2018）研究指出，"警惕"是指"保持对一项任务注意力的能力"或"感知和反应的心理准备"。在线警惕是指用户心理三个方面的个体差异：（1）对在线交流、在线内容和在线事件的持续思考（显著性）；（2）对新收到的信息提示做出及时反应的动力（反应性）；（3）对于积极观察在线内容和活动的偏好（监控性）④。Anna 等（2021）基于这一差异划分，将在线警惕作为潜在的压力来源进行研究。研究表明，在线警惕是一种常见现象，可在大量互联网用户中观察到，通常只与轻微形式的负面影响相关联（例如数字压力），而不是严重的功能障碍⑤。

本课题根据 Hall、Steele 等（2021）最新开发的测量量表，进行修改补充，确定考量"数字压力"的问题量表如下：

---

① Steele, R. G., Hall, J. A., & Christofferson, J. L. Conceptualizing digital stress in adolescents and young adults: Toward the development of an empirically based model [J]. Clinical Child and Family Psychology Review, 2020, 23 (1), 15-26.

② Annabell Halfmann and Diana Rieger. Permanently on Call: The Effects of Social Pressure on Smartphone Users' Self-Control, Need Satisfaction, and Well-Being [J]. J. Computer-Mediated Communication, 2019, 24 (4): 165-181.

③ Hall, J. A., Steele, R. G., Christofferson, J. L., & Mihailova, T. Development and initial evaluation of a multidimensional digital stress scale [J]. Psychological Assessment, 2021, 33 (3), 230-242.

④ Reinecke Leonard et al. Permanently online and permanently connected: Development and validation of the Online Vigilance Scale [J]. PloS one, 2018, 13 (10).

⑤ Freytag Anna et al. Permanently Online—Always Stressed Out? The Effects of Permanent Connectedness on Stress Experiences [J]. Human Communication Research, 2021, 47 (2): 132-165.

- 我的朋友们希望我能一直在线上（可得性压力）
- 对我的朋友们来说，能够经常在网上找到我很重要（可得性压力）
- 我的大多数朋友都支持我持续在线（可得性压力）
- 我觉得经常上网是一项社会义务（可得性压力）
- 我很担心在网上人们会如何回应我的照片和文章（认可焦虑）
- 当我在社交媒体上分享一张新照片时，我会对别人如何回应感到焦虑或担心（认可焦虑）
- 当我在网上分享一篇文章或照片，会为别人如何回应感到紧张（认可焦虑）
- 当我在社交媒体上发布新的内容时，我会对别人如何回应感到紧张或担心（认可焦虑）
- 我花了很多精力去拍摄、修理或制作一张别人认可的照片（认可焦虑）
- 在网上，我担心我的朋友比我有更多的收获，或有更多有价值的经历（错失恐惧）
- 在网上，我担心别人比我有更多的收获，或有更多有价值的经历（错失恐惧）
- 在网上，当我发现我的朋友在没有我的情况下玩得很开心时，我会感到担心（错失恐惧）
- 在网上，当我不知道我的朋友在做什么么时，我会感到焦虑（错失恐惧）
- 上网时，我需要看太多的信息或通知（信息过载）
- 我觉得手机上的信息或通知太多了，让我不堪重负（信息过载）
- 我感觉总有一种提示（就像手机振动声或屏幕闪烁），在提醒我还需要关注一些信息（信息过载）
- 上网时，我感到压力很大，因为我必须筛选掉很多不重要的信息，才能找到重要的内容（信息过载）
- 除了必须要处理的事情，我觉得及时跟进网络信息是一件苦差事（信息过载）
- 我花了太多时间来回复网络通知或信息（信息过载）
- 我必须随身携带手机，便于知道发生了什么事（在线警惕）
- 没有手机，我会感到失落或没有安全感（在线警惕）

- 使用手机时，我会不断检查我的手机是否有新消息或通知（在线警惕）
- 当我没有手机时，我会感到难以进行社交（在线警惕）

（一）数字压力得分情况

在青少年网络素养调查的研究方法和样本构成上，我们还对青少年数字压力进行调查。

1. 数字压力信效度检验

数字压力的克隆巴赫 Alpha 系数为 0.969，大于 0.7，信度较好（见表 3-25）。巴特利特球形度检验的显著性为 0.000，小于 0.05，因而可以认为相关系数的矩阵与单位矩阵有显著性差异；KMO 的值为 0.960，大于 0.6，原有的变量具有较好的研究效度（见表 3-26）。数字压力五个主成分累积方差贡献率为 77.954%，能较好地反映数字压力情况（见表 3-27）。

表 3-25　数字压力可靠性分析

维度	克隆巴赫 Alpha	项数
数字压力	0.969	23

表 3-26　数字压力 KMO 和巴特利特检验

KMO 和巴特利特检验		
KMO 取样适切性量数		0.960
巴特利特球形度检验	近似卡方	192742.292
	自由度	253
	显著性	0.000

表 3-27　数字压力主成分分析

总方差解释						
主成分	初始特征值			提取载荷平方和		
	总计	方差百分比	累积%	总计	方差百分比	累积%
1	12.403	53.926	53.926	12.403	53.926	53.926
2	2.015	8.760	62.685	2.015	8.760	62.685
3	1.443	6.273	68.958	1.443	6.273	68.958

续表

总方差解释						
主成分	初始特征值			提取载荷平方和		
	总计	方差百分比	累积%	总计	方差百分比	累积%
4	1.212	5.271	74.230	1.212	5.271	74.230
5	0.857	3.724	77.954	0.857	3.724	77.954

2. 数字压力及一级指标得分情况

数字压力总体得分为2.69分，略低于中间分数值3分，说明我国中学生所承受数字压力整体而言不高。分维度而言，可得性压力平均得分2.81，认可焦虑平均得分2.82，错失恐惧平均得分2.50，信息过载平均得分2.62，在线警惕平均得分2.68，均低于中间分数值3分（见表3-28）。由此可见，中学生数字压力集中于网络社交层面，即主要是网络中他人对自己回复消息的期待以及网络中他人对自己的看法和评价引起的压力，其次是过多的信息以及需要持续在线浏览/回复信息导致的压力，而网络中朋友或他人的美好生活/经历对中学生带来的压力最小。

表3-28　青少年数字压力指标体系得分

维度/指标	得分（5分制）
数字压力	2.69
可得性压力	2.81
认可焦虑	2.82
错失恐惧	2.50
信息过载	2.62
在线警惕	2.68

3. 不同人群数字压力得分情况

本研究从个人、家庭和学校三个层面出发，探究相关因素对数字压力的影响，得出如下结论：在个人层面，不同性别、年级、成绩、地区、上网时长、网络技能熟练度的青少年数字压力会存在显著差异，但不同户口的青少年数字压力不存在显著差异；在家庭层面，母亲学历、家庭收入、与父母讨论网络内容频率、与父母亲密程度不同，青少年数字压力会存在显著差异，但父亲学历、父母干预上网活动频率不会对数字压力产生显著影响；在学校层面，学校开设网络课程情况、网络课程收获度、与同学讨论网络内容频率、课上使用手机频率不同，青少年数字压力会存在显著差异，但学校有无设备管理规定不会对数字压力产生显著影响。

（1）个人属性

男生的数字压力得分显著高于女生（见表3-29、图3-20）。

表3-29　性别——数字压力差异检验

性别	N	Mean	SD	F	Sig.	偏 η^2
男	4608	2.72	0.832	14.356	0.000	0.002
女	4517	2.66	0.718			

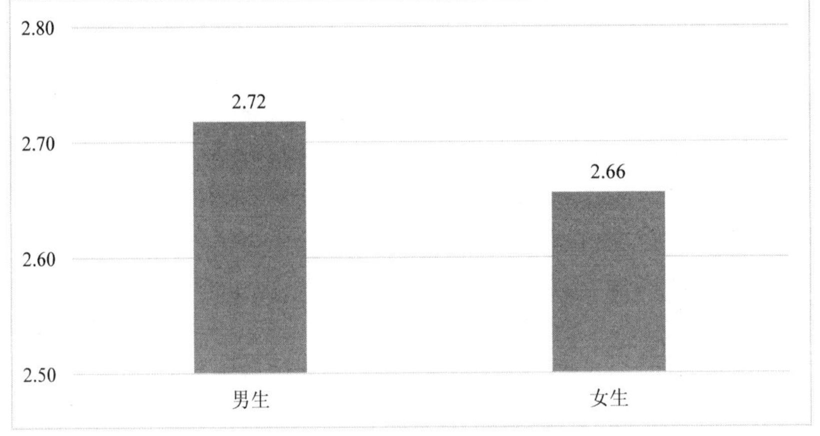

图3-20　不同性别青少年数字压力

高中生的数字压力得分显著高于初中生；除初三与高三年级外，青少年数字压力呈随年级升高而增大的趋势（见表3-30、图3-21）。

表3-30　年级——数字压力差异检验

年级	N	Mean	SD	F	Sig.	偏 η^2
初一	1961	2.54	0.834	30.745	0.000	0.017
初二	1866	2.67	0.774			
初三	1813	2.66	0.771			
高一	1470	2.78	0.712			
高二	1219	2.85	0.750			
高三	796	2.74	0.749			

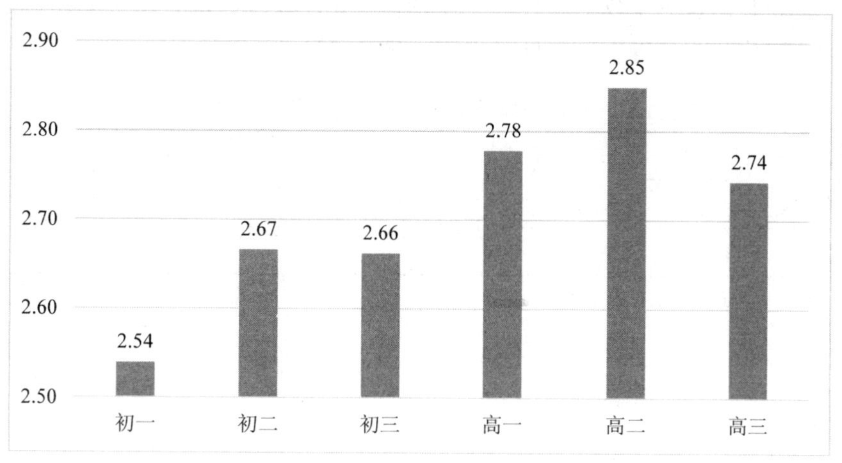

图 3-21 不同年级青少年数字压力

不同成绩水平的青少年数字压力存在显著差异，学习成绩越好的青少年数字压力得分越低（见表 3-31、图 3-22）。

表 3-31 成绩——数字压力差异检验

成绩	N	Mean	SD	F	Sig.	偏 η^2
优秀	2375	2. 66	0. 834	10. 094	0. 000	0. 002
中等	5315	2. 68	0. 739			
下游	1435	2. 77	0. 819			

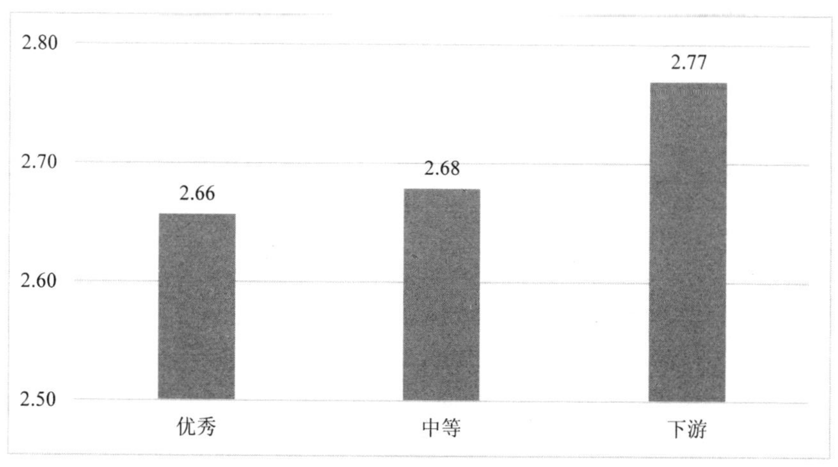

图 3-22 不同成绩青少年数字压力

不同户口的青少年数字压力不存在显著差异，城市户口的青少年数字压力得分略高于农村户口青少年（见表 3-32、图 3-23）。

表 3-32　户口类型——数字压力差异检验

户口类型	N	Mean	SD	F	Sig.	偏 η^2
城市户口	4925	2. 70	0. 820	1. 732	0. 188	0. 000
农村户口	4200	2. 68	0. 727			

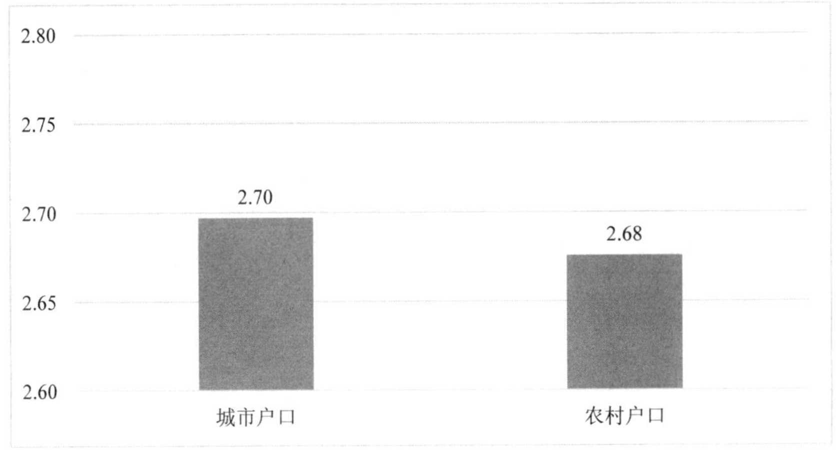

图 3-23　不同户口类型青少年数字压力

不同地区的青少年数字压力存在显著差异，东部地区的青少年数字压力得分最高，中部和西部地区差异较小（见表 3-33、图 3-24）。

表 3-33　地区——数字压力差异检验

地区	N	Mean	SD	F	Sig.	偏 η^2
东部	2375	2. 73	0. 816	6. 870	0. 001	0. 002
中部	5315	2. 67	0. 726			
西部	1435	2. 66	0. 774			

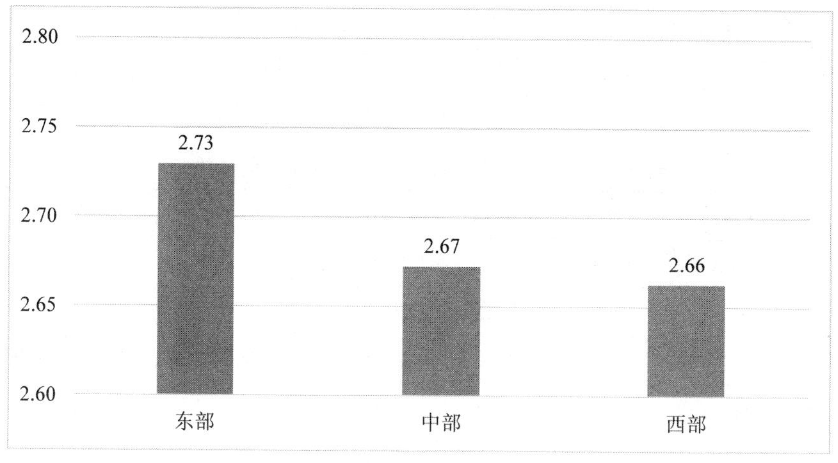

图 3-24 不同地区青少年数字压力

不同上网时长青少年数字压力得分存在显著差异，随着上网时间的增加，青少年数字压力得分逐渐增高（见表 3-34、图 3-25）。

表 3-34 上网时长——数字压力差异检验

上网时长	N	Mean	SD	F	Sig.	偏 η^2
1 小时以下	3758	2. 55	0. 793	106. 801	0. 000	0. 034
1—3 小时	3800	2. 72	0. 715			
3—5 小时	969	2. 88	0. 746			
5 小时以上	598	3. 04	0. 915			

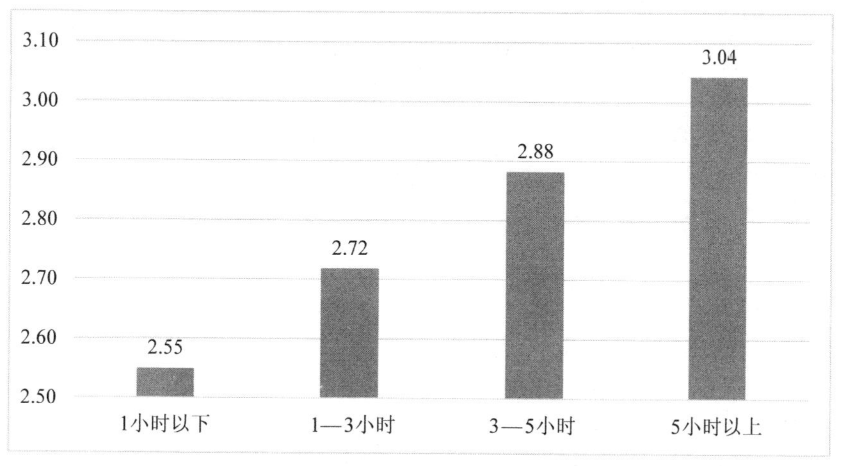

图 3-25 不同上网时长青少年数字压力

不同网络技能熟练度的青少年数字压力得分存在显著差异，除程度非常不熟练外，青少年数字压力得分随着技能熟练度的提高而增加（见表 3-35、图 3-26）。

表 3-35 网络技能熟练度——数字压力差异检验

网络技能熟练度	N	Mean	SD	F	Sig.	偏 η^2
非常不熟练	685	2.57	0.967	63.481	0.000	0.027
不熟练	559	2.45	0.741			
一般	2918	2.59	0.653			
比较熟练	2511	2.71	0.662			
非常熟练	2452	2.87	0.924			

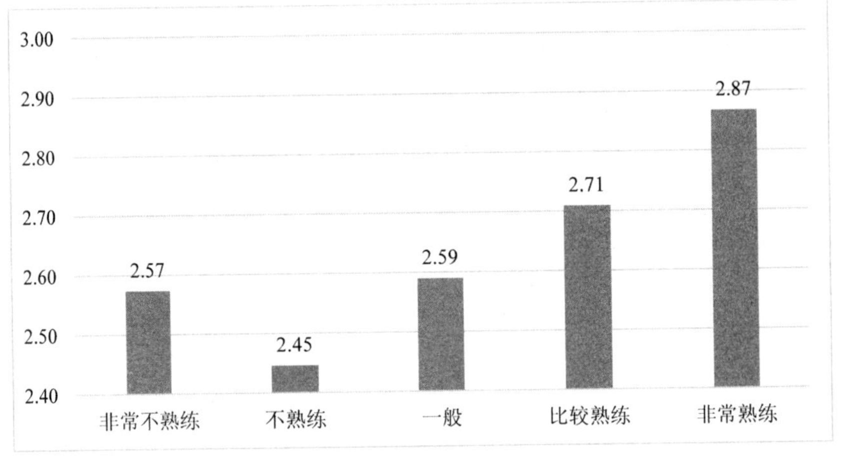

图 3-26 不同网络技能熟练度青少年数字压力

（2）家庭属性

不同父亲学历水平青少年数字压力得分不存在显著差异，父亲为硕士及以上学历的青少年数字压力得分最高（见表 3-36、图 3-27）。

表 3-36 父亲学历——数字压力差异检验

父亲学历	N	Mean	SD	F	Sig.	偏 η^2
小学	831	2.67	0.708	1.781	0.099	0.001
初中	2618	2.70	0.728			
高中/中专/技校	2349	2.71	0.779			
大专	1264	2.67	0.799			
本科	1655	2.65	0.817			
硕士及以上	327	2.75	1.009			

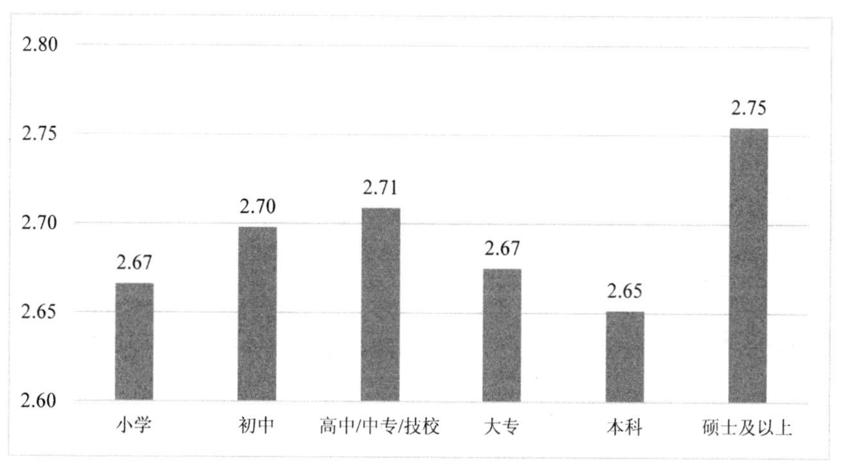

图 3-27 不同父亲学历水平青少年数字压力

不同母亲学历水平青少年数字压力得分存在显著差异，母亲为硕士及以上学历的青少年数字压力得分最高（见表 3-37、图 3-28）。

表 3-37　母亲学历——数字压力差异检验

母亲学历	N	Mean	SD	F	Sig.	偏 η^2
小学	1228	2. 69	0. 673	2. 805	0. 010	0. 002
初中	2608	2. 66	0. 736			
高中/中专/技校	2175	2. 72	0. 786			
大专	1244	2. 66	0. 793			
本科	1488	2. 67	0. 851			
硕士及以上	263	2. 82	1. 038			

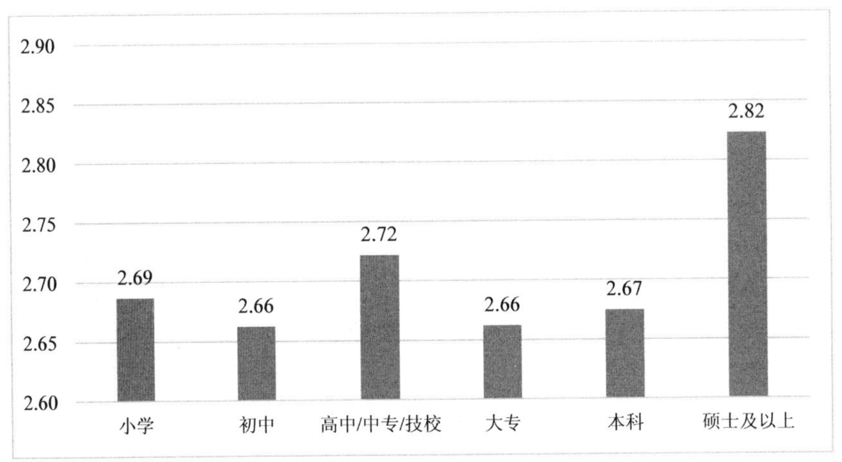

图 3-28　不同母亲学历水平青少年数字压力

不同家庭收入水平青少年数字压力得分存在显著差异，高收入家庭的青少年数字压力得分最高（见表 3-38、图 3-29）。

表 3-38　家庭收入——数字压力差异检验

家庭收入	N	Mean	SD	F	Sig.	偏 η^2
低等水平	594	2. 74	0. 804	12. 818	0. 000	0. 006
中等偏下	1612	2. 69	0. 723			
中等水平	5126	2. 65	0. 757			
中等偏上	1584	2. 75	0. 831			
高收入水平	209	2. 96	1. 082			

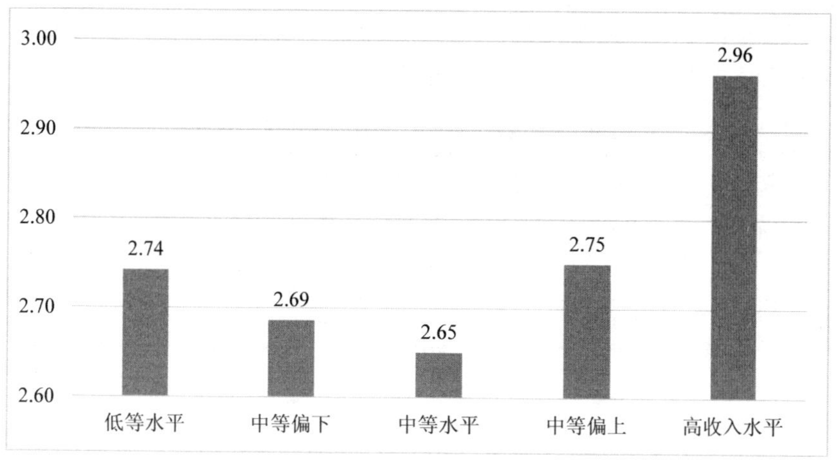

图 3-29 不同家庭收入水平青少年数字压力

与父母讨论网络内容频率不同，青少年数字压力得分有显著差异，与父母讨论网络内容越频繁的青少年数字压力得分越高（见表 3-39、图 3-30）。

表 3-39 与父母讨论网络内容频率——数字压力差异检验

与父母讨论网络内容频率	N	Mean	SD	F	Sig.	偏 η^2
几乎不	1600	2. 62	0. 808	35. 487	0. 000	0. 008
有时	5591	2. 66	0. 724			
经常	1934	2. 82	0. 884			

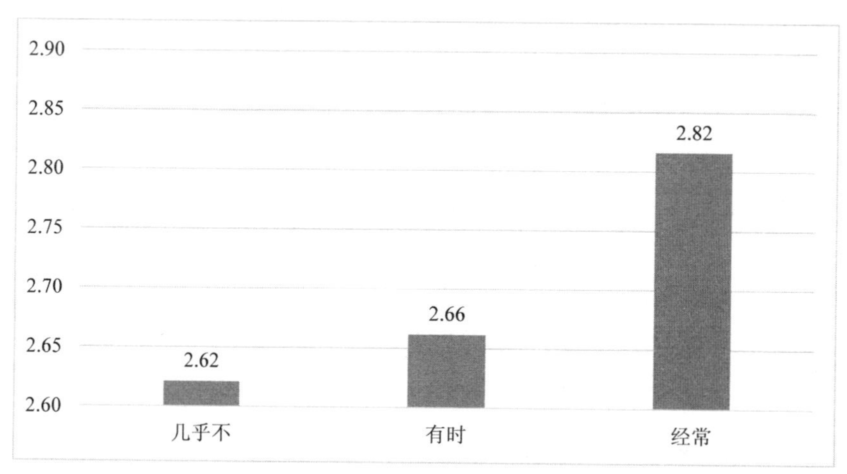

图 3-30 与父母讨论网络内容不同频率青少年数字压力

与父母不同亲密度的青少年数字压力得分有显著差异；与父母关系越亲密，青少年数字压力得分越低（见表 3-40、图 3-31）。

表 3-40　与父母亲密度——数字压力差异检验

与父母亲密度	N	Mean	SD	F	Sig.	偏 η^2
不亲密	218	3.03	0.917	46.711	0.000	0.010
一般	3458	2.75	0.718			
非常亲密	5449	2.63	0.802			

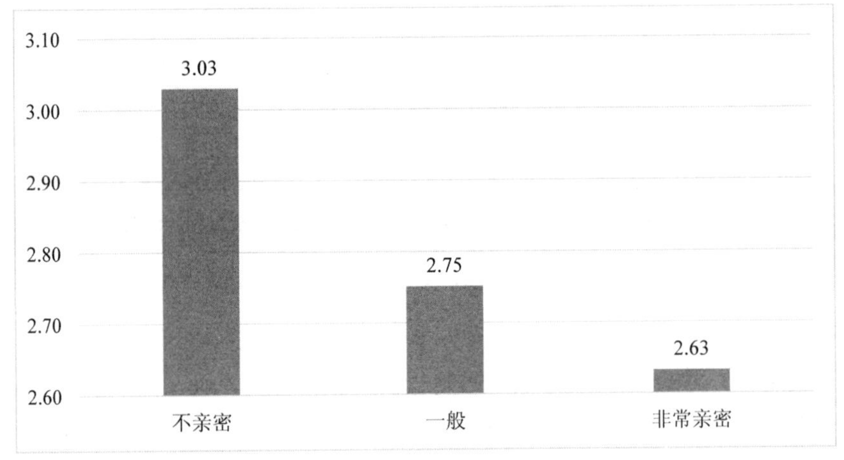

图 3-31　与父母不同亲密度青少年数字压力

不同父母干预上网活动频率下的青少年数字压力无显著差异（见表 3-41、图 3-32）。

表 3-41　父母干预上网活动频率——数字压力差异检验

父母干预上网活动频率	N	Mean	SD	F	Sig.	偏 η^2
几乎没有	1422	2.69	0.812	0.152	0.859	0.000
偶尔	5142	2.68	0.731			
经常	2561	2.69	0.849			

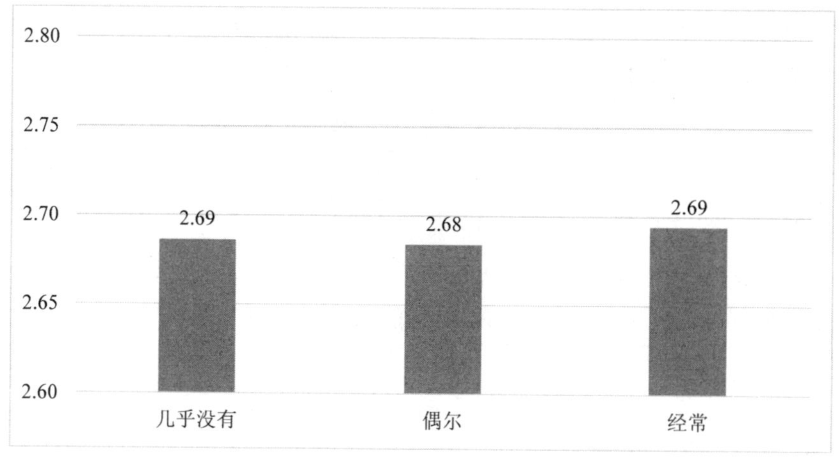

图 3-32　不同父母干预上网活动频率青少年数字压力

（3）学校属性

学校开设网络课程不同情况下青少年数字压力有显著差异，开设网络课程学校的青少年数字压力得分相对较低（见表 3-42、图 3-33）。

表 3-42　学校开设网络课程与否——数字压力差异检验

学校开设网络课程与否	N	Mean	SD	F	Sig.	偏 η^2
是	7661	2. 67	0. 775	12. 920	0. 000	0. 001
否	1464	2. 75	0. 792			

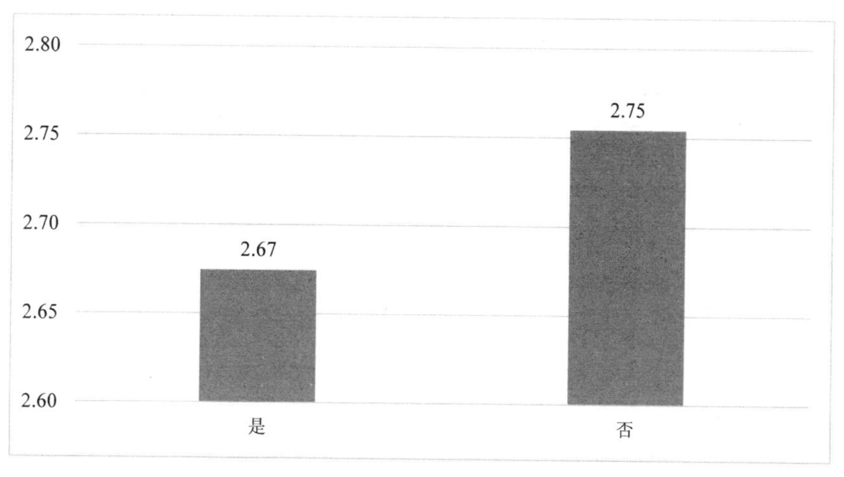

图 3-33　学校开设网络课程不同情况下青少年数字压力

网络课程不同收获程度下青少年数字压力有显著差异，网络课程收获越多，青少年数字压力得分越低（见表 3-43、图 3-34）。

表 3-43 课程收获程度——数字压力差异检验

课程收获程度	N	Mean	SD	F	Sig.	偏 η^2
几乎没有收获	317	2.90	0.854	16.813	0.000	0.004
有些收获	3921	2.69	0.678			
收获很大	3423	2.64	0.863			

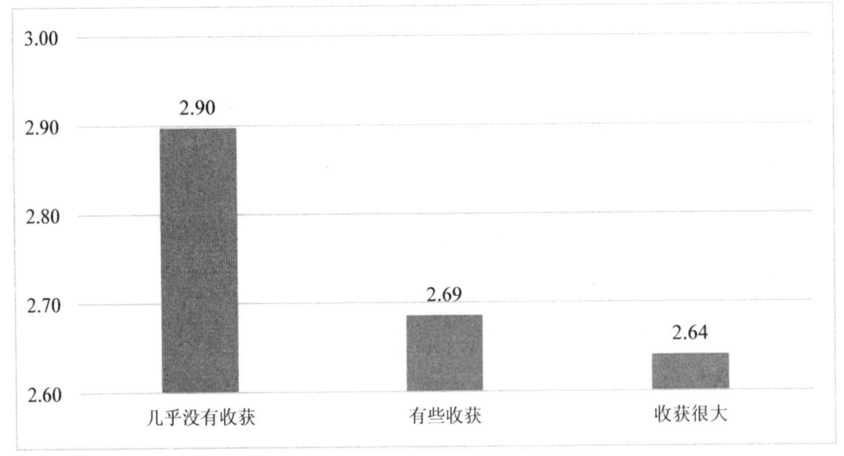

图 3-34 网络课程不同收获程度下青少年数字压力

与同学讨论网络内容不同频率下青少年数字压力有显著差异，讨论越频繁，数字压力得分越高（见表 3-44、图 3-35）。

表 3-44 与同学讨论网络内容频率——数字压力差异检验

与同学讨论网络内容频率	N	Mean	SD	F	Sig.	偏 η^2
几乎不	451	2.39	0.869	180.487	0.000	0.038
有时	4554	2.57	0.680			
经常	4120	2.85	0.835			

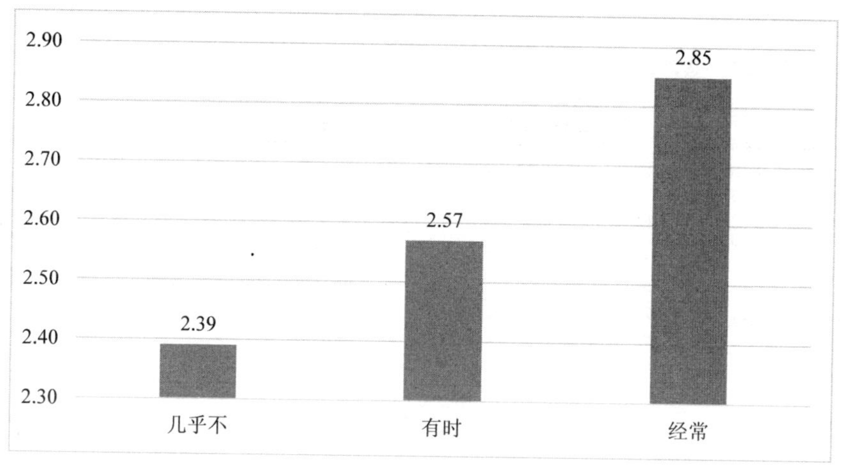

图 3-35 与同学讨论网络内容不同频率下青少年数字压力

学校有无设备管理规定对青少年数字压力没有显著影响，有网络设备管理规定学校的青少年数字压力得分相对更低（见表 3-45、图 3-36）。

表 3-45 学校有无设备管理——数字压力差异检验

学校有无设备管理	N	Mean	SD	F	Sig.	偏 η^2
是	8285	2.68	0.778	2.989	0.084	0.000
否	840	2.73	0.782			

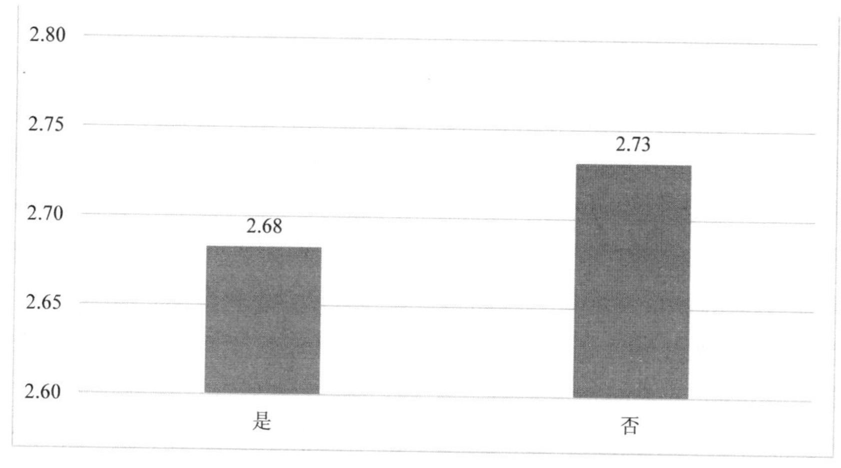

图 3-36 学校不同网络设备管理规定下青少年数字压力

上课使用手机频率对青少年数字压力有显著影响，上课使用手机的频率越高，青少年数字压力得分越高（见表3-46、图3-37）。

表3-46　上课使用手机频率——数字压力差异检验

上课使用手机频率	N	Mean	SD	F	Sig.	偏 η^2
从未使用	6993	2.65	0.758	54.839	0.000	0.018
不经常使用	742	2.70	0.745			
有时候使用	913	2.74	0.797			
经常使用	477	3.11	0.939			

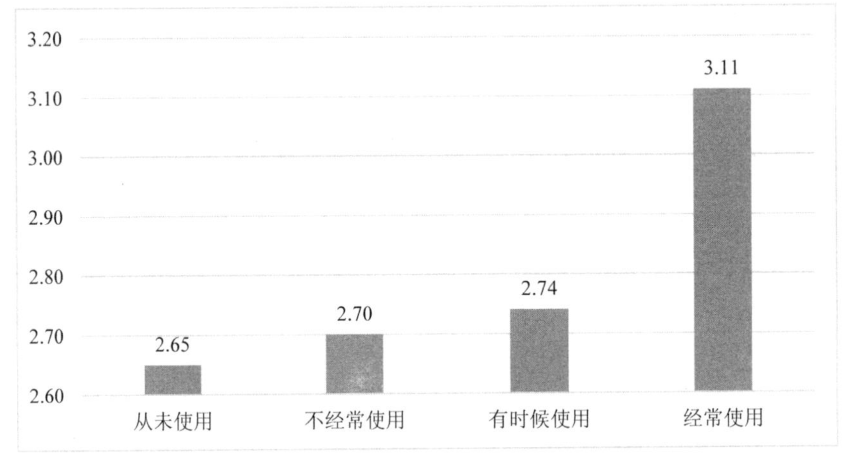

图3-37　不同上课使用手机频率青少年数字压力

（二）数字压力对网络素养的影响分析

数字压力对于网络素养六个能力维度都有显著影响。其中，数字压力对上网注意力管理能力、网络信息分析与评价能力、网络价值认知和行为能力有显著的负向影响，即数字压力越高，相关能力越弱；数字压力对网络信息搜索与利用能力、网络印象管理能力、网络安全与隐私保护能力有显著的正向影响，即数字压力越高，相关能力越强。从标准化系数来看，数字压力对网络印象管理能力的正向影响最大，对网络价值认知和行为能力的负向影响最大（见表3-47、图3-38）。

表 3-47 数字压力对六个维度的回归模型

数字压力			
因变量	标准化系数	调整后的 R^2	Sig.
上网注意力管理能力	-0.268***	7.2%	0.000
网络信息搜索与利用能力	0.177***	3.1%	0.000
网络信息分析与评价能力	-0.255***	6.5%	0.000
网络印象管理能力	0.491***	24.1%	0.000
网络安全与隐私保护能力	0.060***	0.3%	0.000
网络价值认知和行为能力	-0.470***	22.0%	0.000

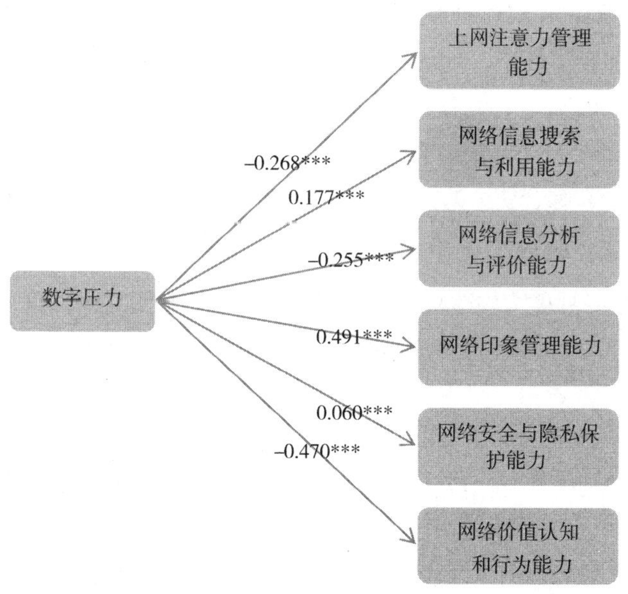

图 3-38 数字压力对网络素养六个维度的影响分析

第四章

青少年网络素养提升建议

一、“赋权”“赋能”“赋义”是青少年网络素养的核心理念

互联网在中国飞速发展了二十余年，由网络化、数字化演进到今天的智能化，互联网以“连接一切”的方式作用于社会，极大地激活了个体，深度嵌入我国社会经济和人民生活，成为影响中国未来发展的重要因素。

基于青少年网络素养的量化研究成果，结合青少年成长发展的现实语境和社会土壤，我们认为“赋权”“赋能”和“赋义”是网络素养培育的核心理念。

（一）赋权：促进青少年自我发展

“赋权”，即青少年作为网络原住民，从出生起便生活在网络世界和现实世界交融的独特生存空间中，“赋权”就是要赋予青少年在实践中提升自我发展能力的权利，除了鼓励青少年去认知和接触现实世界，也应该顺应青少年在网络世界中探索未知的天性，帮助青少年通过网络与现实世界建立与社会的联系，强调实践对认知和综合能力的提升作用，尊重青少年的自由精神与探究本能。

（二）赋能：培养青少年上网能力

“赋能”是一种能力构建教育，有利于使青少年利用网络自我发展为“智慧网络人”，即培养青少年的上网注意力管理能力、网络信息搜索与利用能力、网络信息分析与评价能力、网络印象管理能力、网络安全与隐私保护能力、网络价值认知和行为能力等，使青少年可以娴熟地使用网络媒体，也让他们能够更好地参与社会活动，并利用互联网在虚拟和现实的交互中便捷解决复杂问题，让网络真正为青少年所用。2022 年 3 月 14 日，国家互联网信息办公室发布的《未成年人网络保护条例（征求意见稿）》第二章网络素养培育中指出，国务院教育行政部门应当将网络素养教育纳入学校素质教育内容，并会同国家网信部门制定未成年人网络素养测评指标。教育行政部门应当指导、支持学校开展未成年人网络素养教育，围绕网络道德意识和行为准则、网络法治观念和行为

规范、网络使用能力建设、人身财产安全保护等，培育未成年人网络安全意识、文明素养、行为习惯和防护技能。

（三）赋义：使青少年理解网络价值内涵

“赋义”，是要在更深层次上进行网络价值教育，挖掘优秀传统文化中道德教育资源，使青少年能够正确认识和理解网络使用的价值和意义，把握网络伦理道德，自觉遵守网络行为规范。网络“赋义”，是一个长期的过程，需要通过家庭、学校和社会共同的教育引导，挖掘中国优秀传统文化中的道德要求和伦理规范，与社会主义核心价值观相结合，形成网络道德规范，深入青少年心中，内化为具体网络行为准则，培养其网络信息筛选、目的判别与意义建构的能力，从而使他们能够在纷繁复杂的网络环境中识别、剔除不良信息和无用的碎片化信息，在网络探索和使用的过程中发现内在的意义与自我成长的价值。

二、实施青少年网络素养个人能力提升行动计划

青少年应认识到网络素养的重要性，将网络素养内化于心、外化于行，以达成安全、健康和高效使用网络的目标。

（一）将网络作为学习平台，发挥网络的正向价值

网络可以为青少年提供丰富的学习资源，在信息网络环境中，应发挥网络的正向价值，为青少年构建网络学习社区，更好地提升青少年的自身素质和能力。调查结果显示，青少年的网络技能熟练度对于网络素养具有显著影响，因此青少年应不断提高网络控制能力，使网络能够充分“为我所用”。互联网为使用者提供了其行动的主要条件和空间，青少年也可以根据自己关于互联网的知识结构和能力，参与网络上关于社会话题的讨论，参加有利于自己发展的网络团体，在公共领域累积更丰富的知识和行动经验，将网络作为学习的平台不断积累知识、提升自我。

（二）加强自我管理，提升互联网使用能力

一是保护信息和隐私安全，防范各项风险。青少年应该学习和了解网络安全的相关知识，掌握基础的网络安全常识与问题处理能力，例如下载官方正版软件、杀毒软件等；要注意提高信息安全和隐私防范意识，特别在社交媒体、网上交易、需要填写个人账户密码或真实信息的情境中，要时刻警惕已知和未知的风险。面对自己陌生又不能确定安全性的网络信息时，应告诉父母或监护人。

二是加强注意力管理，谨防网络成瘾。青少年处在需要接收有益信息的关键时期，应该主动地将注意力放在与自己学习生活息息相关的高质量、高价值的信息上，避免迷失在复杂的信息环境中，形成注意力倾向的长期偏差，甚至影响正常生活。为了避免网络成瘾，青少年应主动构建起远离诱惑的环境，实现情境隔离；定期监测屏幕使用时间、手机打开次数等，完善注意力管理曲线；制订网络使用计划表并开始优化上网行为，通过规定的方式限制自己的使用时间，当阶段性地完成目标时给予自己奖励，直到养成新的习惯。

三是提升网络道德修养，遵守网络规范。在使用网络时，青少年会接收到海量的信息，应该学会辨别筛选，自觉抵制网络媒介中尤其是网络游戏中的不文明话语与暴力色情场景；树立理性上网的习惯，避免群体极化与认知偏见；尊重知识产权，不剽窃、盗用他人的知识成果或网络账号。青少年要更加审慎地对待网络信息和网络关系，对于低俗信息和违法信息要坚决予以抵制，对于来源不明或真相不清的信息理性看待，摒弃非黑即白的极端化思维，不盲从、不站队、不扣帽子，拒绝网络暴力，理性思考，就事论事。青少年要不断提升自身思想道德修养和增强法律意识，并把传统的道德范式、法律意识上升为道德习惯、道德信念和法律观念，规范网络行为，自觉遵守道德准则、规范。

四是提高网络信息分析与评价能力，学会批判性解读。通过互联网获取有效的信息并对信息进行鉴别与分析是互联网用户的一项必备技能。在当前的互联网环境下，青少年除了需要掌握必要的媒介技能以适应社会之外，还需要形成一定的信息分析与评价能力。学会批判地解读互联网媒介所传递的信息，包括理性对待网络广告、意识到网络所构建的是一个拟态环境、认真鉴别信息真伪、学会运用多种渠道对信息进行核实，从而与网络建立起良性互动关系。

（三）提高主体意识，警惕数字压力

研究结果显示，青少年处于比较大的数字压力环境之下。在网络世界的探索过程中，青少年需要形成更加独立的自主意识，将网络内容为自己所用，而不是迷失在复杂的网络信息与关系中。个人可以制订每天或每周的上网计划，在上网前明确使用的目的、范围和时间，在搜索和利用信息时有明确的目标，不过分发散去浏览其他内容。在使用手机时，也要认识到手机的工具性，明白手机中的虚拟世界和社交关系只是现实世界的延续或投影，要立足现实，自己确定手机使用的时间和规范，不过度沉迷碎片化的信息和网络游戏。

青少年要更多地关注现实世界，加强与父母、朋友的交流，合理分配网络使用时间，减少对娱乐软件和网络游戏视频、社交平台等应用的依赖。青少年

要学会维护和开展自身的网络社交，认识到网络社交只是现实社交的一种延续，可以通过网络适度地展示自己、便利与朋友交往，而不要过分地看重或沉迷于网络聊天，也无须过度在意他人看法，提高身处于网络世界的主体性意识。

（四）正视网络功能，提高网络效能感

研究发现，青少年个人层面的因素基本上都会对个体的网络效能感水平形成显著的影响，因此，青少年应当正视网络带来的优势和弊端。虽然提高上网时长和网络熟练度可以有效地提升个体的网络效能感，但在实际情况下，也应当控制自身使用网络进行其他娱乐行为的频率。

青少年的网络压力多来自繁杂的信息堆砌，和与他人不同程度的互动或对比所带来的焦虑感，因此，青少年个体提升网络效能感的重中之重，应当是调节自身对于网络的态度，客观看待使用网络所产生的心理变化和情绪反应，更多和父母、老师进行沟通，将心中的想法及时反馈，从而降低使用网络的不良情绪和对网络的负面态度。

（五）管理网络形象，提高网络印象管理能力

网络世界与现实世界交叠程度不断加深，青少年作为网生代，更多地通过网络平台分享生活、呈现自我、维系人际关系，在网络平台塑造、完善个人形象已成为其必备的网络素养。

数据结果显示，青少年网络印象管理的平均得分最低，因此，青少年在网络探索的过程中，要从自身出发，正确地认识自己，剖析自我，管理自己在网络中的形象；正确认识网络平台的双刃剑作用，具备批判精神、良好的思维、辩证与分析能力；充分发挥主观能动性，随着网络平台的迭代发展，不断提升自己使用网络的能力，根据不同网络平台与各自受众的特点，选择合适的方式和内容进行创造、发布，学会利用不同策略维护、管理自己的网络形象。

三、实施青少年家庭网络素养教育计划

家庭教育对青少年的成长起着潜移默化的作用。对于网络素养教育而言，一方面，以血缘为纽带的家庭教育具有独特的感染性优势，家长对孩子的性格特点、行为习惯、教育状况、思想动态等相对较了解，他们的教育引导更具针对性。另一方面，家长的上网习惯会对青少年的上网行为产生直接的影响。

（一）言传身教，提高自身网络素养水平

在网络素养的家庭教育方面，家长首先要提高自身的网络素养水平，如管

理自己使用网络的时间、增强对网络信息的分析鉴别能力、客观认识网络的利与弊，不能在孩子与自己使用网络时区别对待，从而使孩子产生割裂或者家长双标的不信任感。对于孩子的上网行为，不能一味地采用禁止态度或认为网络是“洪水猛兽”，也不能对孩子的网络使用行为放任不管，要理性看待，学会换位思考，认识到孩子上网的原因和需求，合理引导。家长要在日常生活中做好表率，并主动学习和网络相关的一些知识，例如新媒体的使用、网络隐私的管理、网络素养的内容等，从而更好地教育孩子。

父亲、母亲在家庭教育的过程中要有针对性地提高自身的网络素养水平，共同承担起陪伴青少年成长、发展的责任。在教育过程中，父母可以根据自己不同的角色定位进行差异化教育。调查结果显示，在中介效应的作用下，母亲学历对网络信息分析与评价的影响显著，母亲学历越高的青少年在网络信息分析与评价方面的表现越好，因此母亲可以在网络信息分析与评价方面多给予正向影响，与父亲分工共同帮助孩子提升网络素养。

（二）注重沟通，构建良好家庭氛围

调研数据显示，青少年与父母讨论网络内容的频率越高，网络素养越高；青少年与父母亲密程度越高，网络素养也越高；父母干预上网活动的频率越低，青少年网络素养越高。整体而言，家庭氛围越好，青少年网络素养越高，家庭氛围一般的青少年，网络素养相对较低。

家长对于青少年的教育和引导，应该在平等的语境下进行，学会换位思考，主动搭建起亲子沟通的平台，营造良好的家庭氛围，只有这样，孩子才愿意敞开心扉与家长交流，家长也能够更好地了解他们的思想动态与问题，更好地帮助孩子成长。家长要多多空出时间，多陪伴孩子读书或出去游玩，减少在孩子面前使用短视频类和游戏类等娱乐应用。对青少年的上网行为，父母要以宽容、理解的态度，建立与青少年平等讨论和分享的良好习惯，和孩子建立更有效的沟通方式，指导他们正确认识网络上的信息、内容和社交关系；给孩子更多的积极反馈，更多的任务和决定权，增加成就感。家长要多观察青少年使用网络的时间和状态，善于倾听孩子对网络行为的困惑。在尊重隐私的前提下，通过与孩子的沟通交流发现问题，如是否存在网络成瘾的现象，孩子是否缺乏相应的注意力管理能力等。

（三）安全上网，引导孩子鉴别网络信息

青少年作为数字原住民，对于信息缺少足够的鉴别能力，家长要培养孩子在信息整理、分类技巧以及辨别垃圾信息方面的能力，培养孩子正确的价值观，

避免有害信息对青少年造成伤害。当孩子在上网过程中遇到有害信息时及时进行教育和引导，告知这些信息可能产生的危害与风险，使孩子能够树立起安全上网的观念。

家长也要足够重视网络安全问题，并在日常生活中向孩子讲解网络安全的相关知识，包括避免泄露自己的真实信息、通过社交网络聊天时的注意事项等，密切关注孩子在网络上的隐私和权限设置，告知孩子哪些信息是可以被应用访问、哪些信息是禁止访问的，并帮助孩子在网络上设置安全的密码，定期检查网络中是否含有病毒和恶意软件等，防患于未然。

（四）文明上网，引导孩子正确参与网络互动

青少年拥有利用互联网进行自由表达、参与网络互动的权利。家长要指导孩子文明上网，合理地利用网络进行知识学习、信息获取、交流沟通与娱乐休闲，积极参加网络上一些规范的学习社群和兴趣小组；教导孩子注意上网规范，不传播未经核实的信息、不侮辱欺骗他人、不浏览不良信息、不发表极端言论、不盲从站队等。

印象管理作为网络素养的组成部分，是青少年网络互动的表现，家长应承担起榜样模范、陪伴引导的作用，教导孩子恰当利用网络为自己塑造良好形象，发现孩子在网络平台发布的内容不合时宜或有损自身形象时及时提醒制止；教导孩子网络世界同样需要遵守现实世界沟通的礼貌和准则，培养起孩子在网络互动中的同理心和尊重意识，避免孩子参与或者被卷入网络欺凌和网络暴力。

（五）有效介入，适度干预孩子上网行为

对媒介信息的分析评价能力是网络素养的重要组成部分，它更侧重于信息的认知过程。在日常生活中，家长应关注孩子的网络体验，及时抓住对孩子进行网络素养教育的机会，指导他们正确认识网络上的信息，并帮助孩子分辨网络信息的真伪和价值。例如，当上网的过程中遇到网络广告时，家长可以与孩子进行讨论，包括这则网络广告是怎样运作的、为我们营造了一个怎样的环境、它为什么会让我们产生购买的欲望等，从而让他们成为理智的消费者。

参与孩子的网络生活也是避免孩子网络成瘾的有效手段。父母要适度干预青少年的上网行为，应采取多种形式和方法，多维度地介入，必要时可以制订科学的家庭上网规则，比如与孩子商量制订网络使用计划表，让孩子养成先完成学习任务再上网的习惯。

（六）共同学习，建设网络素养家长课堂

家庭教育是青少年网络素养教育中的重要一环，因此家长应树立起与孩子

共同学习的观念，只有自身的网络素养不断提高，才能引导孩子更好地应对日益复杂的网络环境。对此，应建设网络素养家长课堂，以指导父母加强青少年网络素养家庭教育。

建设网络素养家长课堂的具体措施可包括：政府牵头开办网络素养教育培训班，帮助家长指导孩子正确使用网络，着重培养孩子的鉴别力；大中小学举办线上网络素养教育讲座和研讨会，为学生家长提供讨论与分享如何指导孩子使用互联网的在线交流平台；高校与社会科研机构等共同开发定制家长网络素养教育课程与指导手册；政府与企业深度合作，鼓励互联网信息供应商开发并推广绿色家庭上网系统，帮助特定年龄群体过滤不良信息。

四、构建青少年网络素养教育生态系统

学校是教书育人的场所，也是青少年成长发展的主阵地，学校教育是媒介素养教育的基础和关键。

（一）建立网络素养教育体系，明确网络使用规则

目前，我国中小学尚未形成统一的网络教育课程体系，有些学校尚未开展网络教育课程，课程设置、教学内容、师资培训、教学方式等都还有待加强。学校的网络素养教育中，网络行为规范知识、网络防沉迷知识、网络相关法律知识、信息网络安全知识等的学习需要尽快弥补短板。

此外，学校应明确学生的网络使用规则，让学生在潜移默化之中树立起遵守规则的意识，促进学生在校内外均能健康上网、文明上网和安全上网。规则应以国家的法律法规为蓝本，包括但不限于个人信息保护的注意事项、网络发布信息的具体规则、维护网络文明的方法、谨防网络诈骗的要求等，引导学生积极了解和掌握有关网络和社交媒体的法律法规，使学生自觉遵守并承担可能产生的法律后果，创造健康向上的网络使用氛围。

（二）完善网络课程设置，开设独立式或融入式课程

调研数据显示，学校是否有移动设备管理规定，青少年在网络技术、素养类课程中的收获程度，与同学讨论网络内容的频繁程度均对青少年网络素养有显著影响。建议政府相关部门根据不同年龄阶段的学生特点，制定明确的网络素养能力要求，学校据此设立课程大纲与具体教学目标，开设网络素养教育的独立式课程或融入式课程。

现有学校网络课程的设置多聚焦于网络使用能力培养，在此基础上，应该适当增加网络行为规范、信息辨别、信息搜索与利用、网络安全、网络道德等

知识的教学；注意网络素养教育的跨学科合作，可以将网络素养教育融入美育、思想道德信息科技等课程之中，通过融入式的课程教育提升青少年的网络素养；对于不断变化的网络世界，应适时革新信息技术课程，引入相关的网络概念、前沿网络技术、人工智能等内容，例如可以在课程中讲解大数据的作用、5G技术的意义、元宇宙的发展等；要重视网络素养课程的教学效果，建立多元化的课程评价体系，强调过程评价，注重评价的全面性与综合性。同时，学校也不应只局限于电脑端的教学，手机已经成为人们最常用的网络设备，建议学校专门就智能手机的使用、注意事项、隐私保护等内容进行讲解，保证青少年能够在信息科技课程中真正学有所得、学有所用、学有所成，能够更理性、合理地认识网络，使用网络。除此之外，调研数据显示，年级对网络素养中的不同指标均有显著影响，因此学校要注意不同学段青少年的网络素养特点，进行差异化教育。

具体的教学策略（如课程单元、课时安排等）需要进行媒介教育研究的专业部门以及教育学方面的专家在调查研究结果的基础上，根据不同地区与学校的具体情况进行共同商定。

（三）加强教师网络素养培训，使教师观念与时俱进

在网络素养教育体系建设中，教师处于第一线和十分重要的位置上，建议学校定期组织教师培训，提升教师的网络素养和能力。同时，提升教师网络素养，不仅要对他们的网络观念、网络知识等进行培训，也要重视培训媒体应用方面的教学方法与教学能力。当下疫情仍然反复，线上教学成为必要的手段，教师更应积极探索和适应新时代的网络教学模式，在日常授课中，善于利用多种媒介形式授课，这既能够使课程生动有趣，也能够利用丰富的网络资源充实课程内容，还能够为中学生营造网络学习环境。

教师应积极主动帮助学生提升适应和辨析网络的能力，可以就学生网络中最常接触到的社交媒体、游戏、广告等的生产制作流程，以及制作团队的意图、目的为学生进行客观和理智的分析，让他们对网络保持谨慎和开放的心态，更加理性地看待自身接触到的媒介环境。教师还可以通过召开主题班会的形式，就网络游戏的成瘾机制、网络社交的注意事项等为学生进行分析，让他们保持更加审慎的态度，理性看待媒介环境与网络应用。教育相关部门应编写教师网络素养指导手册，帮助教师提升网络素养与教学能力，使得教师能够更好地指导学生正视网络、使用网络，也能够在学生遇到网络问题时帮助学生排解压力、解决问题。

（四）尊重学生主体性，将理论教学与实践锻炼紧密结合

网络素养不仅是一种技能技巧，更是一种思维方式和行为习惯。为了培养起正确的思维方式与行为习惯，需要长时间的实践。学校要形成课内与课外、理论与实践紧密结合的多渠道、多形式的网络素养教育和引导机制。不仅要将网络素养知识融入相关课堂教学，还要兼顾实践应用，帮助学生学以致用，使青少年能够将知识建构、技能培养与思维发展融入运用数字化工具解决问题过程中，体验知识的社会性建构。

在教学的过程中，要尊重学生的主体性和独立性，结合其思想、学习和生活的实际情况，引导学生自我培育。同时要注重实践锻炼，将网络素养教育置于一定的媒介情境之中，在实践中深化学生对知识的理解和体验，从而使其有意识地对于网络行为进行自我管理和约束。

（五）引入第三方力量，发挥社会大课堂作用

数据显示，青少年所在地区、户口类型的差异对其网络素养不同指标有所影响，这种差异的改善更需要社会的参与。学校要积极引入社会、媒体、社区、企业、公益组织等第三方力量，开展媒体进校园、进课堂、进社团等系列活动。同时鼓励青少年进行参与式、交流式、拓展式的媒介体验和社会实践活动，使网络素养教育得以突破独立的校园空间，汇聚社会教育资源。

五、政府完善法制、监管与社会保障

政府对于统筹协调网络素养发展全局发挥着至关重要的作用，应不断健全相关法律法规，组织各个部门，建立起网络综合管理模式，为青少年创建风清气正的网络空间，促进下一代的健康成长。

（一）推行网络素养教育政策，提供制度保障

目前我国仍未建立起网络素养教育统一协调机制，这使得学校、家庭在教育时缺乏依据和抓手。政府相关部门应充分发挥组织协调功能，推行切实有效的网络素养教育政策，可以借鉴西方发达国家关于青少年网络素养教育的经验，在制度和政策制定方面进行规范，此为解决青少年乃至全民网络素养教育问题的最根本途径。同时，教育部门也要制定相应的学校网络素养教育政策，提供该类学科与教材建设的理论指导意见，尤其需要制定青少年网络素养的培养标准，明晰青少年网络素养的能力标准，以此为基础积极引导学校进行网络素养教育课程设置等创新性教学改革。另外，除了培养未成年人的安全上网意识外，

还应全面提升包括未成年人、监护人和学校教师等在内的网络素养教育水平，建议尽快研究制定网络素养规划，通过提高公众整体网络素养，帮助青少年正确认识、使用互联网。

（二）加速网络法治建设，实现有效监管

针对“网络素养的培养与提升”这一解决青少年相关网络问题的关键，目前我国已有政策与规定中仍甚为缺乏。政府相关部门需加速网络法治建设，不断完善相应的法律法规，让网络管理切实做到有法可依、有法必依，做到执法必严、违法必究，坚决抵制暴力、色情等多种不良网络信息，重拳打击隐私泄露与网络诈骗等违法行为，为青少年营造出文明、和谐、清朗的网络空间。

同时，相关部门应研究并推广青少年网络保护机制，建立标准明确的“青少年网络内容准入”体系，严厉打击传播暴力色情等有害信息、宣传低俗媚俗网络文化、煽动网络群体对立、散播网络谣言、在网络空间对青少年实施伤害的违法犯罪行为；采取专门的行政手段、人工智能技术手段正本清源，第一时间将对未成年人有害的信息拦截、屏蔽和清除。

（三）成立网络保护和发展委员会，推动网络健康计划

成立各级各类互联网协会的未成年人网络保护和发展委员会，旨在协调政府各部门资源推动网络健康计划。委员会可提倡互联网企业和社会公共部门共同合作开展网络健康项目，如通过建立种子基金的方式，用以：（1）建立专业的青少年网络素养研究和培训机构，向青少年及其家庭和学校提供专业性服务；（2）鼓励和支持开展青少年网络素养的基础和应用研究；（3）建立青少年网络素养提升与干预专业网站，向青少年、家庭和学校提供各种在线服务。协助并支持互联网企业以及社会相关组织，为青少年及其家长举办网络素养教育项目，项目应属于非营利性质，以最大范围地促进受众网络素养的提升。

六、企业形成行业自律与行业规范

在青少年网络素养的培育过程中，企业必须落实主体责任，重视青少年网络安全以及青少年网络素养提升，切实履行自律自查规范，兼顾社会效益与经济效益，探索如何利用数字技术为青少年打造健康友好的网络环境。

（一）严格落实国家法律规定

国家新修订的《中华人民共和国未成年人保护法》已在 2021 年 6 月 1 日开始实施，对于企业在青少年网络素养培养中所担责任及具体要求做了明确规定。

其中提出：网络产品和服务提供者不得向未成年人提供诱导其沉迷的产品和服务；网络游戏、网络直播、网络音视频、网络社交等网络服务提供者应当针对未成年人使用其服务设置相应的时间管理、权限管理、消费管理等功能；网络游戏服务提供者应当按照国家有关规定和标准，对游戏产品进行分类，作出适龄提示，并采取技术措施，不得让未成年人接触不适宜的游戏或者游戏功能；网络游戏服务提供者应当建立、完善预防未成年人沉迷网络游戏的游戏规则，对可能诱发未成年人沉迷网络游戏的游戏规则进行技术改造等。2021 年 8 月 30 日，国家新闻出版署下发了《关于进一步严格管理切实防止未成年人沉迷网络游戏的通知》，进一步限制了向未成年人提供网络游戏服务的时间，所有网络游戏企业仅可在周五、周六、周日和法定节假日每日 20 时至 21 时向未成年人提供 1 小时网络游戏服务；严格落实网络游戏用户账号实名注册和登录要求，所有网络游戏必须接入国家新闻出版署网络游戏防沉迷实名验证系统。

针对国家一系列法律法规，许多企业积极履行企业责任，落实相关规定，在一定程度上起到了引导和保护的作用。例如，腾讯、网易等游戏厂商积极推进防沉迷新规在旗下游戏中的落实，在游戏中实施未成年人防沉迷系统，帮助孩子控制网络游戏时间，达到了明显成效。企业应不断提升针对青少年的网络保护能力，依据相关法律法规，进一步完善保护机制与监管体系。

（二）加强网络信息内容生态治理

调研发现，部分互联网平台的青少年模式仍充斥着色情暴力等低俗内容，对青少年的身心健康有极大的危害。网络信息内容服务平台企业应当履行信息内容管理主体责任，加强本平台网络信息内容生态治理，培育积极健康、向上向善的网络文化。《网络信息内容生态治理规定》鼓励网络信息内容服务平台开发适合未成年人使用的模式，提供适合未成年人使用的网络产品和服务，便利未成年人获取有益身心健康的信息。网络信息内容服务平台是网络信息内容传播服务的提供者，应当重点建立网络信息内容生态治理机制，增强社会责任感，弘扬正能量，反对违法信息，防范和抵制不良信息；制定本平台网络信息内容生态治理细则；健全平台未成年人保护制度，重点应当建立和完善用户注册、账号管理、应急处置和网络谣言、黑色产业链信息处置等制度。企业应做到有效监管，积极配合政府监管部门，构建有利于青少年网络素养提升的行业规则，从源头上为青少年创造安全健康的网络环境。

（三）进一步优化青少年模式

目前仍有许多孩子利用规定的漏洞绕开监管，进行违规游戏登录、直播打赏等行为。互联网平台应该进一步优化功能设置，提高未成年人身份识别的准确性，增强未成年人保护的有效性。

在加强监管、清理内容的基础之上，互联网平台还应该推进管理理念创新，积极丰富青少年模式的内容与形式，促使孩子们从根本上认同和喜爱“青少年模式”。传媒平台应充分认识到，“青少年模式”不应只是管住、守住孩子，而是服务好青少年这一特殊群体，还让其成为传递知识、培养兴趣的学习渠道。平台设置需要考虑受众的身心特点和需求，进一步丰富和细化平台供给的内容池，为青少年提供的内容能够匹配他们的年龄和需求，兼顾娱乐性与教育性，打造更多青少年喜闻乐见的内容产品，在媒介传播中服务于网络素养教育的要求，帮助青少年真正获得成长。

（四）加强网络素养科普教育

帮助青少年提升网络素养是互联网企业义不容辞的社会责任。目前来看，企业主动开展的科学普及和教育学习活动相对较少，没有积极落实企业的主体责任。对此，企业应加强网络素养科普教育，主动“走出去”“引进来”，积极开展具有多元互动、参与体验沉浸式的科学普及和开放教育以及志愿服务活动，开放优质科学教育活动和资源，设置和完善科普“开放日”活动，让青少年走进互联网企业，揭开“神秘面纱”，如解构互联网游戏，建立科学的游戏观；通过“走出去”，加强与传媒、专业科普组织合作，及时普及重大科技成果，开展互联网企业进校园、进课堂、进社团等系列活动，使青少年在社会实践活动中获得观念和认知上的提升。

七、集结社会各界力量共同促进青少年网络素养提升

青少年网络素养的提升需要全社会的重视与参与，社会各界应从全社会的长远利益出发，充分发挥各自的职能，共同为构建良性、健康的网络文化氛围而不断努力。

（一）社会组织联合企业开展青少年网络素养项目、计划、活动等

以中国青少年宫协会“E 成长计划”公益项目、腾讯 DN. A 计划、各大互联网企业的网络素养学院等为例，这些均是以社会力量提升青少年网络素养的有力手段。但目前存在的问题是单点成绩突出、普遍性成就不足，过于依靠互联网龙头企业与专业青少年教育组织。因此下一步需要依靠政府牵头，动员以互联网企业为代表的全体社会组织，加强对青少年网络素养教育的重视，开展青少年网络素养项目，完善青少年网络素养水平测评体系，研制关于青少年网

络素养培养的家长行动指南，提供热线咨询、指导、评价和预警服务；设立青少年网络素养公益教育基金，研制数字时代全民网络素养教育规划和行动计划，以线下或线上的具体形式将青少年网络素养教育切实落地，营造全社会重视和提升网络素养的良好环境；开展青少年网络素养公益教育活动，建设未成年人网络素养公益课程，赋能青少年网络素养；通过与教育机构、中小学合作，开展未成年人网络创作大赛，在参与创造中提升网络素养，树立正确的网络价值观。

（二）青少年网络素养教育基地提高建设普及性和规范性

青少年网络素养教育基地是直接提升当地青少年网络素养水平的强效手段，如浙江、安徽等省近年来通过网络素养基地的建设，均积累了丰富的青少年网络素养教育经验。目前国内各地已有不少青少年网络素养教育基地处于建设过程之中，但从整体来讲仍存在供小于求的问题，因此需进一步加强各地基地建设的普及性，从立法部门、政府、司法部门或社会机构，聘任青少年保护社会监督专家，为青少年网络素养提升提供专业保护；组建网络素养提升志愿服务队并设立相关岗位，完善青少年网络素养提升机制，推进基地建设专业化、规范化、常态化发展。在加速建设的同时，一定要严守科学化、规范化的教育原则，强化基地建设审核与监管标准，杜绝违法违规类社会机构的出现。

（三）大众传媒发挥正向引导功能，促成良好传播效果

大众传媒具有舆论导向、道德引领、教育大众的功能，对于青少年网络素养的塑造具有重要意义，必须发挥其引导作用。目前媒体多以网络成瘾的危害和个别严重案例为主要报道内容，实际上大量有关成瘾行为的研究已经证明，只强调行为的危害对于改变人们的成瘾行为效果甚微，仅聚焦于网络成瘾也不利于多维度网络素养水平的提升。媒介组织应与网络素养相关学术机构合作，基于科研成果开展全面、科学的新闻宣传和报道，加大有关网络对促进青少年发展起积极作用的报道的力度，引导青少年积极关注和使用网络的正向功能。

针对青少年网络素养教育，新闻媒体可以聚焦中小学开展网络素养知识传播活动，或者以当前的网络热点问题作为切入口开设互动平台，在和师生的深度互动交流中潜移默化地渗透网络素养教育。而校园媒体则可以利用校园网、广播台、校刊等渠道，开展网络素养教育普及与宣传，借助校园媒体受众群体稳定的特点和优势，打造良好的校园教育宣传环境，力争促成“润物细无声”的传播与引导效果。社交媒体平台上的意见领袖、网络红人也都具有广泛的社会影响力和粉丝流量，对于青少年群体的价值选择与判断具有巨大的引导作用。

因此，意见领袖和网络红人们自身的网络素养和价值观倾向至关重要，这要求他们在网络发布相关言论时，必须承担起与自身影响力相匹配的引导责任，遵守网络道德规范，积极倡导正能量的社会舆论。具体到每一位网络用户，也应该加强自身的网络素养建设，给予青少年健康的价值观指引，传递正能量，形成风清气正、健康和谐的网络环境。

附　录

附录1：青少年网络素养家庭教育的实践与探索

方增泉　祁雪晶　普文越　殷　鹤　蒋宇楼　王美力

摘要： 青少年作为网络时代的“原住民”与“常住户”，其受到网络的影响是巨大的，而青少年的认知和行为尚处在成长阶段，面对复杂的互联网信息时也会遇到诸如辨别能力不够、网络成瘾、网络暴力、隐私安全等诸多风险。因此青少年的网络素养教育就变得格外重要。家庭中的网络素养教育作为能给青少年带来呈现方式最直接、效果最显著的教育组成部分，在青少年网络素养教育中也扮演着举足轻重的角色。基于此，本文从国内外两个方面出发，探讨在家庭中的青少年网络素养教育有哪些成就与探索，并提出能够丰富我国家庭教育中的青少年网络素养教育的建议。

关键词： 青少年　网络素养教育　家庭

随着网络技术的发展与设备的普及，媒介、网络成为人们生活中的重要组成部分。而作为网络时代“原住民”的千禧一代，在享受着网络时代带给他们便捷的同时，也很容易受到网络中不良信息的影响。学校教育、社会教育、家庭教育都会影响青少年网络素养水平，而其中，家庭教育会对青少年的网络素养水平产生最为直观、深刻的影响，并且对青少年的成长也起着潜移默化的作用。

通过家庭教育的手段来提高青少年网络素养教育的水平，目前国内外的媒介素养教育现状还是有所差异的。在我国，利用家庭教育来提升青少年网络素养教育以指导性的图书、教育手册为主，尚处于萌芽和起步阶段；而一些发达国家例如美国、加拿大等在青少年的家庭网络素养教育上，由于起步早，发展快，已经有一些比较成熟的规则以及实践性强的方法。

一、发达国家家庭教育中的青少年网络素养教育

社交媒体时代，青少年接触信息的渠道更为多样，面对不良信息的挑战也更为严峻。在对孩子使用互联网的态度上，不少家长容易采取两种极端的处理方式，一是完全杜绝，忽略了新媒体对儿童青少年的积极作用，另一种是放任自流，对其使用完全不加以监管与约束，导致他们沉迷于网络，或是接触到一些不良信息。① 这两种方式都不可取，正确的家庭教育方式对青少年网络素养的形成不可或缺。美国和加拿大的家庭在孩子媒介素养的教育上，同样起步较早且发展较为成熟，我国应该充分借鉴其他国家的经验，使中国家庭网络素养教育更具针对性与指导性。

美国马里兰州教育局通过立法，要求州教育委员会应至少包含两名子女就读于公立学校的家长；鼓励各个层次的教育委员会和工作小组至少吸纳两名家长作为其成员；为学区和学校制定标准，促进家庭和社区参与学校教育工作的成效和进展，并向公众报告；为家长编写培训教材，使他们有均等机会参与教育决策过程。并且专门制作了“家长指南”手册，将教育目标、学校改进工作及家长须知等作为其内容②，《家长须知》共分为13条，其中第4、8、9条明确规定了孩子的媒介使用，具体如下：

第4条：每天至少抽出15分钟时间与您的孩子交谈，并一起阅读书刊；

第8条：限制孩子看电视的时间，并与孩子讨论所收看的电视节目内容；

第9条：监控孩子玩电子游戏和上网的时间。

马里兰州的《家长须知》对于家长来说具有很强的操作性，要求具体也更易实现，也为学校、社会组织的媒介素养教育提供了有力的支撑。

在加拿大，家长主要通过日常生活中孩子在接触媒介信息的时候，例如看电视、上网的时候引导孩子避免媒介不良信息和正确使用媒介。在孩子看电视的时候，家长先要对节目频道有所筛选，使年幼的孩子避免看到关于暴力、色情等方面的频道。现在的孩子对于网络接触更多，因此受网络影响甚至超过电视的影响，加拿大的家长在这方面通常通过给孩子制定规则来限制孩子随意浏

---

① 陈若葵. 提高孩子“媒介素养”需从家庭入手［N］. 中国妇女报.（2018-10-21）http：//baby. 163. com/18/1031/10/DVEIER8800367V0V. html.

② 徐须实. 马里兰州教育部给家长的13条建议［J］. 妇女生活（现代家长），2008（6）：59.

览不良网站信息，包括规定上网时间、注意个人隐私不能随便泄露、不能随便见网友等。加拿大在“网络欺凌：鼓励道德的在线行为”课程中融入了家庭教育，在每个主题模块中涵盖了课程概览、学习目标、准备工作与学习材料、学习过程、家校连接五个部分，每个模块中还包含了相应的课堂工具包，包括网络欺凌的知识背景材料、父母指导手册和个人活动手册等。①除此之外，Media Smarts 还为家长提供了诸如“家长数据保护者指南”“数字公民家长指南”“充分利用视频游戏”“帮助我们的孩子处理网络欺凌”“帮助我们的孩子安全地使用智能手机”“Instagram 家长指南”等一系列家长指南。②以“帮助我们的孩子安全地使用智能手机”家长指南为例，其中明确提出了家庭上网规则，并列出了一些帮助家长制定更具体规则的想法：

> 1. 在网上发布任何个人信息之前，我总是会得到父母的许可。这包括我的名字、性别、电话号码、家庭或电子邮件地址、我学校的位置、我父母的工作地址、电子邮件地址或电话号码、他们的信用卡号码信息和我或我的家人的照片。
>
> 2. 我不会访问任何我认为父母不会同意的网站。
>
> 3. 我不会和任何人分享我的密码（除了我的父母或一个值得信赖的成年人）甚至连我最好的朋友也不会。
>
> 4. 除非父母或我信任的成年人和我一起去，否则我不会安排约见在网上认识的朋友。
>
> 5. 我会先问一个成年人，然后再下载东西，打开附件。

这一系列指南为加拿大家长参与青少年的媒介素养教育提供了具体的建议与指导。

在亚洲地区，新加坡主要通过依靠国家行政力量推进青少年的网络素养家庭教育。在组织层面加入社会组织力量，成立互联网家长顾问小组，在实践层面开设家长课堂，提供网络健康使用服务。成立于 1999 年的互联网家长顾问小组，旨在教育家长以及民众正确使用互联网，发挥其积极作用。包括以下五项具体措施：

---

① 肖婉，张舒予. 加拿大反网络欺凌媒介素养课程个案研究与启示——基于“网络欺凌：鼓励道德的在线行为”课程的分析［J］. 外国中小学教育，2016（9）：5-10.

② http：//mediasmarts. ca/parents/find-resources？type_ 1%5B%5D=guide

1. 政府出资开办“互联网安全”的辅导班，鼓励家长指导孩子正确使用互联网，强调培养孩子的鉴别力；

2. 举办在线互联网安全研讨会和讲座，提供父母分享和讨论如何管理孩子使用互联网的交流平台；

3. 开发定制家长网上安全课程；

4. 在全国开展网络安全路演，走进家长工作场所，利用午餐时间搞讲座；

5. 与企业合作，鼓励供应商开发推广“家庭上网系统”，帮助用户过滤色情和不良信息。①

同时，媒体发展局（MDA）成立媒介素养委员会，为了让父母掌握有关成为优秀在线榜样的知识，MDA 于 2016 年 1 月 15 日在 Google 亚太地区办事处为家长影响者组织了一个网络会议。多达 50 位家长影响者分享了他们关于如何向儿童传授积极的在线价值观的想法和个人经历，并在 2016 年底，实现互联网接入服务提供商（IASP）提供的网络由家长控制，并由家长决定是否订阅相关服务②。

此外，新加坡教育部针对家庭网络健康计划提出的五条总体原则、家长应当明确告知孩子的“上网原则”、写给孩子的“安全冲浪守则”、家长帮助孩子应对“网络欺凌”的小贴士。还介绍了用于网络素养教育的电子游戏、电视剧、应用等。“新加坡教育论坛”（Schoolbag）为家长提供更详细的指引和各类外部资源③，包括教育资讯、理念指引和各类帖子等。除了普及知识，还为家长提供操作性建议，并且与专业机构合作开发可供家长使用的互动程序。值得一提的是，新加坡教育部开发的“C-Quest”的免费游戏应用程序，使得父母和孩子能通过游戏来学习和探讨网络暴力、在线聊天、游戏成瘾等话题④。

二、中国家庭教育中的青少年网络素养教育

近年来，青少年网络素养的家庭教育越来越引起社会各界的广泛关注。

---

① 张建军，高启明. 新加坡互联网公共教育制度研究［J］. 教育传媒研究，2018（5）：81-83.

② 黄厚铭. 面具与人格认同［J］. 中国科技纵横，2002（12）：178-179.

③ 参见：新加坡教育论坛（Schoolbag）官网：<https：//www. schoolbag. edu. sg>.

④ Tan, Emilia（2014）. MOE Launches Cyber-wellness App for Parents andChildren, TodaySingapore, September, 20. Retrieved from：<https：//www. todayonline. com/singapore/moe-launches-cyber-wellness-app-parents-and-children>.

我国也出台了相关的法律政策规定家庭在青少年网络使用中的权利和义务。2020 年 10 月 17 日修订通过的《中华人民共和国未成年人保护法》（以下简称《未成年人保护法》，2021 年 6 月 1 日实施）中，明确了家庭在青少年网络使用行为中的相关法律规定。在未成年人的网络接触方面，《未成年人保护法》明确了家长及其他监护人应起到监督的作用，不得放任未成年人沉迷网络，接触可能影响其身心健康的媒介信息。同时也提出家长应当对未成年人进行网络素养相关的教育，提高其合理使用网络的意识和能力。在家长自身行为方面，《未成年人保护法》要求家长提升自身网络素养，规范自身行为，从而引导未成年人正确、良好地使用网络。在具体行为措施上，家长可以在手机等未成年人使用的智能终端上安装网络保护软件，选择适合未成年人的服务模式和管理功能等方式，从而避免未成年人接触负面网络信息，合理安排未成年人使用网络的时间，有效预防未成年人沉迷网络。在权利方面，当未成年人遭受网络欺凌时，家长及其他监护人有权要求网络服务提供者删除、屏蔽相关信息，保护青少年。

我国针对家庭层面青少年网络素养教育的手册与指南也逐渐增多，对家长起到了一定的启示作用与教育借鉴意义。

复旦大学媒介素质研究中心以“亲子共同阅读，帮助儿童安全上网、健康上网、快乐上网”为目的，编撰了《儿童绿色上网家庭手册》。该手册以数据调查分析作为撰写基础，使用了亲子间易于接受和喜爱的卡通人物形象“摩尔”，通过卡通故事的方式分别讲述网络的利弊、趋利避害攻略、日常上网行为方法以及上网计划与检测四部分内容。例如，在“趋利避害攻略”中涉及了应对健康威胁、游戏沉溺、暴力色情、欺诈陷阱、人身安全、语言暴力等隐患的措施；在“日常上网行为方法”中对时间管理、网上交友、网络礼仪等概念作出生动阐释；在“上网计划与检测”中建议以家庭为单位制定健康上网家庭契约、一周上网时间计划表、一周网络行为自检表、游戏沉溺程度体检表等。

中国青少年宫协会儿童媒介素养教育研究中心主任张海波推出了《家庭媒介素养教育》一书，该书是国内第一部全面论述儿童家庭媒介素养教育的专著，是中国教育学会“十二五”重点科研课题的成果。书中包含教育学、心理学、社会学、传播学等跨学科的专业知识，与国际先进的媒介与信息技术素养、儿童核心素养教育理念同步，结合中国本土儿童的数字化成长和亲子关系现状，提出了符合中国儿童身心发展、新媒介使用习惯和社会发展要求的家庭媒介素养教育方案。书中呈现的数据来自中国青少年宫协会儿童媒介素养教育中心在全国 18 个城市的大型儿童网络安全和媒介素养状况调研，在此基础上，分年龄段详细讲述家庭媒介素养教育策略，并以图说形式讲解家庭媒介素养教育难题。① 其中包括“如何预防孩子媒介成瘾”“如何教孩子辨别不良信息”“如何教孩子保护个人隐私”“如何教孩子理性面对网络交友”“如何教孩子应对网络侵害”等专题，直面当下家庭中家长遇到的各种困惑，方法简洁实用。

北京师范大学教育新闻与传媒研究中心以我国青少年网络行为研究为基础，编译推出了《数字时代背景下家长行动指南》。该指南给出广大“数字父母”五大关键性提示，分别是“不要恐惧网络”“多和孩子交谈”“成为孩子媒介生活的一部分”“当孩子遇到网络问题时，你应该是他们来寻求帮助的对象”以及“制定家庭上网守则”，这对于家长来说具有“口诀”般的意义。主体内容分为三个部分，包括“保护隐私”“尊重他人感受”以及“尊重线上财产”，详细地告知了父母如何就具体网络问题来教育孩子。例如，在“保护隐私”中，授以家长具体操作措施，包括如何帮助孩子创建一个安全的密码、如何帮助孩子使用社交网络的隐私设置功能等；在“尊重他人感受”中，着重强调当孩子遇到日益频发的网络争吵与网络欺凌事件时，应该如何处理与解决；在“尊重线上财产”中，对非法下载（盗版）、剽窃抄袭、黑客等涉及网络财产安全的行为作出阐释，使家长与孩子共同学习并避免隐患的发生。该指南最终强调父母一定要和孩子协商制定家庭上网守则，模板如下：

1. 我不会去任何父母不赞成我登录的网站；

2. 我不会和任何人分享我的密码（除了父母）——甚至连我最好的朋友也不会；

3. 我不会在网上对任何人做出刻薄或残忍的行为，即使别人以这种方式对我；

4. 如果我在网上被别人激怒，我会在说出或做出任何事情之前让自己冷静下来；

5. 在未经他人允许的情况下，我不会在网上分享任何属于别人的东西；

6. 除非得到父母的许可，否则我不会在网上乱买东西；

7. 我不会分享任何个人信息，比如我的年龄、我住的地方、我上

---

① 张海波. 家庭媒介素养教育［M］. 广州：南方日报出版社，2016.

学的地方等。①

北京师范大学学生心理咨询与服务中心教师夏翠翠长期致力于青少年网络成瘾研究，其出版的《孩子玩游戏，父母怎么办？——别让游戏毁了孩子一生》，是针对家庭中孩子网络成瘾问题给出的具体指南。为了方便各个年龄阶段的父母阅读，该书按不同年龄阶段展开叙述，包括婴儿、幼儿、小学、中学和大学五个阶段。在案例解析中，书中首先呈现了每个阶段的孩子的心理发展特点、家庭教育的主要目的和游戏的正确使用；接着进行专业的点评和分析，给父母提出切实可行的教育建议，每个阶段的结尾都总结了适合这个年龄阶段孩子玩的游戏和亲子活动；最后介绍了会导致孩子游戏成瘾的家庭有哪些特征，以帮助家长反思自己的家庭，在此基础上提出了亲子教育的总体原则及相对应的父母自我提升方法。② 该书既是一本帮助家长引导孩子健康使用网络、正确对待游戏的指南，也是一本关于亲子教育的指南。

三、目前我国家庭中的青少年网络素养教育问题

据《中国青少年网络素养绿皮书（2022）》的研究表明，青少年与父母越亲密，在上网注意力管理能力、网络信息搜索与利用能力、网络信息分析与评价能力、网络安全与隐私保护能力、网络价值认知和行为能力方面的表现也明显更好。这表示“亲密稳定的亲子关系对青少年的网络素养有显著正向的影响”，家长对青少年上网行为的干预、青少年与家长讨论网络信息的频率、家庭氛围等变量，也会影响着青少年的网络素养水平。

由此可见，家庭教育在青少年网络素养教育中扮演重要角色，但目前我国在这一方面仍较为薄弱。虽然国内已出版了一系列有关青少年网络素养教育的家庭指南或手册，但普遍存在推广难度大的问题，家长往往得不到相关刊物与知识的普及。部分可供家长网上搜索的指导性读物存在理论性过强、缺失切实有效的具体操作手段等问题。

未来关于青少年家庭网络素养教育的相关指南或手册，应着重贴合市场尤其是家长群体的需求，同时做好宣传策划，并以家长最急需处理的问题作为切

---

① 方增泉，祁雪晶. 中国青少年网络素养绿皮书（2017）［M］. 北京：中国传媒大学出版社，2018.

② 夏翠翠，申子姣. 孩子玩游戏，父母怎么办？——别让游戏毁了孩子一生［M］. 北京：北京大学出版社，2018.

入点，为其提供简单、直接、有效的解决措施，从而加强家庭教育在青少年网络素养教育中的重要地位。

四、建构我国家庭教育中的青少年网络素养教育的建议

（一）家长需自我训练，提高自身的网络素养水平

在网络素养的家庭教育方面，家长首先要提高自身的网络素养水平，如管理自己使用网络的时间、增强对网络信息的分析鉴别能力、全面认识网络的利与弊。对于孩子的上网行为，不能一味地采用禁止态度或认为网络是“洪水猛兽”，也不能对孩子的网络使用行为放任不管。此外，父亲、母亲在青少年网络信息搜索能力、网络信息分析和评价能力方面存在显著的责任和角色差异，因此要有针对性地提高自身的网络素养水平，母亲要在青少年网络素养培养过程中发挥引导作用，父亲要承担起陪伴青少年成长发展的责任。

（二）亲子之间应注重沟通，善于发现青少年使用网络时的问题

作为家长，在青少年网络素养的培育过程中，要主动搭建起亲子沟通的平台，对青少年的上网行为，建议父母报以宽容、理解的态度，建立与青少年平等讨论和分享的良好习惯，正确引导青少年的上网行为。同时，家长要多观察青少年使用网络的时间和状态，在尊重隐私的前提下，通过与孩子的沟通交流发现问题，如是否存在网络成瘾的倾向，孩子是否缺乏相应的注意力管理能力等。此外，父母要适度干预青少年的上网行为，可以制订科学的家庭上网规则，比如与孩子商量制订网络使用计划表，让孩子养成先完成学习任务再上网的习惯。可以从孩子自身的角度出发，开展家庭小比赛，在特定的时间内上网搜索规定范围内的信息，设置一些阶段性奖励（如给胜利者积分，累积够一定分数就可以兑换一顿大餐或一次出游）以及小惩罚，来激发孩子的求胜欲，使其专注度在短时间内得以提升。还可以从客观环境出发，净化电子设备的页面，删除对孩子有诱惑力的软件和页面，以此防止孩子的注意力被其他信息吸引。

（三）成立网络素养家长顾问小组

成立网络素养家长顾问小组，旨在指导父母加强青少年网络素养的家庭教育，具体措施可包括：（1）政府或社区牵头开办家长网络素养教育辅导班，鼓励家长指导孩子正确使用互联网，强调培养孩子的鉴别力。（2）大中小学举办在线网络素养教育研讨会和讲座，提供父母分享和讨论如何指导孩子使用互联网的交流平台。（3）高校与社会科研机构等共同开发定制家长网络素养教育课程与指导手册。（4）政府或社区与企业合作，鼓励供应商开发推广“家庭上网

系统”，帮助特定年龄群体过滤不良信息等。媒体机构也可以为家长教育提供一些给孩子设计的媒介信息鉴别训练。国外已经有一些机构特意选一些或真或假的新闻给孩子，让他们去判断真伪。英国的 BBC 还推出了一款名叫 iReporter 的交互游戏，让孩子成为 BBC 新闻室里的一名记者，在游戏里，面对各种消息来源、政治声明、社交媒体评论以及图片等，自己做选择和判断，挑选出当日推送的新闻内容。

附录 2：青少年网络素养学校教育与社会教育的实践探索

元英　季晓旭　方新悦　王秋懿　韩林珊

摘要：互联网已逐渐成为青少年日常生活中不可缺少的组成部分。目前，我国青少年网络素养教育仍处于起步、萌芽发展阶段。在青少年网络素养教育领域，部分发达国家起步早、发展快，已具备经过实践验证的、较为成熟的青少年网络素养教育方法。本文通过梳理英国、美国、新加坡、澳大利亚、芬兰、日本等网络素养教育较为发达的国家的学校、社会组织的具体实践，为提升我国青少年网络素养教育提出相关建议。

关键词：青少年　网络素养教育　发达国家　建议

随着网络通信技术的发展和移动电子设备的普及，媒介、网络已经成为人类日常生活中不可缺少的一部分，人们开始接触网络的年龄正不断降低。“千禧一代”作为“网生代”，是数字网络原住民，他们的生活与网络息息相关。然而网络环境的复杂性和庞大的内容信息，对于青少年网民来说，是一把“双刃剑”。我国的网络素养教育尚处于萌芽和起步阶段。部分发达国家在青少年的网络素养教育上，起步早、发展快，已经有了经过实践验证的、比较成熟的青少年网络素养教育方法，适当地学习、借鉴国外的发展经验，有助于我国青少年网络素养教育的发展。

一、发达国家青少年网络素养学校教育现状

学校作为青少年网络素养教育的主阵地，是网络素养教育中最为基础、重要的一部分。青少年媒介素养教育在国外已有九十多年的历史，英国、美国、加拿大、澳大利亚等是青少年媒介素养教育起步早、发展比较成熟的国家。进入新世纪后，以芬兰为代表的北欧国家的青少年媒介素养教育也逐渐得到了全面发展。青少年媒介素养教育发展较早的国家都已将媒介素养纳入国家教育体系，从而确保青少年媒介素养教育得到确切落实。青少年网络素养教育需要学校在潜移默化中，整体培养学生的媒介素养。目前，国外学校的青少年媒介素养教育主要包括三种形式：独立课程模式、融入式课程模式以及课后活动模式。

（一）独立式课程

英国是较早进行媒介素养教育的国家之一。20 世纪 70 年代，媒介教育就已经成为英国国家正式教育体系的一部分。经过数年的发展与完善，其媒介素养教育课程已相当成熟，涵盖了从小学到大学教育体系的全过程，成为正式教育体系中的教学科目，并有完整的评价系统。联合国文明联盟相关报告指出，人口不断接触到媒体，这对教育提出了挑战，在电子和数字时代这一挑战有所增加。评估信息源需要技能和批判性思维，是一项教育责任，应在学校，特别是中学实施媒体素养项目，帮助培养媒体消费者对新闻报道的洞察力和批判性态度，提高媒体意识和发展互联网素养，以消除误解、偏见和仇恨言论。

在英国课程体系中，针对 16 岁以上的中学生，专门开设了一门有关媒介素养教育的课程，命名为“媒介研究”，此课程主要包括媒介研究课程、电影研究课程等内容，其课程目标和教授内容均包含与网络素养教育有关的内容。“媒介研究”的课程目标是为了加强学生对自我以及自我所存在的世界的认知，并培养学生对于事物、问题等的批判、鉴赏和探究能力；培养学生在日常生活中对媒介的批判性理解和使用；以及各种有关媒介的实践活动，包括理解运用媒介的概念、分析和解释媒介的制作、评价媒介的产品和过程等。互联网作为目前使用最普遍的媒介，是课程的关注重点。

“媒介研究”的课程实施方式多样，以学生讨论为主。包括课堂活动小组讨论、全班讨论、教师的直接讲授、角色扮演和模仿、内容分析、写作和媒介制作等。课程中，媒介制作在媒介素养教学中占有很重要的地位，其目的是让学生通过媒介制作来加深对媒介内容的理解，从而将理论付诸实践，以便达到“通过个人参与和创造性的表达来培养学生实践技能”的要求。

日本的媒介素养教育研究最早可以追溯到 20 世纪 60 年代，是开展媒介素养教育较早的亚洲国家之一。日本的媒介素养教育涵盖个体教育的各个发展阶段。小学时，日本学校设有专门的“综合学习时间”对学生进行媒介素养教育；初中时，日本学校专门开发“信息基础课程”，提供有关媒介素养教育的学习内容，以期提升学生个体的信息素养与培养他们的发散性思维；高中时，日本学校专设“信息课程”，帮助学生全面了解获取到的信息价值，树立正确传播观；大学时，日本学校的媒介素养教育分散在不同专业，以期对个体进行更为专业的培养。

（二）融入式课程

大多数媒介素养教育课程还是以融入式课程为主，使学生通过日常的学习，在潜移默化中提升自己的网络素养。2006年，加拿大安大略省为1—8年级的学生开设新的语言课程大纲，媒介素养成为新的课程目标，要求教师在课程教学设计中，将重点融入日常教学，媒介素养教育正式进入安大略省的学校教育体系中。加拿大的数字素养框架重点提出了学生的网络素养目标。如：在2—3年级，学生仍然无法独立进行批判性的思考，而是相信网络环境中人事物的表面行为。然而，他们正在网上寻找更多信息，开始将计算机和互联网纳入他们的日常生活中。考虑到这一点，现在是开展网络素养教育的好时机，可以教他们：网络搜索策略的技巧；认识到网站上的品牌如何通过品牌角色，游戏和活动建立品牌忠诚度；如何在商业网站上保护自己的隐私；自己发布到互联网上的信息和资料会被永久留存等相关知识。加拿大魁北克省将网络素养教育融入初级和中级英语语言艺术课程中，其课程目标之一就是“在不同媒体中展现媒介素养”。通过学习，使学生能够运用适当的策略来理解网络信息传达的内容；通过媒体构建自己的世界观；可以为特定目的与特定对象进行沟通，制作文本；能够对作为媒体文本浏览者的自己和作为制作者的自己的发展作出自我评价等。

美国的媒介素养教育自20世纪60年代开始起步，到了80年代，全美通信协会正式颁布制定了K-12年级教师媒介素养标准和媒介教学大纲（1988），这也意味着美国的媒介素养教育正式纳入国家教育体系之中。其中，加利福尼亚州对10—12年级学生明确提出了具有评估“数字信息、广播、印刷媒体及互联网作为美国政治传播手段”的能力，以及判断“政府公共官员如何运用媒体与市民交流以及如何引导公众舆论”的能力方面的要求。美国的媒介素养教育通常与语言艺术课程、社会研究课程、数学课程等融合，其中语言艺术课程是美国各州选择融入媒介素养教育最多的课程类型。而美国的媒介素养教育所涉及的媒介也非常广泛，除去书籍、报纸、电视等传统媒介，新兴的互联网媒介也是其关注的重点对象。马里兰州在美国境内率先将媒介素养教育课程全面整合到多门课程中。它将媒介素养与语言表达、社会研究、数学等学科相结合，并在州教育部网站上提供关于将媒介素养教育观念融入课程之中的各种教学资源和工具。明尼苏达州制定的《K-12语言艺术课程学术标准》中明确规定了进行媒介素养教育的课程标准。得克萨斯州将媒介素养课程合并在了公立学校4—12年级的英语语言艺术课程中，并制定了一套详细的媒介素养课程体系，课程主要培养学生调查媒介立场以及媒介内容生产来源的能力。加利福尼亚州也将媒介素养教育融入3—12年级的语言艺术课程中。

澳大利亚在20世纪70年代便开始了全面的媒介素养教育，并在“多元文化主义”口号下推行“文化融合”的媒介素养教育理念，1999年，澳大利亚的媒体素养教育作为艺术的一种形式纳入国家课程中。澳大利亚的青少年媒介素养教育多以融入课程的方式纳入正式的学校教育课程之中，与英语教育、艺术教育等结合。而随着年级的增加，网络素养教育会逐渐成为媒介素养教育的重点。9—10 年级学生的媒介素养的目标要求为能够对网络媒介中的文本进行批判性阅读，并对证据进行筛选以及对文本进行相应评价。其教学方式包含以下几种：

1. 媒介原作分析：学生在视觉符号分析课程中学习符号分析的基本技巧，进而将这些技巧运用到对视觉图像的分析，以鉴别媒介原作表达中蕴含的价值观和态度。

2. 媒体产品制作：学生学习电影、录像、绘画、录音、摄影等媒体产品的制作技巧，主要包括制订计划、设计作品、编辑管理、录制记录、产品发布等过程。学生还可以利用计算机进行实践操作演练。

3. 基础理论学习：教授学生流行媒体的实用理论知识，理论涉及社会、人文、艺术、历史和文化研究等领域。

4. 实践训练：为学生提供媒介分析能力训练，进行一系列关于艺术、戏剧、意识形态和道德价值的媒体材料选择训练，以及媒介作品的创作、赏析能力培训。

5. 相关知识拓展：拓展学生的知识层面，学习政治、工业、经济、澳大利亚广播及媒体工业等相关知识。

将媒介素养教育融入其他课程，能够以更为自然的方式，使学生正确认识媒介，处理自身与媒介的关系，能够正确利用媒介，创造媒介内容。

（三）项目实践活动

媒介素养教育通过与日常活动融合的呈现方式相对较少，这种深入渗透式的媒介素养教育对于提高学生的媒介素养有很大帮助，但实现起来也比较困难。目前，芬兰的媒介素养教育涉及学生的日常活动，并取得较好效果。

芬兰政府在 2006 年初推行了一项创新计划——媒体松饼项目（Media Muffin Project），目的是提高八岁及以下儿童的媒介素养，以及支援专业教育工作者和家长进行媒介教育。该项目旨在提高小学低年级学龄儿童的媒介素养意识，以及让家长了解学龄儿童的媒介教育。实施“媒体松饼项目”的出发点是与媒体一起学习和成长。媒介教育包括幼儿园和学校的早、下午的日常活动，其目标是培养低年级学龄儿童对媒体中不同信息的处理能力和参与媒体文化的能力。特别是在网络时代，学龄儿童接触媒介更频繁，接触到的网络信息也更复杂，因此利用该计划加强学龄儿童的网络素养教育是非常必要的。该项目强调，没有学习媒体素养的最低年龄，教育工作者的任务是熟悉儿童的媒体环境，并提供安全的传统媒体体验与网络媒体体验。

该项目组织培训和制作媒介素养所需的教育材料，并在全国范围进行培训教师和其他教育工作者，来学习媒介教育的基本概念、工作方法以及安全使用媒体的基本知识。针对专业教育工作者的材料被送到日托中心、小学和负责儿童上午和下午活动的人员手中。2006 年，大约有 9000 个材料包被分发。这些材料包括：练习册、媒体教育者手册和电影教育资料。

练习册“Muffe”和“Lost Key”可以通过在幼儿园、俱乐部和学校使用基本设备来进行阅读。这本书通过 Milla 和朋友 Muffe 的冒险故事，向孩子们介绍各种媒体工具和媒体现象。还有一张与书配套的 CD，里面是相关的音视频。该书中媒介教育的一个重要领域是儿童早期的图像世界。有人指出，即使对幼儿来说，对图像的解释和批判性分析也十分重要。该材料表明，可以通过使用图片作为写作的灵感来实现对图片的分析，可以将这些故事和图片在家长会上发布。通过这些作品，老师可以与家长共同来讨论媒介素养教育的问题。

芬兰将媒介素养教育定位到更为年幼的儿童身上，将媒介素养教育从娃娃抓起，选择适合儿童的方式，让孩子们在日常活动中，就接触到正确认识媒介的理念和正确使用媒介的方法。

加拿大亚伯达省实施“带上自己的设备”（Bring Your Own Device——BYOD）项目。“学习是复杂的过程，与其他技术型和科技型工作一样，它需要人们充分地理解和熟悉自己的工具”，在这样的理念基础上，亚伯达省实施“带上自己的设备”这一项目（下文简称 BYOD）。BOYD 指南提供了在 Albertan 学校实施 BOYD 项目的典型案例与模型，它架起了学校和游戏之间的桥梁，可以让学生在使用网络设备的情况下，在教室里得到放松。教师会在学生使用设备过程中提供监督和指导，因此有机会在这一过程中适时地加入有关适当使用电子设备和提高判断力的相关教育内容，同时这一项目强调合作与交流，彼此分享有益的使用经验。在传统的教育中，这样的做法是不被接受的，但作为数字化时代的公民，学会对技术设备的适当使用并具备社会责任感是十分重要的，BYOD 项目改变了过去传统教育的做法，将学生日常生活文化与学校文化连接起来，旨在培养学生的公民意识、网络礼仪和社交能力。

二、发达国家社会组织的青少年网络素养教育现状

伴随着社交媒体用户规模的逐年攀升以及虚假信息在复杂网络环境中的大量充斥，仅仅依靠政府以及学校教育的力量难以让网络素养成为所有公民的必备技能，各个国家的社会组织也应该充分调动社会各方力量参与到网络素养教育当中。目前，在媒介素养教育体系较为完善的国家，社会组织在制定媒介素养教育框架以及补充学校媒介素养教育力量等方面起到了积极的作用，在媒介素养教育框架中，也体现了对青少年网络素养的要求。

（一）制定媒介素养教育框架

首先，在制定媒介素养教育框架方面，不同国家对于媒介素养教育的标准也各不相同，但大部分国家在制定媒介素养教育标准时会根据学生年龄的不同制定不同的标准，随着年龄的增长，其标准也会循序渐进，由低增高。

美国的媒介素养教育形成了以美国媒介素养中心（Centre for Media Literacy）、美国媒介素养教育联盟（National Association for Media Literacy Education）、公民媒介素养（Citizens for Media Literacy）为代表的社会力量全方位介入的媒介素养培养模式，除全美通信协会（National Communication Association）正式颁布制定 K-12 年级教师媒介素养标准外，美国媒介素养中心的媒体素养基本框架也为儿童批判性思维和辨别力的内化提供了重要指南。CML（Centre for Media Literacy）方法的基础也在于其基本框架（如表 1），通过该框架去解构媒体、消费者，以及生产者。这一套分析框架与意识、分析、反思和行动的学习模型相结合被称为赋权螺旋，为开发培训和课程提供了支持。

表 1　CML 基本框架

序号	核心概念	关键问题
1	所有的媒介讯息都是被“建构”的	谁制造了这条讯息？
2	根据独立的规则通过使用创造性语言来建构讯息	使用了什么样的技巧来吸引我的注意力？
3	对于同样的讯息不同的人有不同的体验	对于这条相同的讯息，别人和我的理解会有怎样的不同？
4	媒介在讯息中隐含了大量的价值和观点	在这条讯息中，包含和隐没了什么样的生活方式、价值和观点？

续表

序号	核心概念	关键问题
5	媒介是一种组织，目的是赢利或者获得权力	为什么会发出这条讯息?

除基本框架外，美国媒介素养中心还会制定相应的课程计划，诸如挑战媒体中的暴力行为；烟雾探测器！解构媒体中的烟草使用；行动准则：解构食品广告；超越责任：挑战媒体中的暴力等，一系列的课程实践用以解决 CML 的五个关键问题和媒体素养的核心概念。儿童也会在基于五个核心概念和五个关键问题的探究过程中，批判性地思考他们在网络中遇到的任何信息，并从更明智的角度做出选择。

加拿大的 MediaSmarts 是一个致力于数字和媒体知识普及的非营利性组织，其愿景是使儿童和青年具备批判性思维技能，以积极和知情的数字公民身份参与媒体。这一组织在加拿大的学校、家庭和社区推进数字和媒体素养教育，开发和提供以加拿大为基础的高质量数字和媒体素养资源，开展和传播有助于制定媒体问题的知情公共政策的研究。同时，也对不同年级的学生提出了适应网络快速发展的数字素养框架，具体如下：

K—3 年级：网络搜索策略的技巧；认识到网站上的品牌如何通过品牌角色、游戏和活动建立品牌忠诚度；如何在商业网站上保护自己的隐私；自己发布到互联网上的信息和资料会被永久留存。

4—6 年级：互联网安全和隐私保护；学习什么是公民意识以及在使用互联网时应承担的责任和义务；辨别网络信息的好时机，包括识别广告信息、偏见言行和刻板印象等；抵制网络中的不良信息；管理上网花费的时间；正确引导学生从数字媒体中获得的关于身体形象和性别特征的信息。

7—8 年级：互联网安全和隐私保护；互联网使用中的责任意识；识别良好的健康信息；分辨偏见或仇恨内容以及在线诈骗和恶作剧等不良信息；学习将媒体素养概念应用于社交网络等在线空间；认识到健康和不健康关系的特征，并对如何处理他人的个人信息做出正确的选择。

9—12 年级：学习如何表达自己的观点并发挥自身作用，无论是在个人被网络欺凌的情况下，还是在建立更加宽容和尊重的网络空间方面；平衡网络生活和现实生活，以及处理社交媒体的压力；学会在网络上查找自己需要的内容，并辨别内容质量，批判性地接触媒体内容。

（二）补充学校媒介素养教育力量

除制定媒介素养教育框架以及提供理论基础外，更多国家的社会组织还是作为学校教育力量的补充，在提供教学资源、提供媒体教育、举办线下活动等方面发挥着自身的力量。

媒介素养教育的重担不应仅压在学校一个主体身上，而要努力发展成为整个社会的公共教育事业，此举在日本得到了一定程度的贯彻。在日本，社会机构、地方政府、学者、研究院等多方主体配合学校形成合力，巩固了媒介素养教育的长期发展机制。例如，日本的传媒机构曾在新闻报道中加入有关媒介素养教育的内容，并组织开展了“无电视日”“无游戏日”等极具价值的相关教育活动。此外，为配合学校达到更好的教育效果，日本的地方政府、社会组织也结合自身定位，开展相应的主题教育活动，如埼玉县曾投资建设影视基地，为学生的媒介素养教育提供硬件技术支持。

在提供教学资源方面，以英国为例，不仅英国通讯管理局官方网站上专门开辟了媒介素养栏目，MediaEd 为教师、学生和任何对媒体教育感兴趣的人提供教学资源、在线论坛、学生建议和链接等。各行业组织也积极在英国推广媒介素养，例如广告商和广播公司推行的用以支持儿童教育的 Media Smart 计划，该计划在家庭和学校中运行，并提供用于下载资源材料的网站。英国高校与国家图书馆学会（Society of College Na-tional and University Libraries，SCONUL）在2011—2013 年与其他机构合作开展了数字素养项目，旨在在数字素养大环境下培养公民数字素养，并鼓励各种社会机构对数字环境下信息技能的培养予以协助。除了图书馆协会外，单个图书馆也在公民数字素养的培养过程中发挥着重要作用。例如，在英国牛津的布鲁克斯大学图书馆就协助学校进行数字素养教育，“健康与社会关怀学校将数字素养培训嵌入学科课程，由学科馆员、信息技术人员及教师合作创建交互式在线课程指南与小测试”。

英语和媒体中心（English and Media Centre）是一个独立的教育慈善机构，同时也是一个为英国及其他地区教师和媒体研究学生的需求提供服务的开发中心。除出版杂志外，它还会为受众提供与网络教育以及媒体相关的课程和项目计划。例如，目前已经上线的 2019 年春夏学期课程中的《快速跟踪媒体理论》，该课程为媒体教学提供基本的理论工具包，同时进行案例探究，以帮助将理论推广到合适的水平。除此之外，该课程中还会教授大家在社交媒体中辨别假新闻与识别身份信息。

澳大利亚的媒介教师联合会 ATOM（The Australian Teachers of Media）是一

个一直致力于推动媒体和网络素养研究的非营利性专业协会，其成员包括教师、专家和传媒从业人员。它为媒介素养的从业人员提供了交流与研讨的空间，媒体教师可以在论坛中关注、讨论和学习任何新发现的问题。同时，它也为媒介从业人员提供了大量的教学资源，例如 Screen Education，这是一本侧重于支持在课堂上使用基于屏幕材料的中小学教师的教育文章的杂志，这些文章为教师、家长和学生等创造了宝贵的资源，提供了大量关于网络素养教育的背景信息和关键问题。除此之外，ATOM 还会为教师制作与课程相关的学习指南，指南通常涵盖至少三个课程区域，将小学和中学教育各年级的所有学科领域融合在内。此外，该协会还积极与加拿大、美国、英国、新加坡等地的教师联合组织进行密切交流，共享信息与资源。

韩国网络素养教育主要为网络伦理教育。韩国的青年妇女基督教协会致力于媒体教育，并专注于媒体观察或媒体监测。该组织提供媒体监控教育，特别是针对电视、漫画和网络信息，认为媒体没有发挥其作为舆论制造者和聚合者的预期作用。在媒体观察提供的信息基础上，基督教青年会、韩国妇女联盟和公民经济正义联盟的“媒体观察小组”等民间社会协会要求媒体删除监测发现的有害内容。同时，媒体观察小组也会为中学生提供培训计划，教他们批判性地思考媒体内容。首尔市政府设立 iwill 中心，旨在解决网络和手机上瘾问题。2007 年，该中心的专家和教授团队开发了小学生网络成瘾预防教育节目，随后根据教师们的反馈，增添了手机成瘾部分，且每年都会进行相关内容的完善。这一节目一共 6 期，每期 40 分钟。6 期节目分别展示网络和智能手机的优缺点，介绍手机和网络成瘾的副作用，通过游戏探索网络和智能手机的替代活动，教授网络和智能手机的正确使用方法，制定网络和智能手机使用保证书，从而帮助学生形成网络和智能手机的良好使用习惯。该项目旨在提高学生网络和智能手机使用的自我控制能力，促进其自行调节网络和智能手机的使用。专家团队和开发者不断根据反馈调整节目，促进节目的可持续进行。

在举办网络素养教育活动方面，以澳大利亚为例，澳大利亚的非官方组织致力于课堂教育之外的青少年媒介素养教育。澳大利亚儿童与媒体委员会 ABC Education 也在 2018 年 9 月举办了首届媒体素养周，旨在为所有年龄段的人提供从新闻信息、小说、网络内容中分类真相的技能。同时，创建了一套与课程相一致的资源，以帮助学生理解和分析新闻和信息，包括新闻饮食挑战、媒体素养互动、记者解释偏见和来源等概念的视频。除此之外，也会有大量大学教师积极推进线下的青少年网络素养教育。例如，澳大利亚弗林德斯大学社会与政策研究学院穆巴拉克进行的“YONG PEOPLE ，YONG POWER”青少年网络安全项目，专门针对10－15岁群体的短期培训，帮助青少年在互联网上理性思考，树立良好的形象，以及学会在网络空间中进行自我保护。

三、联合国教科文组织的青少年网络素养教育

青少年是人类未来的希望，对青少年的媒介素养教育也是全球各国都应重视的问题。联合国教科文组织作为全球性组织，利用其广泛的影响力和强大的号召力，多年来一直致力于青少年的媒介素养教育，并为世界各国推动青少年媒介素养教育作出指引并提供可分享的相关资源。

教师是通往文明社会的门户，学生媒介素养的培育和提升离不开教师的指导和潜移默化的影响，教师是青少年媒介素养教育中非常重要的一环。联合国教科文组织提供了媒介素养教师课程，这一课程由来自媒体、信息、信息通信技术、教育和课程开发等广泛领域的专家起草、审查和实践验证，旨在指引涵盖不同背景的教育工作者获取有关媒介素养的主要能力，包括媒介素养的相关知识、教授媒介素养的技能以及正确对待青少年媒介素养教育的正确态度等。教师课程侧重于教师将媒介素养纳入课堂所必需的教学方法。媒介素养的教师课程设计灵活而全面，教育工作者或课程开发人员可以以这个课程框架为基础进行一定改变，来适应自己的教学需求。除了为教师提供了媒介素养课程，联合国教科文组织同时为教师提供了丰富的媒介素养教学资源。一共包括12个模块，专门设立一个模块讲述互联网的机遇和挑战，每个模块中会有4—5个单元。每个单元都给出了相关的教学资源，包括背景、案例、授课目标、相关知识点等。教师们可根据给出的资源，结合自身教学实际，有选择性地使用。

第1单元：公民身份，言论自由和信息自由，信息获取，民主话语和终身学习

第2单元：了解新闻，媒体和信息伦理

第3单元：媒体和信息的表示

第4单元：媒体和信息语言

第5单元：广告

第6单元：新媒体和传统媒体

第7单元：互联网机遇与挑战

第8单元：信息素养和图书馆技能

第9单元：通信，MIL和学习——一个顶点模块

第10单元：观众

第 11 单元：媒体，技术和全球村

第 12 单元：表达自由工具包

联合国教科文组织也直接面向个人开放媒介素养和跨文化的数字课程。面对在互联网上的隐私和安全、自由表达自己和合乎道德地使用信息之间的选择，无论是成年人还是儿童，都需要掌握相关的媒介技术并提升自己的网络素养。因此，全民教育必须包括媒介和网络素养。联合国教科文组织在推动实现媒介素养社会化的过程中意识到，将网络素养教育纳入正规教育是必要的。虽然目前在正规教育中全面实现多媒体教学是一个漫长而缓慢的过程，同时，网络素养教育还必须走出教室。教科文组织开办了两个在线课程。

第一个课程与阿萨巴斯卡大学合作，为青少年提供基本的网络使用和信息获取能力，使其成为具有批判思维的公民。课程探索媒介素养如何使青年积极参与跨文化和宗教间的对话，倡导性别平等和言论自由，以及对网络空间的有效利用。第二个课程与贝鲁特美国大学合作，探讨了媒介信息素养与跨文化对话和性别表现之间的关系，以及如何制作自己的内容，如何理解、评估广告中的世界以及它如何受到监管和控制等。这些课程为青少年们展现了媒介素养的不同角度，使媒介素养教育更为立体生动，贴近生活。

随着通信技术的发展和移动电子设备的普及，UGC（用户生产内容）越来越成为网络内容的重要组成部分。青少年作为"网生代"，不仅是互联网信息的使用者，也是互联网内容的生产者。由联合国教科文组织和英联邦广播协会编写的《广播公司宣传用户生成内容、媒体和资讯素养新闻的指南》指引鼓励广播机构与观众、听众或用户互动，以提高用户生产内容的质量，并提高其内容生产者和观众的媒介素养。《指南》说明如何从更广泛的范围内获取更丰富多彩的内容，既满足广播公司的公共责任和商业需要，又满足受众的需求。因此，联合国教科文组织正在与全球广播联盟、协会和媒体机构合作，调整和试行这些指导方针，从而提高用户生产者对媒介素养的认识，并通过用户生产内容来提高青少年和普通民众的参与。

除了与媒体合作，联合国教科文组织也看到了社交媒体在推广提升媒介素养方面的潜力，社交媒体已经成为青少年生活的重要组成部分。MIL CLICKS 是一种让青少年在正常的互联网和社交媒体日常使用中获得媒体和信息素养能力的方式，并在浏览、播放、连接、分享的氛围中参与同伴教育和社交。联合国教科文组织在 Facebook、Twitter 和 Instagram 上都申请了官方账号，旨在通过社交媒体来传播媒介素养的相关内容。青少年以及其他社交媒体使用者可以点赞、转发相关内容，实现媒介素养相关内容的浏览和传播，与同伴一起成长。

四、近年来中国青少年网络素养学校教育的实践探索

学校教育是青少年网络素养教育的基础和关键，没有一种教育方式可以与学校系统化、规模化、正规化的教育方式相提并论，因此一定要强化学校教育的主体作用。

（一）独立式课程方面

中国传媒大学传媒教育研究中心张玲团队2008年曾与北京市黑芝麻胡同小学共同合作，进行了系统的媒介素养教育实验。该实验的课程目标包括五个层面，分别为媒介技术、媒介组织、媒介与受众的关系、媒介运用、媒介礼仪与伦理。在媒介技术层面，主要帮助学生了解每种媒介传递信息的技术特征。针对这一层面的目标，在授课方法上以文本分析、情境分析和个案研究为主。例如在“网海自由行”一课中，为了引导学生明白网络只是一个传递信息的工具，它对人的影响由上网的人的信息解读能力、网络使用习惯等决定，实验设计实施了“网络利弊辩论会”，将全班同学分为正反两方进行辩论；在媒介组织层面，主要帮助学生初步掌握媒介组织的运作规律，了解政治、经济、社会等因素对媒介组织及媒介内容的影响。针对这一层面的目标，在授课方法上以模拟练习为主。例如在“我是大明星”一课中，让学生分别扮演明星、媒体记者、受众等各个角色，让学生亲身体会明星是如何被筛选和精心制造的；在媒介与受众的关系层面，通过教学启发学生反思自己与媒介或媒介组织的关系，打破大众媒介单向传播的弊端，使学生能够做积极主动的受众，更好地维护自己的权益。针对这一层面的目标，在授课方法上以实操练习和动手为主。例如在“学生媒介作品展示课”“动漫DIY——布偶剧表演”等多次媒介内容改编或原创作品展示课上，让学生在教学过程中展现自己制作的媒介产品；在媒介运用层面，主要帮助学生运用各种媒介技术创造性地表达自己的意见和观点，做信息社会真正的主人。针对这一层面的目标，在授课方法上以实际动手为主。例如在“动漫梦工厂”一课中，通过指导学生动手制作“笼中鸟”小手工引入课程主题，趣味展示“视觉暂留”原理；在媒介礼仪与伦理层面，主要帮助学生了解媒介使用过程中应当遵守的礼仪的目标，在授课方法上以模拟练习为主，让学生亲身体会媒介使用礼仪在日常生活中不可替代的作用。例如在“手机与生活”一课中，设计了日常生活中使用手机的各种场景，让学生分别扮演接电话者、打电话者和周围群众等各种角色，通过亲身体会，使学生全方位地感受

到手机使用礼仪对于手机使用者和他人的重要性。

东北师范大学媒介素养课程研究中心闫欢团队曾先后于长春市西五小学、东北师范大学附属中学高中部、东北师范大学附属中学净月学校小学部等学校开展多形态媒介素养教育实验教学，并参与团中央青少年出版总社媒介素养师资培训等校外媒介素养培训，先后培训中小学媒介素养师资 200 余名，各类学生授课人数达 2000 余名。

北京芳草地国际学校李永恒老师曾开展网络密码安全研究。网络密码是网络安全的第一关。但是如何设置出既安全又好记的网络密码、如何使用好网络密码、如何针对学生开发出适合的课程体系，预防未知风险，是一项紧迫且艰巨的任务。基于以上问题，芳草地国际学校对小学生网络素养教育做出了新的探索和丰富，改变传统的理论宣讲和单一技术学习，转变为真实生活情景中的解决实际网络安全问题，建设网络安全教育课程，系统化地实施，通过课程资源多元、课程内容多元，解决专业教育资源短缺的问题，再通过教学方式多元，实施路径多元，解决专业教师力量短缺的问题，探索出“一个核心、两个目标、三种方式、四条路径、五个群体”的实施策略，建立起的课程评价标准、规范践行小学生网络安全行为，增强小学生的网络安全意识、强化信息社会责任，提升网络素养。

诸如此类中小学教育课程的本土化实验，仅是推广我国青少年网络素养教育的前奏，社会认知的培育、师资力量的培养、课程体系的设置、考试评价机制的建立等，仍需要长期的探索。

近年来，从全国地方性学校教育来看，在推动网络素养教育进教材、入课堂以及开展教师网络素养培训方面，广东省成绩较为突出。2016 年，经广东省教育厅审定，《媒介素养》教材正式批准使用。2018 年，根据中央网信办和全国少工委“从小争做中国好网民”的指示精神，广州市教师远程培训中心和教材课题团队联合制作了面向中小学教师的在线教育课程，率先在广东以及全国进行中小学教师的网络素养网络培训。该在线课程结合教学实践，全面介绍中小学教师应该掌握的网络素养教育的理念和方法，每门课包括总体概括、教师分享、课程实录、专家点评和学员反馈等多个环节，对一线教师在中小学深入开展网络素养教育课程，提供了详细示范和指引，可操作性强。目前已上线的有“教师的互联网思维”“走进媒介世界”“网络安全”“网络健康”“网络文明与法治”5 门课程共 30 个学时，自 2018 年初已相继在广东和江西、河南的部分地区的中小学教师信息技术应用能力提升工程、“国培计划”——示范性网络研修与校本研修整合项目培训中使用，并纳入继续教育学分。目前该课程培训已6000多人次，好评率达98%，受到了各个地区教师的欢迎。该课程对引导学生理性地看待互联网、防止网络沉迷、全面提升学生的网络素养有很好的指导作用，为下一步结合教材将网络素养教育全面推进课堂打下了良好的基础。

（二）融入式课程方面

在近期的学校教育实践探索方面，基于当前智能终端、移动网络等数字技术的迅猛发展，中国传媒大学传媒教育研究中心副研究员张洁提出“数字时代的项目式学习方式”。这种学习模式以智能终端及移动互联网等技术为前提，具有跨学科融合、注重培养学生的合作能力、沟通能力、创新能力、批判性思维等特征，打破了以往分学科讲授式教学方式的时空结构，以适合学生合作完成项目任务为依据灵活安排教学时间与空间。数字时代的项目式学习以学生自主合作学习为主，教师的主要作用是组织引导、个性化辅导，以与现实生活密切联系的项目任务为主要内容，教师可以提供丰富多样的学习资源，学生也可以方便地使用各种App或查询无限的互联网资源，从而使学生的学习过程能够实现自主化、个性化、多样化。由于这种学习模式以智能终端、移动互联网技术为依托，因此网络素养在这里既是学生重要的学习内容，也是基础的学习方式与手段。

北京师范大学第三附属中学同样是青少年网络素养教育的先行者，以学校作为一线，通过专家讲座、课程指导、媒体考察、媒介素养监测与干预及家长课堂等多元方式，深度推进了青少年学生网络素养的提升，让孩子们在互联网时代学会生活、学会学习、学会交往。例如，学校为老师及学生家长开展了一系列主题讲座，包括“网络时代，如何甄别海量信息——青少年与网络谣言、网络暴力及网络审判”“孩子玩游戏，父母怎么办?”“玩转手机时代，学会网络社交”等，通过家校紧密联合的方式，针对青少年网络素养教育的不同层面，在对老师进行课余培训的同时，解决家长对于孩子网络素养教育所热切关注的问题。为帮助学生更好地适应最新的媒介环境，了解最新的网络素养教育成果，北京师范大学第三附属中学联合北京师范大学新闻传播学院在校园内设立“青少年媒介素养实践基地”，这意味着高校的最新科研成果将有效应用到中小学校园的一线实践之中。

五、近年来中国青少年网络素养社会教育的实践探索

面对复杂的网络环境，青少年网民的网络素养教育需要社会各界力量的共同努力。

（一）线下实践方面

中国青少年宫协会儿童媒介素养教育研究中心主任张海波负责指导的“E成长计划”公益项目，由广州青少年发展基金会、腾讯公益等机构发起，由来自广州少年宫等处志愿服务团队负责实施，旨在关注互联网时代乡村孩子们的网络安全和媒介素养教育，连接城乡儿童的网络世界。在“E成长计划”的推动下，越来越多城市孩子以小讲师的身份，通过专业老师的培训，深入参与乡村孩子的网络安全和媒介素养教育，成为城乡儿童网络世界的纽带。该计划以全新的视角，让青少年亲身参与网络素养的研究与建设，通过在学生群体中招募小小讲师团、小小调研员，让孩子用自己的表达生动地向同龄人传递知识，即同伴教育。近三年来，张海波等志愿导师已带领“E成长计划”小讲师走进10余个地方，与乡村地区的学生进行网络安全和媒介素养的相关交流。借助熟悉的同龄人语言和活泼的互动游戏，使网络素养基础较为薄弱的孩子们更准确地理解健康网络行为，并在与同辈的交流沟通中拓宽视野。同时，同伴教育也是一个双向教育的过程，小讲师们在备课中，向乡村孩子分享自己所学内容时，会进一步加深个人对网络素养知识的理解，最终让青少年自己反思与网络的关系，自己合理安排上网时间等。

在社会读物出版方面，宁波市委宣传部与宁波出版社推出的《青少年网络素养读本》，是国内首套专为青少年编写的网络素养读本，既是社会科学普及读物，又可作为地方教材或校本教材。该丛书共六册，分别围绕“网络谣言与真相”“网络游戏与网络沉迷”“虚拟社会与角色扮演”“黑客与网络安全”“互联网与未来媒体”“地球村与低头族”六个主题展开，融合多学科知识，通过案例分析和问题讨论，帮助青少年看清网络媒介的不同面相，从而正确理解和使用网络媒介及其信息。例如在《网络游戏与网络沉迷》一册中，不仅梳理了网络游戏的发展轨迹，描述了网络游戏的正负能量，还分析了网络沉迷的现状与成因，总结了克服网络沉迷的措施与方法。对青少年而言，这是树立正确的观念认知，更是应对网络游戏的行为指南。

在社会企业方面，以腾讯为代表的互联网企业与媒体于2018年推出DN. A计划（即Digital Natives Action，数字原住民计划）。这是腾讯发起的未成年人网络素养教育项目，旨在通过与政府主管部门、高校、专家和第三方机构等多方联动协作，为孩子们提供丰富有趣的网络素养课程和学习工具，倡导以聆听、约定、陪伴等方式，让政府、企业、社会、家庭和学校共同努力，帮助和引导孩子们建立科学健康的上网习惯，在数字时代健康成长。其最新推出的《家庭网络素养教育指南》就是由腾讯 DN. A 计划和儿童网络素养教育专家共同策划编撰的。该指南通过分析数字时代儿童的数字化成长特点、网络化成长轨迹及关键期、不同年龄段儿童网络行为习惯要点等，向焦虑于无法把握孩子与网络关系的家长们提供了一份简易操作指南。此外，该指南还包含配套动画课程，让孩子们更加轻松愉快地进行网络素养知识的学习。除了推出《家庭网络素养教育指南》，腾讯社会研究中心还推出了《写给家长的游戏指南》，为玩游戏的孩子的家长们全方位介绍电子游戏发展、打游戏的益处与隐患，以及如何应对孩子在玩游戏过程中出现的问题等。这本指南综合了澳大利亚、德国、美国等国家发布的游戏指导手册，经由国内教育学专家、心理学专家、游戏专家共同增订完成，旨在帮助家长正确看待和应对电子游戏对孩子的影响。

另外，目前国内各地青少年网络素养教育基地的建设正日益加快。如 2017 年浙江省青少年网络素养教育基地授牌成立，是网络社会组织建设的一大创新举措，该教育基地专注于青少年网络素养提升，注重内容选择、师资选择，为青少年提供有益处、有实效、正能量的精品课程；并注重发挥好网信办、团委和高校等多方合作的优势，加大青年人才和互联网人才的培养，着重培养一批青少年网络意见领袖。除浙江外，安徽省青少年网络素养教育基地也于 2018 年正式揭牌，并宣布将重点在五个方面展开工作：既能为各方参与“搭好台”，又能立足自身“唱好戏”；既能积极投身教育教学实践，又能专注教育规律研究；既能优化网络素养教育课程供给，又能出标准、出规范、出经验；既能运用传统手段做好“大水漫灌”，又能创新各种载体做好“精准滴灌”；既能广泛普及网络素养知识，又能推动中国好网民理念深入人心、深得人心。

（二）线上实践方面

目前国内社会各界除了落实增强青少年网络素养教育的线下项目外，各大互联网企业采取的线上措施与服务也取得了一定成绩。以腾讯“未成年人主动服务平台”为例，该平台建立了完善的未成年人网络行为主动介入、监护体系，能够及时发现未成年人在网络游戏中的非理性行为，实现信息主动触达监护人并提供主动服务机制，共同促进未成年人健康、合理使用网络服务。除“主动服务平台”外，腾讯还推出了“未成年人成长守护平台”与“健康系统”，家长在“成长守护平台”以及“健康系统”中可绑定孩子的游戏账号，进行游戏查询、游戏提醒、游戏时段设置等操作，还可在未成年人的游戏过程中，进行游戏内系统级的干预与限制。诸如此类举措均有助于社会、家庭与学校联合，携手提升青少年网络素养水平。

千龙网较早地设立了网络素养学院，这是一所面向社会各界，从事网络素养教育和实践能力培养的网上学院。该学院以“发挥网络正能量，提升公众网络素养”为使命，致力于将学术意义上的网络素养理论，通过资讯传播、教育培训、产品研发、图书音像制品策划出版等途径，达到推广普及网络素养知识和实践能力培养的目的。同时，千龙网网络素养学院始终依据时代发展脉搏，顺应现实与市场需求，开展网络舆情服务，根据专业的舆情分析与研判，定期或不定期提供分类舆情报告，并长期与党政机关、企业、社区、学校合作，举办网络素养主题讲座、座谈、培训班等活动。关于青少年网络素养教育方面，千龙网网络素养学院于2018年发布了《2017—2018年首都青少年上网行为研究报告》，为更好地了解和掌握首都青少年的上网行为状况，帮助社会各方更科学有效地开展未成年人网络安全保护工作作出阐释。针对青少年网络安全方面与个人信息保护方面的问题，报告给出了五点对策建议：一是学校应严格校规校纪，规范青少年上网行为；二是老师和家长应加强对青少年的网络安全教育；三是家长应加强对青少年上网的监督和引导，并以身作则；四是相关部门加强对互联网平台和网络营业场所的监管；五是相关企业应自觉遵守相应的法律法规。

六、经验和启示

由于不同国家的媒介环境和教育体制互有差别，开展网络教育出发点和实践也有差异。目前网络素养教育在发达国家体现为向深度推进、向广度拓展，更加注重项目式推进，形成了一些富有特色的成功项目，可以为发展中国家提供一些借鉴和参考。

（一）融合式课程将是青少年网络素养教育的主渠道

我国在《未成年人保护法》中的第三章学校保护中也提出：“学校应当全面贯彻国家教育方针，坚持立德树人，实施素质教育，提高教育质量，注重培养未成年人学生认知能力、合作能力、创新能力和实践能力，促进未成年学生全面发展。”由此可见，学校目前作为青少年网络素养教育的承担主体，是网络素养教育中最为基础、重要的一部分。设立网络素养教育独立课程条件相对较高，可以将网络素养教育目标融入学校日常教育课程，在潜移默化中提升学生的网络素养。课程设置应重视理论与实践的结合，可着重把网络素养教育融入各个学科之中，如语文课、政治课、科学课、劳动课等，与不同学科进行跨学科的合作。具体教学策略（如课程单元、课时安排等）需要学校与媒介教育研究的专业部门以及教育学方面的专家共同商定。将网络素养目标融入其他学科课程，学生能够更自然地了解网络素养的相关知识，反思自己的网络行为，提升自己的网络素养。

在将网络素养融入学科课程时，需要对任课教师进行相关培训，首先提升教师的网络素养，尤其是教师教授网络素养时需要的教学方法和教学资源。可以结合学生使用网络时的具体事例，采用喜闻乐见的方式进行授课。

（二）充分调动社会组织的力量是青少年网络素养教育的重要保障

西方一些国家近年来经常开展的网络媒介素养活动，社会参与性强是显著特点。我国《未成年人保护法》中的第五章网络保护提道："学校、社区、图书馆、文化馆、青少年宫等场所"需要对未成年人的网络素养建设作出努力。因此，社会力量不仅包括一些专业机构，还包括大量的社会工作者、教育者、父母以及媒体专业人员、社会组织和非营利组织。青少年的网络素养教育，仅仅依靠政府和学校的力量远远不够，需要全社会共同努力，协同推进。充分调动社会组织的力量，使学生在生活的实际应用中学会正确使用网络，提升网络素养，并呼吁全社会支持推动青少年的网络素养教育。

社会组织尤其是互联网企业有各方面的人才储备，可以进行青少年网络素养教育学习资料的编写、提供师资力量，组织社会性的科普讲座，在网络素养知识的普及上做出自身贡献。同时，旨在推广网络素养教育的社会组织，一般有着较为丰富的知识资源，可以与政府合作，对学校教师进行相关培训，提升学校教师的网络素养授课的方法和效果。借助社会组织较大的社会影响力和号召力，举办网络素养推广活动，如北京师范大学新闻传播学院举办了2022年首届青少年互联网大会、举办网络素养大赛、网络素养周等活动，通过理论与实践结合，促进青少年网络素养的提升。

社会组织可以作为网络环境的监督方，对网络世界中不利于青少年成长的内容进行举报，协助网络管理部门进行网络环境净化，为青少年提供一个安全、健康的网络世界。

（三）构建和完善阶梯式网络素养框架是青少年网络素养教育的基础性工程

加拿大、美国、英国、澳大利亚等青少年网络素养发展较早、体系较为成熟的发达国家，均发布了青少年媒介素养框架，其中包含了网络素养教育目标。这一框架也成为学校、家庭和社会组织进行青少年网络素养教育的指导原则。网络素养本身就是多种能力维度的建构，呈阶梯式发展，网络素养教育需要根据不同年龄阶段的青少年的认知和行为特点设计不同课程。目前开展媒介素养教育的国家，课程设置方式各不相同，比较多样化，这种不同的设置一般都与国家的文化传统和社会背景有关，其系统性、科学性还有待进一步完善。青少年网络素养教育一个基本规律要求和发展定位是要符合青少年的认知、情感、审美、道德和行为的发展阶段和特点，循序渐进，从多维度、阶梯式推进和提高。联合国教科文组织早已意识到网络素养教育的重要性，并在大的政策框架上做出指引，但如何与各国的发展水平、媒介环境相适应，还需要努力。各国政府的教育部门、网络管理部门，教育学专家、心理学专家，社会组织等可以联合制定发布青少年网络素养框架，明确定义每一个年龄阶段的青少年应具备的网络素养框架，为网络素养教育活动的开展提供指导理念，从而能够实现更好的教育效果。

附录 3：青少年网络素养调查问卷（2022）

亲爱的同学：

您好！非常感谢您参与本次网络素养调查。我们希望通过本次调查了解青少年的网络素养现状，并以此为提高青少年素养提出政策建议。问卷数据将用于学术分析，不会用于商业用途或随意泄露，请您放心作答。

本问卷共九部分，答题大概花费您 15—25 分钟的时间，选项无正确错误之分，请您按照内心想法，独立真实作答，请勿重复作答，感谢您对本研究的支持！

【第一部分】基本信息调查

*您的性别是：

○ 男

○ 女

*您所在的学校是：________ 省__________市__________（区/县）__________学校

*您所在的年级是：

○ 初一

○ 初二

○ 初三

○ 高一

○ 高二

○ 高三（包括复读生）

○ 其他__________

*您的成绩大致在班级处于什么位置（反向赋分）：

○ 优秀

○ 中等

○ 下游

*您的户口类型是：
○ 城市户口
○ 农村户口

*您经常使用哪些媒介来获取信息？【请选择 1—3 项】
□ 报纸
□ 电视
□ 书籍
□ 广播
□ 电脑
□ 手机
□ 其他________

*您主要通过网络获取哪些信息或内容？【请选择 2—6 项并排序】
□ 影视剧、游戏、直播、短视频、音乐、网络文学等娱乐信息
□ 知识学习类信息
□ 新闻资讯类信息
□ 网上交易等生活服务类信息
□ 社交网络信息（朋友圈信息）
□ 其他_______ *

*您能熟练使用文字、图片、音频、视频等多种方式在网上创造和发布消息（如发布朋友圈、微博、制作微信公众号、抖音短视频等）
○ 很符合
○ 符合
○ 一般
○ 不符合
○ 非常不符合

*您拥有以下哪些上网设备？【多选题】
（1）手机
（2）电脑

（3）平板电脑

（4）Kindle

（5）电话手表等智能穿戴类设备

（6）其他________ *

*您每天的上网时长为：

○ 1 小时以下

○ 1—3 小时

○ 3—5 小时

○ 5 小时以上

*您父亲的最高学历为：

○ 小学

○ 初中

○ 高中/中专/技校

○ 大专

○ 本科

○ 研究生及以上

○ 其他__________

*您母亲的最高学历为：

○ 小学

○ 初中

○ 高中/中专/技校

○ 大专

○ 本科

○ 研究生及以上

○ 其他__________

*您家庭在当地的收入水平为：

○ 低等水平

○ 中等偏下

○ 中等水平

○ 中等偏上
○ 高收入水平

＊请回忆与父母的相处方式，选择最符合实际的一项：

	极不符合（1）	不符合（2）	一般（3）	符合（4）	非常符合（5）
父母允许我在一些事情上和他们有不一致的意见					
当谈论一些事情时，父母会时常询问我的看法					
当我做错事情时，父母通常是严厉的责骂，而不会去了解我做这件事的内心想法					

＊请回忆您父母的上网习惯，选择最符合实际的一项：

	极不符合	不符合	一般	符合	非常符合
他们经常长时间地用手机或者电脑上网					
他们会一边上网一边做别的事情（吃饭、走路、聊天等）					
家里网络断了，他们会非常焦虑、急躁不安					
他们经常在网络平台上发展兴趣爱好（如抖音、快手、全民 K 歌等）					

＊您的父母主要通过网络做什么：【多选题】
○ 看影视剧、直播、短视频、网络文学作品，听音乐、玩游戏等娱乐活动
○ 进行知识学习
○ 获取新闻资讯
○ 进行网上交易等生活服务活动
○ 获取社交网络信息（朋友圈信息）
○ 完成工作
○ 其他

＊您是否经常与父母分享或讨论网络上的信息？（反向赋分）
○ 是的，我与父母时常会分享或讨论网络上的信息
○ 有时候会，网络信息是我们分享或讨论的话题之一
○ 我们几乎不会分享或讨论网络上的信息

＊您认为父母和您的关系亲密吗？（反向赋分）
○ 非常亲密
○ 一般亲密
○ 不亲密

＊您父母是否会规定或干预您在生活中的上网活动？（反向赋分）
○ 经常
○ 偶尔
○ 几乎没有

＊您所在的学校是否开设了网络或媒介信息技术、素养类课程？
○ 是
○ 否

＊您觉得自己在学校网络或媒介信息技术、素养类课程中的收获如何？
○ 收获很大
○ 有些收获
○ 几乎没有收获

*您是否经常与同学们分享或讨论网络上的信息?(反向赋分)

○ 是的，我与同学时常会分享或讨论网络上的信息

○ 有时候会，网络信息是我们分享或讨论的话题之一

○ 我们几乎不会分享或讨论网络上的信息

*学校或班级是否制定关于手机等上网设备管理的规定?

○ 是

○ 否

*您在上课时间使用个人手机的频率为:(反向赋分)

○ 经常使用

○ 有时候使用

○ 不经常使用

○ 从未使用

【第二部分】网络效能调查

*请根据自身情况，选择最符合实际的一项:

序号		极不符合(5)	不符合(4)	一般(3)	符合(2)	非常符合(1)
1	我对自己使用网络的能力很自信					
2	当我在网上查找资料的时候，我很快能够从众多信息中找到我所需要的东西					
3	在网上下载各类有用资源对我来说很容易					
4	当我上网碰到难题时，我自信可以在网上寻找到相关信息，自己将它们解决					

续表

序号		极不符合（5）	不符合（4）	一般（3）	符合（2）	非常符合（1）
5	我上网时可以保护自己的电脑免受病毒或其他方面的侵害					
6	我知道许多有用的网站地址					
7	我熟悉整个网络的使用环境					
8	我自信能够迅速高效率地找到我需要的资料					
9	学习使用网络对我来说很容易					
10	我自信我可以非常熟练地使用网络各项基本功能，如浏览网站、收发邮件、在微博等社交平台发言等					
11	我善于从以前的上网经历中总结经验					
12	我自信能够在上网时保护好自己的个人信息					
13	我经常帮助同学解决他们碰到的网络问题					
14	相比其他多数同学，我相信我的网络技术更好一些					

续表

序号		极不符合（5）	不符合（4）	一般（3）	符合（2）	非常符合（1）
15	经常有很多人来向我请教上网的问题					
16	我自信我知道的网络知识比其他同学要更多					
17	我同学认为我是一个网络高手					
18	相比于其他同学，我对于网络信息的了解和判断能力更好					
19	我对于网络发展有很强的好奇心，能在较短的时间里掌握最新的网络技术					
20	在课余时间，我会花精力通过各渠道学习网络相关知识来提高我的上网技能					
21	只要自己努力学习，相比于其他一般的同学，我自信我的网络技术会更好					
22	我会及时将网络软件更新到最新版本					
23	我会及时了解网络信息安全知识，对网络使用环境进行保护					

【第三部分】上网注意力管理

序号		极不符合（1）	不符合（2）	一般（3）	符合（4）	非常符合（5）
1	上网前，我知道自己上网要做什么					
2	我感到我的日常生活非常有意义					
3	我认为，我能充分利用自己的时间					
4	我知道在网上什么该做，什么不该做					
5	我知道如何不让网络信息干扰我的生活					
6	我能分清网络世界和现实世界					
7	上网时，我会沉浸在网络中，忘记周围的环境					
8	我在网上情绪变幻无常					
9	上网时，要是有他人打扰我会很生气					
10	我喜欢浏览网上新奇刺激的内容					
11	我上网时间长了，再做其他事情总有些不适应					

续表

序号		极不符合（1）	不符合（2）	一般（3）	符合（4）	非常符合（5）
12	网上的我小心谨慎					
13	我会主动控制自己的上网时间					
14	一旦要学习或工作，我就会停止上网					

【第四部分】网络信息搜索与利用

序号		极不符合（1）	不符合（2）	一般（3）	符合（4）	非常符合（5）
1	上网搜索信息时，我知道哪些信息是我需要的					
2	我能区分原创信息和转载信息					
3	我能区分真实信息和虚假信息					
4	为熟悉某个话题，我会上网浏览大量信息					
5	我能把新信息整合到已有的知识结构中					
6	我能够将搜索到的信息分门别类地进行保存					

续表

序号		极不符合（1）	不符合（2）	一般（3）	符合（4）	非常符合（5）
7	上网搜索信息时，我能确定需要搜索信息的关键词是什么					
8	我能选择合适的信息检索方法或途径来查找所需要的信息					
9	上网搜索信息时，我能掌握扩大搜索范围的方法或途径					
10	我能通过网络搜索，解决现实中的某个问题或困难					
11	我能利用网络制作、加工或发布作品（视频、图片、文章等）					

【第五部分】网络信息分析与评价

序号		极不符合（1）	不符合（2）	一般（3）	符合（4）	非常符合（5）
1	我喜欢在看新闻时，了解新闻发生的背景					
2	当怀疑网上信息是否真实时，我经常搜集信息以证明真伪					

续表

序号		极不符合 （1）	不符合 （2）	一般 （3）	符合 （4）	非常符合 （5）
3	我会针对同一主题的信息，搜索不同媒体的报道					
4	我反感网上的虚假新闻和不实消息					
5	我会怀疑网络广告的真实性					
6	我认为一篇新闻或文章只是信息的一部分					
7	网上媒体的负面信息，让我觉得整个世界很不安全					
8	我认为网上的大部分报道是可信的					
9	我认为名人在网上和现实中的言行一致					
10	我会对影视剧或短视频里的某个角色恨之入骨，甚至忘了是由演员扮演的					

【第六部分】网络印象管理

		极不符合（1）	不符合（2）	一般（3）	符合（4）	非常符合（5）
1	当我被责怪做错事时，我会在网络上为自己辩解					
2	我在网络上夸赞朋友们的言论或经历，让他们觉得我很友好					
3	我在网络上关注朋友们，让他们觉得我关心他们					
4	我在网络上给朋友点赞，让他们愿意和我分享					
5	我会在网上澄清负面事件，以免给朋友留下不好印象					
6	如果我伤害了朋友，我会在网上跟他道歉					
7	我在网上与朋友分享我所获得的好成绩或奖励					
8	我在网络上和朋友分享自己的生活（旅行、美食等）经历					
9	我发朋友圈/QQ 空间时会分组					

续表

		极不符合（1）	不符合（2）	一般（3）	符合（4）	非常符合（5）
10	我在社交媒体上发布消息时会提前美化图片					

【第七部分】网络安全与隐私保护

相关问题中的“平台”是指需要连网使用的软件，如抖音、美图秀秀、地图软件、各类游戏等。

我曾亲历或目睹过隐私泄露事件：　　A. 是　　B. 否

		极不符合（1）	不符合（2）	一般（3）	符合（4）	非常符合（5）
1	当平台要求获取我的个人信息时，我感到烦恼					
2	当平台要求获取我的个人信息时，我会谨慎思考					
3	我担心平台收集了太多我的个人信息					
4	我担心提供给平台的信息可能会被别人获取					
5	我有权决定平台如何收集、使用和共享我提供的隐私信息					

续表

		极不符合（1）	不符合（2）	一般（3）	符合（4）	非常符合（5）
6	我有权向获取我信息的平台查阅和更正我的信息					
7	如果我能控制平台使用我信息的方式，我就可以保护我的在线隐私					
8	平台过度收集信息，对我是一种隐私侵犯					
9	我认为平台应当明确告知收集、处理和使用我个人信息的方式					
10	平台应当有清晰、真实的隐私条款提前告知如何使用我的信息					
11	了解平台如何使用我的个人信息对我来说非常重要					
12	我总是下载官方正版软件					
13	可能存在隐私威胁时，我会拒绝使用该平台					
14	账户被盗我会立刻修改密码加强防护					

续表

		极不符合 (1)	不符合 (2)	一般 (3)	符合 (4)	非常符合 (5)
15	当我的在线隐私被侵犯，我会告诉身边人拒绝使用它					
16	当我的在线隐私被侵犯，我会向平台反馈要求处理					
17	当我的在线隐私被侵犯，我会向亲友寻求帮助					
18	当我的在线隐私被侵犯，我会报警或寻求法律帮助					

【第八部分】网络价值认知和行为

		极不符合 (1)	不符合 (2)	一般 (3)	符合 (4)	非常符合 (5)
1	我认为网上的抄袭和盗版现象应该被重视					
2	在使用网上内容时，我会注明信息来源					
3	我认为在网上曝光他人的隐私信息是很正常的事情					

续表

		极不符合（1）	不符合（2）	一般（3）	符合（4）	非常符合（5）
4	我曾在网络上公开过其他人的隐私					
5	我在论坛或社交媒体上辱骂攻击过其他人					
6	在网络事件未明确真相之前，我发表过对当事人的过激言论					
7	我使用网络向他人发送过伤害性、威胁性或过分暧昧的言语					
8	我认为个人在网上的发言也要考虑社会影响					
9	我认为对自己的网络言行也应当负责					
10	我认为网络是虚拟空间，不必像在现实生活中一样严格规范自己					
11	我认为在网络空间要做到“己所不欲，勿施于人”					
12	在不确定信息的真实性之前，我曾将它们分享到社交媒体					

续表

		极不符合 (1)	不符合 (2)	一般 (3)	符合 (4)	非常符合 (5)
13	我喜欢在网上传播娱乐八卦和小道消息					
14	我制作或传播过网络病毒，用以骚扰、攻击他人					
15	我转借或共享过自己的网络平台账号					
16	我在网上传播过色情、暴力、怪异等内容					

【第九部分】数字压力

本部分一些选项描述相似，请您注意区分细节，如 11、12 题分别为“我的朋友”和“别人”，请注意区分。

		极不符合 (1)	不符合 (2)	一般 (3)	符合 (4)	非常符合 (5)
1	我的朋友们希望我能一直在线上					
2	对我的朋友们来说，能够经常在网上找到我很重要					
3	我的大多数朋友都支持我持续在线					
4	我觉得经常上网，是一项社会义务					

续表

		极不符合（1）	不符合（2）	一般（3）	符合（4）	非常符合（5）
5	我很担心在网上人们会如何回应我的照片和文章					
6	当我在社交媒体上分享一张新照片时，我会对别人如何回应感到焦虑或担心					
7	当我在网上分享一篇文章或照片，会为别人如何回应感到紧张					
8	当我在社交媒体上发布新的内容时，我会对别人如何回应感到紧张或担心					
9	我花了很多精力去拍摄、修理或制作一张别人认可的照片					
10	在网上，我担心我的朋友比我有更多的收获，或有更多有价值的经历					
11	在网上，我担心别人比我有更多的收获，或有更多有价值的经历					

续表

		极不符合 (1)	不符合 (2)	一般 (3)	符合 (4)	非常符合 (5)
12	在网上，当我发现我的朋友在没有我的情况下玩得很开心时，我会感到担心					
13	在网上，当我不知道我的朋友在做什么时，我会感到焦虑					
14	上网时，我需要看太多的信息或通知					
15	我觉得手机上的信息或通知太多了，让我不堪重负					
16	我感觉总有一种提示（就像手机振动声或屏幕闪烁），在提醒我还需要关注一些信息					
17	上网时，我感到压力很大，因为我必须筛选掉很多不重要的信息，才能找到重要的内容					
18	除了必须要处理的事情，我觉得及时跟进网络信息是一件苦差事					

续表

		极不符合（1）	不符合（2）	一般（3）	符合（4）	非常符合（5）
19	我花了太多时间来回复网络通知或信息					
20	我必须随身携带手机，便于知道发生了什么事					
21	没有手机，我会感到失落或没有安全感					
22	使用手机时，我会不断检查我的手机是否有新消息或通知					
23	当我没有手机时，我会感到难以进行社交					

后　记

本书是北京师范大学教育新闻与传媒研究中心、新闻传播学院未成年人网络素养研究中心的第三份研究报告，融合了方增泉、祁雪晶团队多年来给北京师范大学本科生开设“全媒体理论与媒介素养”课程的授课内容。在本书即将付梓之时，我们要向在本书构思、写作、修改、审校过程中给予支持和帮助的老师、同学和朋友们表示我们最真诚的感谢！

我们要特别感谢腾讯社会研究中心给予课题组的重要意见和建议。

参与本书撰写的有元英、普文越、季晓旭、常晋、张恒、秦月、王美力、黎迁迁、刘海、陈兴、韩林珊、王秋懿、周怡帆、何林蔚、蒋宇楼等。

我们还要特别感谢所有参与填写网络素养调查问卷的北京师范大学附属学校平台的老师和同学们。

我们始终认为，青少年网络素养教育是一项任重道远的伟大事业，本书权作抛砖引玉，敬请各位专家和读者批评指正，以便我们更好地改进研究工作。是为后记。